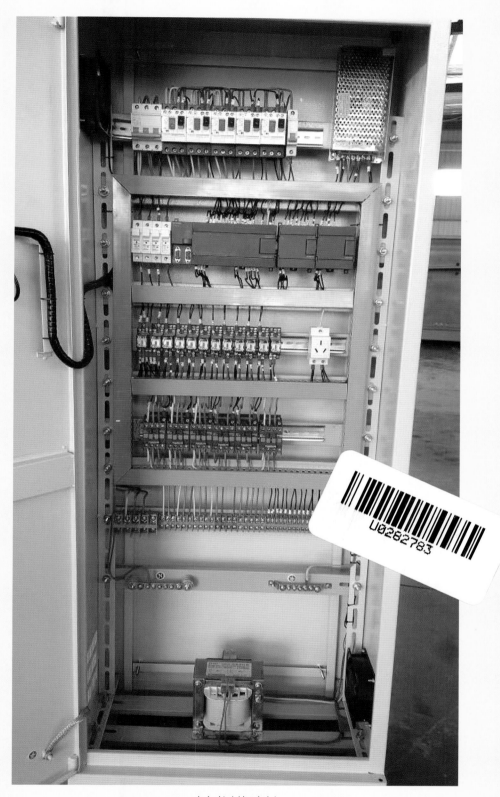

电气控制柜实例

整齐漂亮的布线

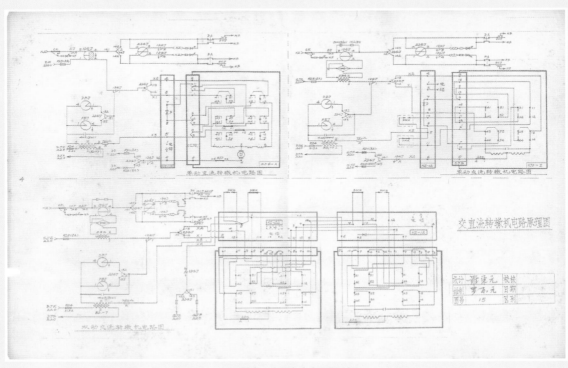

罗东元手绘电气图示例

"十四五"职业教育国家规划教材

电工技能与工艺项目教程

（第 3 版）

主　　编	殷佳琳	罗华富	
副主编	邓　琳	李福容	杨富昭
参　　编	方　婷	卢品歧	耿　燕　胡　蕾
	杨　莉	闫　毅	张文君　胡金鑫
	王舒华	初宏伟	冯华勇　李新有
	盛维涛	李　晶	罗光伟　李洪斌
主　　审	王霄汉	黄　健	

电子工业出版社

Publishing House of Electronics Industry

北京·BEIJING

内 容 简 介

本书依照高等职业教育电气类、机电类及相关专业培养计划对电工技能的要求，从职业教育教学改革的角度出发，以能力为本位，重视操作技能的培养，是集理论与实践为一体的专业课程教材。教学内容涵盖国家维修电工职业标准（中、高级）的主要知识和技能要求，包括安全用电、常用电工工具及仪表、常用低压电器、电工基本操作技能、电气绘图与识图、电气控制系统的基本控制环节及常用机床电气控制电路。

本书可供高等职业技术院校、技师学院、电大、职业培训机构、中专学校、职业高中的电气类、机电类专业的师生使用，也可作为从事电气、机电、自动化工作的工程技术人员的参考书。

图书在版编目（CIP）数据

电工技能与工艺项目教程 / 殷佳琳，罗华富主编. —3 版. —北京：电子工业出版社，2019.11

ISBN 978-7-121-29508-9

Ⅰ. ①电… Ⅱ. ①殷… ②罗… Ⅲ. ①电工技术—高等职业教育—教材 Ⅳ. ①TM

中国版本图书馆 CIP 数据核字（2019）第 256522 号

责任编辑：郭乃明

印　　刷：三河市君旺印务有限公司
装　　订：三河市君旺印务有限公司
出版发行：电子工业出版社
　　　　　北京市海淀区万寿路 173 信箱　邮编　100036
开　　本：787×1 092　1/16　印张：21.25　字数：544 千字　彩插：1
版　　次：2011 年 8 月第 1 版
　　　　　2019 年 11 月第 3 版
印　　次：2024 年 1 月第 10 次印刷
定　　价：55.00 元

凡所购买电子工业出版社图书有缺损问题，请向购买书店调换。若书店售缺，请与本社发行部联系，联系及邮购电话：（010）88254888，88258888。

质量投诉请发邮件至 zlts@phei.com.cn，盗版侵权举报请发邮件至 dbqq@phei.com.cn。

本书咨询联系方式：（010）88254561，guonm@phei.com.cn。

《电工技能与工艺项目教程（第3版）》
编 委 会

主　编　殷佳琳　罗华富

副主编　邓　琳　李福容（企业）　杨富昭

参　编　方　婷　卢品歧　耿　燕（企业）
　　　　　胡　蕾（企业）　杨　莉　闫　毅　张文君
　　　　　胡金鑫（企业）　王舒华　初宏伟　冯华勇
　　　　　李新有（企业）　盛维涛　李　晶　罗光伟
　　　　　李洪斌

主　审　王霄汉（企业）　黄　健

前　言

　　本书根据高等职业教育电气类、机电类专业培养计划对电工技能的要求，以及国家职业技能鉴定电工（中高级）考核标准（2018版），将理论与实践、知识与技能有机地融于一体，重视操作技能的培养，重点讲述安全用电、电工基本技能训练、电气控制系统的基本控制环节、常用机床控制线路及电气设备的装调和运维，以及电工操作常见故障判断和维修。

　　本书从应用的角度出发，对入厂培训、电工基本技能训练、电气绘图与识图、常用低压电器、电气系统的基本控制环节以及常用生产机械电气控制电路六个方面的内容进行了深入浅出的讲解。

　　本书的编写力求体现职业教育的性质、任务和培养目标，坚持"思政教育进课堂""课程思政"，遴选行业先锋人物以及身边榜样的故事引导学生立志、明德；坚持以就业为导向，以能力培养为本位的原则，注重学生的实际操作指导，突出教材的实用性、适用性和先进性。具体表现在以下几个方面：

　　（1）贯彻教育部提倡的"1+X"证书制度，遵循职业资格证书与学历证书并重，职业资格证书与国家就业制度相衔接的精神，本书内容紧扣国家中高级电工相关职业标准要求的知识点和技能，力求使学生达到高等技能人才的培养要求。

　　（2）本书中选择了工业现场一些典型的控制电路和实例进行分析讲解，突出内容的实用性。还参照一些学校常见的实训设备和实训项目组织内容，便于各学校教学的开展。

　　（3）本书的编写尽量以图片、表格的形式展现知识点，可读性强。

　　本书可供高等职业技术院校、技师学院、电大、职业培训机构、中专学校、职业高中的电气类（如电气自动化、智能楼宇技术、电源变换技术、工业机器人技术、生产自动化技术、数控技术等）、机电类（如机电一体化、城市轨道交通技术等）专业的师生使用，也可作为从事电气、机电、自动化方面工作的工程技术人员的参考书。

　　（4）本书第3版对全书的结构进行了较大调整。在保留第2版大部分内容的基础上，将内容进行项目化整合，点明每个项目的学习任务与要求，让学生在学习前就做到心中有数；每个项目都增加了"行业先锋"及"身边榜样"两部分内容，积极贯彻"课程思政"思想；并增加了"工程实例"，将理论知识与工业现场有机结合；还增加了部分考核考查表格，及时提醒学生查漏补缺，也便于授课教师掌握学情，不将问题留到下一部分。

　　项目一在保留安全用电的基础上，增加了"企业文化"相关内容，在环境认识上做好学生的心理铺垫。项目二根据企业培训和劳动者实际应用，将原"常用工具及仪表"和"电工基本操作技能"进行了整合，并剔除了目前已经淘汰的"花线绝缘层剖削""瓷夹板布线""绝缘子布线"内容。将项目"常用低压电器"和"电气控制系统的基本控制环节"相邻放置，符合学生的理解进程。每个项目的文字和图、表编排都进行了修改，均由编写老师们进行仔细修改后，再由其他老师交叉修改。

　　本书由四川工程职业技术学院、乐山职业技术学院、乐山第一职业高级中学、乐山市电力公司的教师和工程技术人员参加编写，编写人员中有教授、注册电气工程师、一二级建造师、注册造价师、高级工程师、副教授、电工高级技师、技师等。其中，李福容（企业）、杨莉、罗华富编写项目一，方婷、邓琳、卢品歧、李洪斌编写项目二，胡蕾、王舒华、冯华勇、张文君编写项目三，初宏伟、闫毅、盛维涛编写项目四，耿燕（企业）、李晶、李新有（企业）编写项目五，杨富昭、胡金鑫（企业）编写项目六。全书由殷佳琳教授、罗光伟教授统稿，由王霄汉（企业）、黄健担任主审。本书在编写过程中得到了四川工程职业技术学院秦敏、叶小川、严俊长等老师的关心和帮助，在此一并表示衷心的感谢。

　　由于作者水平所限，书中疏漏和错误之处在所难免，欢迎广大读者提出宝贵意见。作者邮箱：872288761@qq.com。

目　　录

序

超越自我，成就最好的自己

亲爱的同学们：

在本书的构思和编写过程中，我始终有一种强烈的冲动——想给大家写点心里话。

大学并不是紧张高考后的"休闲地"，更不是"安逸窝"，恰恰相反，大学是人生的"进阶席"，是梦想的"孵化园"。好的大学生活，一定是激情四射、学无止境的。在大学，如果你没有感受过艰难，体会过阵痛，没有自我加压、奋斗拼搏过，你可能永远都不知道自己原来可以这样优秀。你今天的每一点付出，都将为你的未来添砖加瓦，都将成为你青春年华中每一个瞬间的"不辜负"。

你们不知道我多么羡慕你们此刻眼中闪耀的辉芒和青春面庞上的熠熠之光。我曾听过这样一句话："人的青春只有一次。现在，青春是用来奋斗的；将来，青春是用来回忆的"。而你们的青春怎样才能超越自我，成就最好的自己呢？

成就最好的自己，首先要找准定位与目标。认清个人的长处和不足，为不同时间、空间下的自己画像，知道"我是谁"和"我在干什么"；发掘内心诉求，在道德和规则的约束下设定远近目标，知道"我要什么"和"我要去哪儿"，让每一个前进的脚步都不彷徨。朱康健曾说："梦想可以飞，但现实需要步步为营。"

成就最好的自己，其次要懂得接纳与拒绝。人生而不同，每个人的一生都充满着变数。敢于接纳自己的出身、接纳现实的环境、接纳未知的变化，才会勇敢地接受挑战、愉快地包容不同。而拒绝是一门更深的学问，集中有限的精力去选择一条最适合自己的成长之路，拒绝那些与成长无关的诱惑，把握那些与自身能力、兴趣匹配的机会，千万不要做打赢了网游却弄丢了学分，奔波于兼职但荒废了学业的"盲视"青年，要懂得把握机会、守住底线。

成就最好的自己，必不可少的还要善于学习。"大学就是'大大地'学习"，除了向书本学习专业知识技能，还要善于在课堂外、社会大学堂学习做事、做人。着力培养自我的自主学习能力和自我管理能力，做一个善于学习的人。既读有字之书，也悟万物之理。"三人行，必有我师焉"。与智者为伍，才能变得更具智慧；得高人指点，方能登上高山之巅。你的老师、同学、朋友甚至偶然邂逅的陌生人，都可能有着你所不具备的优点和特质，都可能是"智者"和"高人"，取其精华去其糟粕，就是为了打造更好的自己。

《终身成长》作者卡罗尔·德韦克博士用数十年时间跟踪研究了近 400 人因思维变化而产生的不同人生结果。她发现，虽然人们的天赋、兴趣或性情有所差异，但每个人都可以通过努力来改变和成长。如果因为本书，你们学到了一些技艺，我会很高兴；如果因为本书，你们找到了人生的价值和方向，我会欣喜地为你们鼓掌，那将会是本书价值的最大体现。

大学时光的重要性无论怎么强调都不为过。更为重要的是，身为大学生，请一定要守住

"学"的本分。大学没有可以躲避学习的"安全区"。青春也没有可以无限重来的"重启键"。"九层之台，起于累土；千里之行，始于足下。"只有不畏艰难、持之以恒的人，才能到达成功的彼岸。刻苦不是三分钟热度，它需要真心，需要热情，需要智慧，更需要韧性。

同学们，青春之于你们，是绝对公平的，你们现在拥有的黄金时代，是我午夜梦回最想回到的远方。未来，时间会向你证明，你读过的书、遇过的人、行过的路、看过的风景，都会不断发掘你自身潜藏的光芒，让你的未来熠熠生辉。前行的路上，总有人在记录时间，也总有人被时间记录。

祝愿同学们用青春铺路，让梦想延伸；以奋斗助力，在拼搏中前行，在砥砺中成长，在不懈奋斗中实现青春梦想。

期待有一天，我能读到你们的故事……

项目一　入厂培训

行业先锋：创新尖兵　罗东元

罗东元：广东韶关钢铁集团有限公司主任工程师、高级技师、中国高技能人才楷模"创新尖兵"，两届全国劳动模范、广东省模范共产党员，被誉为新时期知识工人的杰出代表。

人生，是一个充满奇遇的旅途，一城一地的得失决定不了人的一生，只要生命还在，只要不屈服，只要还有梦想，一切都有可能。罗东元的成长轨迹，完美地验证了这一点。

1975 年，因家境贫寒，只念了一年高中的罗东元走出农村，通过招工成为韶钢的一名一线工人，这是罗东元一切梦想的开端。

机遇　由于此前有帮村民修理家电的经验，一次偶然的机会，领导找到罗东元说："你能不能做一台生产用的扩音机？给你七个月时间完成任务。"接到任务后，罗东元废寝忘食，不断查阅资料，自学电路知识，最终完成了制作，提前四个月让广播的声音响遍工厂的每个角落。从那之后，罗东元成为一名电工。他非常珍惜这份改变命运轨迹的幸运。学历不高，家庭贫困，种种困难都被他抛在脑后。他勤奋好学，很快成为技术骨干，凡是带危险性、单靠自己处理不了的技术活，工人们都爱找罗东元，罗东元成了工厂里名副其实的"技术砖"，哪里需要哪里搬，每次他都能出色地完成任务。

勤学　罗东元说："最艰苦的时候，就是在铁路站工作车间，连续工作了 8 个月，每天工作 18 个小时。那时候很亢奋，企业那么信任我，把一个那么大的项目交给我，还采用我的创新技术，所以那几个月根本没有感觉到累。"罗东元从最初的高中一年级学历，到精通无线电、电工基础、电工工艺、机械制图、电气制图、模拟电路、数字逻辑电路等十几门专业技术、理论，在自我提升的过程中是无数个昼夜交替的勤学苦练，是近乎疯痴的求知若渴。

扬名　1988 年，韶钢举办了一次"钢化杯"电力知识大赛。参赛的有厂里的工程师、技术员，罗东元作为一名技术工人也参加了比赛。由于题目难度大，评委们估计考到 75 分就可以拿冠军了，而罗东元竟考了 94 分，高出第二名 20 分。第二天，罗东元被叫到大赛办公室，评委们对他进行盘问，让他重考，题目照旧但时间减半。当罗东元把 3 张试卷交出后，评委们彻底信服了。这个没有文凭，也没有正规学过电气理论和维修技术的年轻工人，考出了前所未有的好成绩。

1990 年，韶钢内部的铁路要实行自动化控制。那时候工厂的列车轨道变道，需要大量工人在道岔实行人工变道，容易导致列车相撞或人员伤亡。为了彻底消除这种危险性，为了更多工人和生产的安全，罗东元主动请缨，毛遂自荐，主动报名参加培训，学习相关知识，以改善这种局面。靠着一晚晚的挑灯夜战，罗东元只用了两个半月便提前学完了一般学员两三年才能学会的技术。回到工厂后，罗东元大胆设想，勇于实践，研制出了一套属于韶钢的工矿企业型自动控制系统，彻底解决了企业的困顿。1994 年 10 月，原定在武钢举行的全国冶金重点企业运输科技工作会议改在韶钢举行，当来到韶钢铁路道岔全自动控制现场，来自冶金行业的"大哥大"们——首钢、包钢、鞍钢、武钢、攀钢的专家代表都看呆了，只见现场没有了扳道工，却随时都能按要求控制前方道岔，使机车灵活自如地运行，完全实现了自动化控制的新要求。罗东元研发的"铁路道岔全自动控制装置"让冶金行业的专家为之瞩目，也让他们记住了韶钢。

坚守　扎根韶钢四十多年，这位与共和国同龄的老人，手工绘制了上千张"如印刷品般精准"的大型施工图纸，完成大小技术革新项目超过 170 项，创造了铁路运输自动控制领域的"韶钢模式"；使韶钢的铁路运输自动控制技术跻身全国工矿企业的领先行列，在全国工矿企业中率先完成了铁路系统"电气集中微机化、调度指挥信息化、牵引动力内燃化、车辆和重要区域路轨重型化"进程，创造了由一批普通电工接管现代化车站的神话；为企业创造直接经济效益超过 4000 万元，独立完成的创新工程设计价值总量已超过 1.5 亿元。

初心　罗东元这样看待曾经经历的艰难困苦："看到几代铁路工人的夙愿通过我们的双手终于得以实现，看到技术进步给铁路运输带来的崭新面貌，看到我们的技改工程在韶钢的大发展中发挥着重要作用，我心中只有兴奋、激动和自豪，还有什么比奋斗更能体现人生价值呢？"

心系国家，开拓未来，这是罗东元这一辈老同志们的大爱大德，他们继往开来，守正创新，开启了新中国高新技术领域的世界大门，为我们带来了光明和希望，也成为了时代楷模。让我们站在巨人的肩膀上，拿起国家发展和技术革新的接力棒，为我们的国家开创更加美好的未来！

学习任务与要求

1）培训内容
(1) 了解企业基本状况。
(2) 掌握电工安全用电基本知识。
(3) 学习 10S 现场管理法。
(4) 学习电气技术培训车间相关规章制度。
2）目标要求
(1) 了解企业文化、主要产品及规章制度等。
(2) 掌握电工安全用电基本知识。
(3) 熟悉 10S 现场管理法。
(4) 熟悉电气技术培训车间相关规章制度。
3）须准备的资料
(1) 企业文化相关资料。
(2)《电工技能与工艺项目教程（第 3 版）》。
(3) 10S 现场管理方面的资料。

4）预习要求

（1）阅读企业文化方面的资料。

（2）阅读《电工技能与工艺项目教程（第 3 版）》。

（3）阅读 10S 现场管理方面的资料。

（4）阅读国家/行业相关规范与标准。

5）重点或难点

（1）电工安全用电基本知识。

（2）学习电气技术培训车间相关规章制度。

6）学习方法建议

（1）收集须准备的资料。

（2）预习基础知识，重点是电工安全用电基本知识、电气技术培训车间相关规章制度。

（3）学员在听理论知识讲解时，注意联系实际工作中遇到的问题。

模块一　企业文化

1.1.1　企业文化内涵

1. 企业

企业是在商品经济范畴内，作为多种模式的组织单元之一，按照一定的组织规律，有机构成的经济实体，是运用各种生产要素（土地、劳动力、资本和技术等），通过提供产品或服务换取收入，实行自主经营、自负盈亏、独立核算的具有法人资格的社会经济组织。所谓"自负盈亏"，即：自己承担亏损与盈利的后果，有一定的自主权。

企业是社会发展的产物，因社会分工的发展而成长壮大。企业是市场经济活动的主要参与者；在市场经济体制下，各种企业并存，共同构成社会主义市场经济的微观基础。按照企业财产组织方式的不同，我国的企业在法律上又可以分为以下三种类型：

（1）独资企业：即由单个出资人出资兴办、经营、管理、获取收益和承担风险的企业。

（2）合伙企业：即由两个或两个以上的出资人共同出资兴办、经营、管理、获取收益和承担风险的企业。

（3）公司制企业：即依照《中华人民共和国公司法》（2018 修正）设立的企业。它是现代企业中最主要、最典型的组织形式。

企业单位与事业单位的划分管理是我国特有的模式。企业一般是自负盈亏的生产性单位，又分为国企和私企。国企就是属国家所有的企业单位，私企就是属个人所有的企业单位。

2. 企业文化概念

提到企业文化，大家都不陌生。大家知道，当一个企业刚建立，只有几个人的时候，实际上靠的不是管理，也不是文化，而是老板的个人魅力和员工的个人能力；当企业发展到几十人、上百人的时候，老板单凭个人魅力管理企业已经越来越感到吃力了，这个时候，企业制度管理的作用就发挥出来了；但到了几百人、上千人，甚至更大规模的时候，老板的个人魅力、制度管理等都有了不同程度的局限性，这时，企业文化的作用就充分地展示出来了。所以，有一句话："小型企业看老板，中型企业看制度，大型企业看文化"，是有道理的。

企业文化是指企业在经营实践中，逐步形成的为全体员工所认同、遵守、带有本企业特色的价值观念、经营准则、经营作风、企业精神、道德规范、发展目标的总和。它与文教、科研、军事等组织的文化性质是不同的。

企业文化是企业中形成的文化观念、历史传统、共同价值观念、道德规范、行为准则等观念，企业领导者把文化感化人的功能应用于企业，以解决现代企业管理中的问题，就有了企业文化。企业管理理论和企业文化管理理论都追求效益。但前者为追求效益而把人当作客体，后者为追求效益把文化概念自觉应用于企业，把具有丰富创造性的人作为管理理论的中心。这种指导思想反映到企业管理中去，就有了人们称之为企业文化的种种观念。

企业文化是企业生存、竞争、发展的灵魂，是推动企业发展的不竭动力。它包含着非常丰富的内容，其核心是企业的精神和价值观。这里的价值观不是泛指企业管理中的各种文化现象，而是企业或企业中的员工在从事生产与经营中所持有的价值观念。

3. 企业文化内容

企业文化包含非常丰富的内容，主要包括企业标志、企业象征物、企业旗帜、企业之歌、企业理念等方面。

1）企业标志

企业标志是指用简洁的符号反映企业文化的特质，用简明的图形涵盖企业形象的亮点。例如，包钢的企业标志是"日月同辉"，如图 1-1-1 所示，总体造型为变形的英文字母 "B"，即包钢集团英文名称 "BAOGANG GROUP" 的首字母，整个标志象征着包钢的建设发展蒸蒸日上，包钢的美好未来与日月同辉。

2）企业象征物

包钢的企业象征物如图 1-1-2 所示，因其生命之源——白云鄂博的蒙古语意为富饶的圣山，也被传为"神马"奔腾的地方。今天，把包钢比作"双翼神马"，是包钢创新的发展战略的形象体现，是新一代包钢人超越自我，开拓创新，奔向美好明天的理想化身。"双翼神马"象征着包钢果敢地迎接经济全球化和国际竞争的挑战。

图 1-1-1　包钢的企业标志

图 1-1-2　包钢的企业象征物

3）企业旗帜

旗帜可以代表一种精神、主义、信仰，即人们愿意信奉并以之作为行为指南的思想理论和具有感召力的、能够为人们指引前进方向的精神力量。包钢的企业旗帜如图 1-1-3 所示，以包钢企业标志构成，意在引领包钢全体职工开拓进取，奋勇前进。

图 1-1-3　包钢企业旗帜

4）企业之歌

国家有国歌，军队有军歌，许多企业也都有了自己的歌。企业之歌有凝聚人心、鼓舞士气、促进广告宣传和展示形象的多重效果。如包钢的企业之歌是《草原晨曲》，它是歌颂包钢老一辈建设者战天斗地创业精神影片中的主题曲。歌词豪迈激越，生动感人，对包钢的未来充满信心。《草原晨曲》是包钢的独有资源，传唱近 50 年，有着深厚的历史感和现实意义，产生了极好的激励人心、催人奋进的社会效果，为企业扬名做出了巨大的贡献。

5）企业理念

一个鼓舞人心的企业理念是有生命的，它会让人充满激情。如果一个企业理念是引人瞩目的、令人兴奋的，企业员工就会认为他们的工作是有意义的，付出是值得的，而且会感到工作是快乐的。新世纪新机遇，谁拥有文化优势，谁就拥有竞争优势。例如包钢的企业理念如下：

生存理念：居安思危，居危思进。

发展理念：观念决定思路，思路决定出路。

学习理念：保持竞争优势的源泉。

市场理念：市场是企业的最高指挥。

效益理念：抓住成本，实现效益最大化。

管理理念：说到做到，严格有效。

营销理念：服务用户，共创双赢。

科技理念：强化科技开发，培育核心技术。

质量理念：千锤百炼，生产用户满意的产品。

4. 认识与理解企业文化

认识与理解企业文化应从以下几个方面出发：

（1）要有哲学的方法，从中国企业文化的现实出发，进行深入的调查研究，把握企业文化各种现象之间的本质联系。依据实践经验，从感性认识到理性认识，进行科学的概括、总结。

（2）要通过实践把所认知的企业文化的一般特征去伪存真，从而确定企业文化的本质。

（3）要认识到企业文化不是由单一的因素构成的，找出构成企业文化最基本的决定性因素及其与其他诸因素的关系。

（4）要认识到企业文化这个概念不是一成不变的，它在发展中形成，并在社会历史发展中变化。

5. 企业文化结构

企业文化的结构是指企业文化系统内各要素之间的时空顺序、主次关系与结合方式，即企业文化的构成、形式、层次、内容、类型等的比例关系和位置关系。它表明各个要素之间如何连接，并形成企业文化的整体模式（即企业的物质文化、行为文化、制度文化、精神文化形态）。

6. 企业文化的要素

企业文化具有三大结构要素，即企业物质文化要素、企业制度文化要素、企业精神文化要素。具体有 5 个方面：企业环境、价值观、英雄人物、典礼仪式、文化网络。

1.1.2 企业规章制度

1. 企业规章制度概述

企业的规章制度是企业单位制定的组织劳动过程和进行劳动管理的规则和制度的总和，也称为内部劳动规则，是企业内部的"法律"。规章制度内容广泛，包括了用人单位经营管理的各个方面。

根据原劳动保障部颁发的相关文件，规章制度主要包括：劳动合同管理、工资管理、社会保险福利待遇管理、工时休假管理、职工奖惩管理，以及其他劳动管理规定。

用人单位制定规章制度，要严格遵守国家法律、法规，保障劳动者的劳动权利，督促劳动者履行劳动义务。《中华人民共和国劳动法》（2018 修正）规定：用人单位制定的劳动规章制度违反法律、法规规定的，由劳动行政部门给予警告，责令改正；对劳动者造成损害的，应当承担赔偿责任。

2. 员工聘任与考核办法

聘任制：用人单位采用合同形式聘用工作人员的方式，又称聘用合同制。按合同规定，用人单位有聘用和解聘的权力，个人有应聘和辞聘的权力。合同规定双方的责、权、利及有效期限，合同期满，经双方同意，可以续聘。聘任制可广泛应用于选拔科学技术人才，也可用于企事业单位领导班子的选拔，可以只聘请主要负责人，然后由他建立一个齐心协力的班子。

考核制：员工的考核是一项经常性的人力资源管理活动，一般称为员工绩效考核，是按照一定的标准，采用科学的方法，对员工的品德、工作绩效、能力和态度进行综合的检查和评定，以确定其工作成绩和潜力的管理方法。其实质是为人力资源管理开发关于现有员工的信息，为员工的报酬计算、晋升、调整、培训、激励、辞退和生涯管理等工作提供科学的依据。

3. 某企业员工考核制度示例

为加强和提升员工绩效和本公司绩效，提高劳动生产率，增强企业活力，调动员工的工作积极性，使本公司之奖惩有所依循，并使广大员工能全面遵守厂规，秉公平、公开、公正原则，赏罚分明，依据国家有关法规而制定此考核制度。

本制度适用于本公司全体干部、职工（包括试用期内的员工和临时工）。

实施办法：奖惩结果每月公布一次。

评级考核办法：分为主管干部和一般从业人员两种考核。

（1）主管干部。对主管干部的考核依据该主管部门绩效衡量标准来进行。主要包含以下几点：部门工作专业能力、对工作计划的推动能力、对工作的组织能力、对工作团队运作的协调能力、对工作问题的解决能力、对平日工作的积极性、工作责任感以及自我开发能力等。

（2）一般从业人员。对一般从业人员的考核主要从以下几方面进行：作业效率、作业品质、作业配合性、是否服从管理、出勤状态以及行为状态等。

（3）考核等级通常分 A、B、C、D 四级，原则上依比例分配。

（4）将考核结果并入出勤状况，最后核定考核等级。

（5）考勤扣分：

① 有下列情形不得为 A 级：有旷工记录、除公休外有其他请假记录以及警告三次以上（含）。

② 有下列情形不得为 A、B 级：请假两日以上（含）或迟到、早退两次以上（含）、记小过一次以上（含）。

③ 有下列情形不得为 A、B、C 级：旷工一天以上（含）三天以内（含）、记小过三次以上（含）。

（6）奖励种类：嘉奖、小功、大功、工资上调、晋级。

评分等级：10 分、20 分、30 分。

① 有下列情况之一者，可以加 10 分：

- 能按时完成领导交办的各项任务，且没有差错。
- 良品率指标稳定在达标线以上。
- 拾金不昧且转交公司。
- 积极参与公司各项活动，表现突出。
- 爱护公司财物，并有具体事迹。
- 积极主动维护公司制度并有具体事迹。
- 主动参与各项援助工作，精神可嘉。

② 有下列情况之一者，可以加 20 分：

- 对于主办业务有重大进展或改革绩效。
- 执行临时紧急任务能按时完成，表现优秀。
- 检举重大违反规定或损害公司权益事项。
- 参与紧急救援工作，主动承担并处置得宜。

③ 有下列情况之一者，可以加 30 分：

- 对主办业务有重大革新，提出方案，经采用后成绩卓越。
- 对于舞弊或危害本公司权益的情况，能事先举报或防止，使公司避免重大损失。
- 遇意外事件或紧急情况，能随机紧急情况，处理得当，不顾自身安危，勇敢救护从而保全人身及公物安全，减少损害。
- 研究改善工作办法，提高产品质量，降低成本有显著功效。
- 对于生产技术管理制度，提出具体方案，经采用后的确具有成效。

（7）惩罚种类：警告、小过、大过、降级、违纪辞退。评分等级：10分、20分、30分。

① 有下列行为之一，经批评教育不改者应当给予警告并扣 10 分：

- 上班忘记带识别证或工作时间不按规定佩挂识别证（识别证一律挂在左胸前）。
- 在工作场所赤足、赤膊、穿拖鞋。
- 上班时间聊天、嬉戏或从事工作以外事情。
- 在车间吃东西。
- 破坏车间、厂区、住宿区域的环境卫生，乱丢纸屑、随地吐痰等。
- 个人工作机台及工作环境欠整洁。
- 因疏忽造成工作错误，情节轻微。
- 不按规定填写报表或工作记录。
- 上班时间私自接听私人电话。
- 检查或督导人员不认真执行任务。
- 下班后在厂内大声喧哗。
- 浪费材料或不爱护公物，但情节尚轻。
- 不按规定乱粘胶带。
- 上班时坐姿或站姿不端正。
- 不按规定报不良或废料。
- 在墙壁、机器设备上涂写或任意张贴文件影响观瞻。
- 违反其他规定，情节尚属轻微。

② 有以下行为之一者，应当记小过并扣 20 分：

- 对上级交待的任务，执行不力或处理不当。
- 办事拖拉、积压文件并影响工作。
- 在工作场所喧哗，妨碍他人工作且情节严重。
- 未经许可擅自带人入厂。
- 对同事恶意攻击、诬陷；伪造文件；制造事端。
- 在工作时间偷懒、睡觉、阅读书报或做其他私人事情。
- 违反上级指示，情节尚属轻微。
- 在非工作时间未经许可擅自进入工作场所。
- 言行失检、态度傲慢，经劝导仍不服从。
- 休假但不办理请假手续。
- 非因机械故障或原料不足，故意降低产量标准。
- 携带物品出入工厂拒绝警备人员查询检查。
- 放长流水，开长明灯，并顶撞管理干部。

- 擅自利用公司电话处理私事。
- 故意拖延或找借口搪塞上级指派的工作。
- 属警告事项，但拒绝认错。
- 遇到意外重大问题而隐瞒真相，不向上级报告。
- 下班铃及休息铃未响前擅自停工。

③ 有以下行为之一者，应当记大过并扣 30 分：

- 在上班时间喝酒。
- 上班时间擅离岗位，影响本职工作。
- 报告不实，蒙蔽上级。
- 违反工作方法，严重影响生产或产品质量。
- 投机取巧，采取不当手段谋取利益。
- 接受与职务有关的馈赠。
- 造谣生事，散播流言，使公司蒙受重大损失。
- 利用公司设备制作私人物品或委托他人制造。
- 拒绝服从主管人员合理指挥、督导或无理取闹。
- 破坏设备、工具或浪费原材料、能源造成经济损失。
- 违反技术操作规程，或未遵守卫生规定，使公司蒙受经济损失。
- 工作精神散漫，故意不按规定时间完成生产或工作任务。
- 故意撕毁工厂的公告、文件。
- 在禁烟区内吸烟。
- 未经许可擅自进入管制区域。
- 有小过行为之一，经记过处分仍不知悔改且重犯错误。

职工在同一年度累计有两个大过以上（含）者，可给予降级、降职处分。有本条款行为之一，如情节较轻，且事后知道悔改的可减为记过处分。

④ 有下列行为之一者，应当给予开除：

- 对上级领导及其家属或其他职工施加暴行或有重大侮辱之行为。
- 被法院判刑或确定判劳动教养。
- 厂内聚众闹事酗酒，同事间争吵打架或煽动怠工罢工影响生产或工作秩序。
- 利用公司名义招摇撞骗，使公司蒙受名誉或经济损失。
- 侵占公款公物。
- 故意泄露公司技术秘密或未经许可擅自翻阅、抄录、影印资料。
- 故意破坏设备、工具、原材料、产品或其他公物。
- 在厂内聚众赌博或有重大伤风败俗行为。
- 伪造或盗用公司账单，伪造公司文件。
- 在同年度内记大过三次。
- 偷窃公司或他人财物。
- 在外从事第二职业或其他经营活动。
- 伪造或借用他人的工作证或将工作证借给他人。
- 无正当理由拒绝领导的工作分配调动。

- 违反技术操作规范或安全卫生规定。
- 有记大过各款行为之一，经记大过处分后，仍不知悔改并重犯错误。

（8）考核等级如表 1-1-1 所示。

表 1-1-1　考核等级

等　　级	得　　分	分配比例	奖金系数	备　　注
A	90 以上	10%	1.5	须于考核表内注明理由
B	75～90	60%	1	
C	60～75	25%	0.8	
D	60 以下	5%	0.5	须于考核表内注明理由

提示：D 级辞退

1.1.3　10S 现场管理法

1. 10S 现场管理含义

10S 现场管理是国际上最先进的现场管理工具和现场管理方法之一。其前身 6S 现场管理起源于日本，通过规范现场、现物，营造一目了然的工作环境，希望借此培养员工良好的工作习惯和简单、有序、整洁的企业文化。近十年来，6S 现场管理被广泛应用于企业管理，得到了普遍的认同和采纳。10S 现场管理就是在 6S 现场管理的基础上，针对经营现场和工作现场开展的一项精益现场管理活动，其活动内容为"整理（Seiri）、整顿（Seiton）、清扫（Seiso）、清洁（Seikets）、素养（Shitsuke）、坚持（Shikoku）、安全（Safety）、节约（Saving）、效率（Speed）、服务（Service）"，因前 6 项内容的日文罗马拼音和后 4 项内容的英文单词都以"S"开头，所以简称为"10S"。开展以整理、整顿、清扫、清洁、素养、安全、节约、效率、服务和坚持为内容的活动，称为 10S 现场管理。

10S 现场管理还处在不断发展的过程中，很多企业根据自己的实际情况和管理经验，对 6S 现场管理的拓展不尽相同，所以形成的 10S 现场管理方法也不完全一样，本书介绍的 10S 现场管理方法只是目前被采纳较多的一种。在 6S 现场管理向 10S 现场管理的演变过程中，一些企业将 6S 现场管理的整顿（Seiton）进行了延伸便得到了节约（Saving）和效率（Speed），在素养（Shitsuke）的基础上进行拓展就得到了坚持（Shikoku），最后加上服务（Service）就变成了 10S。虽然如此，目前在我国被企业应用得最广泛、成熟的依然是 6S 现场管理。

2. 10S 现场管理的内容

1）整理

把需要与不需要的人、事、物分开，再将不需要的人、事、物加以处理，这是开始改善生产现场的第一步。其要点是对生产现场摆放的各种物品进行分类，区分什么是现场需要的，什么是现场不需要的；其次，对于现场不需要的物品，诸如用剩的材料、多余的半成品、切下的料头、切屑、垃圾、废品、多余的工具、报废的设备、员工的个人生活用品等，要坚决清理出生产现场，这项工作的重点在于坚决把现场不需要的东西清理掉。对于车间里各个工位或设备的周围、通道中、厂房上下、工具箱内外，以及车间的各个死角，都要彻底搜寻和清理，达到现场无不用之物。坚决做好这一步，是树立好作风的开始。日本有公司提出口号：效率和安全始于整理！

整理的目的是：

（1）增加作业面积。

（2）确保现场无杂物，行道通畅，提高工作效率。

（3）减少磕碰的机会，保障安全，提高质量。

（4）消除管理上的混放、混料等差错事故。

（5）减少库存量，节约资金。

（6）改变作风，改善工作情绪。

2）整顿

把需要的人、事、物加以定量、定位。通过前一步整理后，对生产现场需要留下的物品进行科学合理的布置和摆放，以便用最快的速度取得所需之物，在最有效的规章、制度和最简单的流程下完成作业。

整顿活动的要点是：

（1）物品摆放要有固定的地点和区域，以便寻找，消除因混放而造成的差错。

（2）物品摆放地点要科学合理。例如，根据物品使用的频率，经常使用的东西应放得近些（如放在作业区内），偶尔使用或不常使用的东西则应放得远些（如集中放在车间某处）。

（3）物品摆放目视化，使定量装载的物品做到过目知数，摆放不同物品的区域采用不同的色彩和标记加以区别。

生产现场物品的合理摆放有利于提高工作效率和产品质量，保障生产安全。这项工作已发展成一项专门的现场管理方法——定置管理。

3）清扫

清扫的内容包括把工作场所打扫干净；设备异常时马上修理，使之恢复正常。生产现场在生产过程中会产生灰尘、油污、铁屑、垃圾等，从而使现场变脏。脏的现场会使设备精度降低，故障多发，影响产品质量，使安全事故防不胜防；脏的现场更会影响人们的工作情绪，使人不愿久留。因此，必须通过清扫活动来清除污物，创建一个明快、舒畅的工作环境。

清扫活动的要点是：

（1）自己使用的物品，如设备、工具等，要自己清扫，而不要依赖他人，不增加专门的清扫工。

（2）对设备的清扫，着眼于对设备的维护保养。清扫设备要同设备的点检结合起来，清扫即点检；清扫设备要同时做设备的润滑工作，清扫也是保养。

（3）清扫也是为了改善。当清扫地面发现有飞屑和油水泄漏时，要查明原因，并采取措施加以改进。

4）清洁

整理、整顿、清扫之后要认真维护，使现场保持最佳状态。清洁，是对前三项活动的坚持与深入，可以消除发生安全事故的根源。创造一个良好的工作环境，使员工能愉快地工作。

清洁活动的要点是：

（1）车间环境不仅要将物品摆放整齐，而且要做到清洁卫生，保证员工身体健康，提高员工劳动热情。

（2）不仅物品要清洁，而且员工本身也要做到清洁，如工作服要清洁，仪表要整洁，及时理发、刮须、修指甲、洗澡等。

（3）员工不仅要做到形体上的清洁，而且要做到精神上的"清洁"，待人要讲礼貌，要尊重别人。

（4）要使环境不受污染，进一步消除混浊的空气、粉尘、噪声和污染源，消灭职业病。

5）素养

素养即修身，努力提高员工的素养，养成严格遵守规章制度的习惯和作风。没有员工素质的提高，各项活动就不能顺利开展，开展了也坚持不了。所以，抓 10S 现场管理，要始终着眼于提高员工的素质。

6）坚持

坚持即通过各种方式，让员工树立起努力拼搏、永不言败的工作意志。

7）安全

安全活动是指使劳动在符合安全要求的条件下进行，避免人身伤亡、设备事故及各种灾害的发生，保障员工的生命安全和企业的生产安全而采取的各种措施和从事的一切活动。

要实现安全生产，应建立作业现场的工作制度，确保安全用电、消防通道畅通、戴安全帽，以及有序地使用物品和设备，创造良好的工作环境，降低安全事故发生率。

8）节约

节约即避免过剩生产，减少零件和半成品的库存，杜绝浪费和重复采购，降低生产成本。节约的范围：

（1）在生产阶段，改善制作加工方法。

（2）在确保产品品质符合客户要求的前提下，采用低价的原材料，做到适质适价。

（3）从作业方法、作业设计等方面进行改进，以减少工时及人数。

节约的目标：制定降低生产成本之目标，运用适当的管理技术和管理工具，降低原材料的浪费，使人人都有节约的理念。

9）效率

此部分内容为提升对市场的反应力，快速应对市场变化，缩短内部运作时间，提高设备的利用效率，避免重复工作。

10）服务

服务是指要多为客户考虑，努力满足客户要求，其最高境界是为人民服务，是社会主义道德的核心，无论是企业还是员工都应该牢固树立服务意识。10S 现场管理的服务不仅是指要重视对外部客户的服务，也应该重视对后续工序的服务，只有互相协调、合作，企业才能高速、有效运转。最后，服务是要落实在实际行动上的，而不仅仅是一个口号。

3. 10S 现场管理的三个基本原则

1）现场、现物、现实

10S 现场管理是以现场为中心而推行的一项基本管理活动。只有不断地深入现场，观察现物，了解现实，才能够发现问题，解决问题，创造亮点，并更深入、更持久地坚持下去。

2）问题眼光

问题眼光是 10S 现场管理实行的一个非常重要的前提条件，只有带着专业的眼光，从专业的角度用心去感知现场，发现问题并认真对待，才能够有效地改善现场，提高现场的管理水平，从而通过问题眼光的培养，使员工建立正确的问题意识，让大家真正参与进来，发现问题，解决问题。

3）持之以恒

10S 现场管理开展起来比较容易，可以搞得轰轰烈烈，在短时间内取得明显的效果，但要坚持下去，持之以恒，不断优化就不太容易。不少企业发生过一紧、二松、三垮台、四重来的现象。因此，开展 10S 现场管理，贵在坚持，为将这项活动坚持下去，企业首先应将 10S 现场管理纳入岗位责任制，使每一部门、每一位员工都有明确的岗位责任和工作标准；其次，要严格、认真地搞好检查、评比和考核工作，将考核结果同各部门和每个员工的经济利益挂钩；第三，要不断提高现场的 10S 现场管理水平，即要通过检查，不断发现问题，不断解决问题。因此，在检查考核后，还必须针对问题，提出改进的措施和计划，使 10S 现场管理坚持不断地开展下去。

4. 10S 现场管理法的推行步骤

掌握了 10S 现场管理法的基础知识，尚不具备开展 10S 现场管理的能力。因推行步骤、方法不当导致事倍功半，甚至中途夭折的事例并不鲜见。因此，掌握正确的步骤、方法是非常重要的。10S 现场管理法的推行按以下步骤进行。

1）成立推行组织

（1）委员会及推行办公室的成立。

（2）委员主要工作的确定。

（3）编组及责任区的划分。

建议由企业主要领导出任 10S 现场管理委员会主任职务，以视对此活动之支持。具体安排上可由副主任负责活动的全面推行。

2）推行方针及目标

（1）方针制定。推行 10S 现场管理时，制定方针作为推行之指导原则。

例 1：推行 10S 现场管理，塑造一流形象。

例 2：于细微之处着手，塑造公司新形象。

例 3：规范现场、现物，提升人的品质。

方针的制定要结合企业具体情况，要有号召力。方针一旦制定，要广为宣传。

（2）目标制定。设定期望之目标，作为活动努力的方向及便于活动过程中的成果检查。

例：第 4 个月各部门考核成绩均达 90 分以上。

目标的制定也要同企业的具体情况相结合。

3）拟定工作计划及实施方法

（1）确定日程计划作为推行及控制之依据。

（2）搜集资料及借鉴他厂做法。

（3）确定 10S 现场管理实施办法。

（4）确定实施细则，如工作现场物品区分方法。

（5）确定 10S 现场管理评比的方法。

（6）确定 10S 现场管理奖惩办法。

（7）确定其他相关规定。

工作一定要有计划，以便大家对整个过程有一个整体的了解。项目负责人应清楚自己及其他担当者的工作是什么及何时要完成，相互配合，造就团队作战精神。

4）教育

（1）每个部门对全员进行教育。

（2）学习 10S 现场管理法的内容及目的。

（3）学习 10S 现场管理法的实施方法。

（4）学习 10S 现场管理法的评比方法。

（5）新员工的 10S 现场管理法训练。

教育是非常重要的，应让员工了解 10S 现场管理能给工作及自己带来好处从而使其主动地实施，这与被别人强迫着去做的效果是完全不同的。教育形式要多样化，讲课、放录像、观摩他厂案例或样板区域、学习推行手册等方式均可视情况加以使用。

5）活动前的宣传造势

10S 现场管理要全员重视、参与才能取得良好的效果。

（1）最高主管发表宣言（晨会、内部报刊等）。

（2）海报、内部报刊宣传。

（3）宣传栏。

6）实施

（1）作业准备。

（2）"洗澡"运动（全厂上下彻底大扫除）。

（3）地面画线及物品标识的确认。

（4）"三定""三要素"的开展。

（5）摄影。

（6）"10S 日常确认表"的制定及实施。

7）确定活动评比办法

（1）确定系数：困难系数、人数系数、面积系数、教养系数。

（2）确定评分法。

8）查核

（1）查核。

（2）问题点质疑、解答。

（3）各种活动及比赛（如征文活动等）。

9）评比及奖惩

依 10S 现场管理评比办法进行评比，公布成绩，实施奖惩。

10）检讨与修正

各责任部门依缺点项目进行改善，不断提高。

（1）QC 手法。

（2）IE 手法。

在 10S 现场管理中，适当地导入 QC 手法、IE 手法是很有必要的，能使 10S 现场管理推行得更加顺利、更有成效。

11）纳入定期管理活动中

（1）标准化、制度化的完善。

（2）实施各种 10S 现场管理常态化活动。

应强调的一点是：企业因其背景、架构、企业文化、人员素质的不同，推行时可能会有各种不同的问题出现，推行时要根据实施过程中所遇到的具体问题，采取可行的对策，才能取得满意的效果。

模块二　安　全　用　电

电气安全与人民生活、社会生产息息相关。分析各类电气事故，研究事故发生的原因、现象、特点、规律和防护措施是安全生产中非常重要的任务，也是安全用电的必要前提条件。

1.2.1　安全用电常识

（一）电气安全用具

用于防止电气工作人员在作业中发生人身触电、高处坠落、电弧灼伤等事故，保障工作人员人身安全的各种专用工具和用具，统称为电气安全用具。电气安全用具包括绝缘安全用具和一般防护用具。

1. 绝缘安全用具

（1）作用：绝缘安全用具起绝缘作用，防止工作人员在电气设备上工作或操作时发生直接触电。

（2）分类：绝缘安全用具可分为基本安全用具和辅助安全用具。

基本安全用具的绝缘强度能长期承受工作电压，并能在产生过电压时，保证工作人员的人身安全。基本安全用具可分为高压绝缘安全用具和低压绝缘安全用具。

高压绝缘安全用具中基本安全用具有绝缘棒、绝缘钳和验电笔等；辅助安全用具一般有绝缘手套、绝缘靴、绝缘垫、绝缘台和绝缘毯等。

低压绝缘安全用具中基本安全用具有绝缘手套、带有绝缘柄的工具和低压验电器；辅助安全用具有绝缘台、绝缘垫、绝缘鞋和绝缘靴等。

辅助安全用具的绝缘强度不足以单独承受电气设备或线路的工作电压，只能加强基本安全用具的保护作用，用来防止接触电压、跨步电压、电弧灼伤等对操作人员的危害。

2. 常用绝缘安全用具

（1）绝缘杆：绝缘杆又称为绝缘棒、操作杆或拉闸杆，用电木、胶木、塑料、环氧玻璃布等材料制成，结构如图 1-2-1 所示。

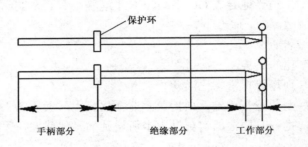

图 1-2-1　绝缘杆的结构

绝缘部分和手柄部分用保护环隔开，保护环由浸过绝缘漆的木材、硬塑料、胶木或玻璃钢制成。配备不同工作部位的绝缘杆，可用来操作高压隔离开关、跌落式熔断器，安装和拆除临时接地线，安装和拆除避雷器，以及进行测量和试验等工作。考虑到电力系统内部过电压的可能性，绝缘杆的绝缘部分和手柄部分的最小长度应符合要求。绝缘杆工作部分的长度，在满足工作要求的情况下，不宜超过 5～8cm，以免操作时造成相间短路或接地短路。

（2）验电器：验电器分为高压和低压两类，试电笔是常见的低压验电器，其主要作用是检查电气设备或线路是否带电；高压验电器还可以用于测量高频电场是否存在。低压验电器的主体是由绝缘材料制成的一根空心管子，管子前端有金属制的工作触点，管内装有氖泡和电容器，绝缘部分和手柄部分用胶木或硬橡胶制成。

低压验电器除可判断电气设备或线路是否带电外，还可以用于区分相线（相线）和地线（零线）。此外，还能区分交流电和直流电，交流电通过氖泡时，两极都发亮；而直流电通过时仅一个电极发亮。高压验电器和低压验电器具体内容将在后文中详述。

（3）绝缘夹钳：绝缘夹钳主要用于在 35kV 及以下的电气设备上装拆熔断器等。绝缘夹钳由钳把、钳身和钳口三部分组成，钳把和钳身由保护环隔开，如图 1-2-2 所示，钳口要保证可以合紧，各部分所使用的材料与绝缘棒相同。

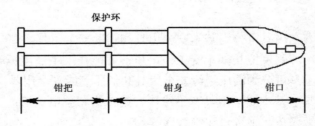

图 1-2-2　绝缘夹钳

（4）绝缘手套：绝缘手套可以使人的两手与带电体绝缘，用特种橡胶（或乳胶）制成，分 12kV（试验电压）和 5kV 两种，外观如图 1-2-3（a）所示。绝缘手套一般作为辅助安全用具，不能用医疗手套或化工手套代替，在 1kV 以下电气设备上使用时可以作为基本安全用具。

（5）绝缘鞋与绝缘靴：绝缘鞋有高低腰两种，在明显处标有"绝缘"字样和耐压等级，1kV 以下场合作为辅助绝缘用具，1kV 以上场合禁止使用。绝缘靴和绝缘鞋外观如图 1-2-3（b）所示。

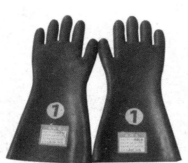

（a）绝缘手套　　　　　　　　　　　（b）绝缘靴和绝缘鞋

图 1-2-3　绝缘手套、绝缘靴与绝缘鞋

绝缘靴采用特种橡胶制成，作用是使人体与大地绝缘，防止跨步电压触电，分 20kV（试验电压）和 6kV 两种。它的高度不小于 15cm，必须按规定定期对其进行试验。

绝缘手套和绝缘靴都是辅助绝缘安全用具，但绝缘手套也可作为低压工作的基本绝缘安全用具，绝缘靴可作为防护跨步电压触电的基本绝缘安全用具。绝缘手套的长度至少应超过手腕绝缘 10cm。

提示： 不能用防雨胶靴代替绝缘靴或绝缘鞋。

（6）绝缘台、绝缘垫、绝缘毯：绝缘台、绝缘垫和绝缘毯均系辅助绝缘安全用具。绝缘台用干燥的木板或木条制成，其站台面积的最小尺寸是 0.8m×0.8m，为了便于移动和检查，最大尺寸不宜超过 1.5m×1.0m，其四角用绝缘子作为台脚，其高度不得小于 10cm。绝缘垫和绝缘毯由特种橡胶制成，其表面有防滑槽纹，厚度不小于 5mm，其最小尺寸不宜小于 0.8m×0.8m。它们一般铺设在高、低压开关柜前，作为固定的辅助安全绝缘用具。绝缘垫与绝缘台如图 1-2-4 所示。

3. 一般防护用具

一般防护用具有携带型接地线、临时安全遮栏、标志牌、警告牌、护目镜、安全帽、安全带、布手套、竹木梯和脚扣等，这些都是防止工作人员触电、电弧灼伤、高空坠落的一般防护用具，其本身不一定是绝缘物。

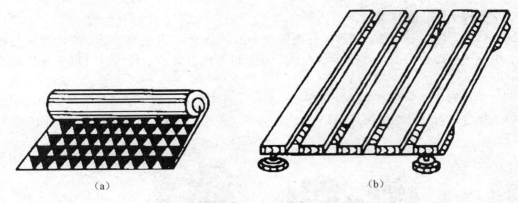

图 1-2-4　绝缘垫与绝缘台

（二）电气安全标志

为了引起人们对不安全因素的注意，预防事故的发生，需要在各有关场合给出醒目标志，即安全标志。安全标志由安全色、几何图形和图形符号（含文字）构成，用以表达特定的安全信息。安全标志可以和文字说明形式的补充标志同时使用。补充标志应位于安全标志几何图形的下方，其文字有横写、竖写两种形式，设置在光线充足、醒目、稍高于人视线处。

安全标志分为禁止标志、警告标志、指令标志、提示标志四类。国家标准 GB2894—82《安全标志》对安全标志的设置位置、检查、维修以及各类安全标志的几何图形、安全色、图形符号（含文字）及其补充标志等都有具体规定。

常用禁止标志有禁止烟火、禁止吸烟等 16 个。

常用警告标志有注意安全、当心火灾等 23 个。

用于电气施工作业的安全标志称为电气安全标志，表 1-2-1 列举了几种电气安全标志的图样、名称、悬挂位置及式样等。

表 1-2-1　电气安全标志

图　样	名　称	悬挂位置	式　样		
			几何图形尺寸（mm）	安全色	图形符号（含文字）
禁止合闸有人工作	禁止合闸，有人工作	一经合闸即可送电的施工设备断路器（开关）和隔离开关（刀闸）操作把手上	200×100 和 80×50	白底	红字
禁止合闸线路有人工作	禁止合闸，线路有人工作	线路断路器（开关）和隔离开关（刀闸）把手上	200×100 和 80×50	红底	白字
在此工作	在此工作	室外和室内工作地点或施工设备上	250×250	绿底，中有直径 210mm 的白圆	黑字，写于白圆中

续表

图　样	名　称	悬挂位置	式　样		
			几何图形尺寸（mm）	安全色	图形符号（含文字）
止步高压危险	止步，高压危险	临近带电设备的遮栏上；室外工作地点的围栏上；禁止通行的过道上；高压试验地点；室外构架上；临近带电设备的横梁上	250×200	白底红边	黑字
从此上下	从此上下	工作人员上下的铁架、梯子上	250×250	绿底，中有直径210mm白圆	黑字，写于白圆中
禁止攀登高压危险！	禁止攀登，高压危险	临近工作人员上下的铁架的其他可能上下的铁架上，运行中的变压器的梯子上	250×200	白底红边	黑字
已接地	已接地	悬挂在已接地线的隔离开关操作把手上	240×130	绿底	黑字

指令标志的几何图形是圆形，安全色为蓝色，图形符号为（含文字）白色。常用指令标志有必须戴护目镜、必须戴防毒面具、必须戴安全帽、必须戴护耳器、必须戴防护手套、必须穿防护靴、必须系安全带、必须穿防护服等。

提示标志的几何图形是长方形，按长短边的比例不同，分一般提示标志和消防设备提示标志两类。提示标志安全色为绿色，图形符号（含文字）为白色。一般提示标志有太平门、紧急出口、安全通道等。消防设备提示标志有消防警铃、火警电话、地下消防栓、地上消防栓、消防水带、灭火器、消防水泵接合器等。

> **提示：** 禁止标志是不得做某些事的标志，警告标志是工作中要特别注意的标志，指令标志是提醒人们必须遵守的一种标志，提示标志是指示目标方向的标志。

（三）安全用电措施

根据相关规定，在全部停电或部分停电的电气设备上工作时，必须完成下列安全组织措施和安全技术措施。

1）安全组织措施

安全组织措施主要有工作票制度、工作许可制度、工作监护制度、工作间断转移制度、工作终结及送电制度等。

2）安全技术措施

安全技术措施包括停电、验电、装设临时接地线、悬挂标志牌和装设临时遮栏等。

（四）电工安全操作规程

电工操作关系到生产及人身安全，为保证生产及生活的正常进行，保证电工人身安全，电工操作必须遵守《电工安全操作规程》。除此之外，还应该熟悉各行业或企业根据自身情况颁布的相关电气作业安全技术规程。

1. 电工安全操作规程

（1）电工操作人员必须经过有关部门安全技术培训，取得特种作业操作证后，方可独立上岗操作。现场用电操作必须由电工完成，严禁他人私拉乱接等。学徒工、实习生不得单独操作。

（2）所有绝缘、检验工具应妥善保管，严禁乱用，并应定期检查、检验。

（3）现场施工用电（高低压）设备及线路，应按照有关规定组织设计、施工安装和架设。线路上禁止带负荷接电或断电，并禁止带电操作。

（4）电气设备和线路必须绝缘良好，电线不得与金属物绑在一起；各种施工用电设备必须按规定进行保护接零及装设漏电保护器。遇临时停电或停工休息时，必须拉闸加锁。

（5）电气设备着火时，应立即将有关电源切断，使用绝缘灭火器或干沙灭火。

（6）在施工现场专用的中性点直接接地的电力系统中，必须采用 TN-S 接零保护系统。

（7）施工现场每一处重复接地的接地电阻值应不大于 10Ω，且不得少于 3 处（即总配电箱、线路的中间和末端处）。

（8）电气设备所有熔断器的额定电压应与其负荷相适应。禁止用其他金属丝代替熔丝。

（9）动力线路与照明线路必须分开架设。照明开关、灯口及插座等应正确接入相线及零线。

（10）施工现场夜间临时照明电线及灯具，室内悬挂高度应不低于 2.4m，室外悬挂高度应不低于 3m。易燃、易爆场所应使用防爆灯具。施工现场照明灯具的金属外壳和金属支架必须进行保护接零。电线应采用三芯橡皮护套电缆，严禁使用花线和护套线。

（11）按规定做好钢管脚手架、物料提升机、塔吊等设备的防雷接地保护。接地体可用角钢，不得使用螺纹钢，接地电阻应符合规范要求。

（12）不准酒后上班，严禁班中饮酒。

（13）电气设备的金属外壳，必须接有保护零线，同一供电系统中不允许电气设备有的保护接地，而有的保护接零。

（14）施工现场配电箱要有防雨措施，门锁齐全，有色标，统一编号。开关箱要做到一机一闸，箱内无杂物；开关箱、配电箱内严禁动力、照明线路混接；要有检修记录及记录本。

（15）移动电箱电源线长度不大于 30m，移动用电设备引出线长度不大于 5m。

（16）电气设备烧毁时，须检查好原因再更换，防止再次发生事故。

（17）每个电工必须熟练掌握触电急救方法，有人触电应立即切断电源，按触电急救方案实施抢救。

2. 维修电工安全操作规程

（1）熟悉电气安全知识和触电急救方法，并经考试合格获得相关操作证，才能操作。新工人要由师傅带领操作。

（2）必须认真执行各项电气安全管理规定，做到装得安全，拆得彻底，经常检查，及时修理。

（3）工作前，必须检查工具、测量仪器和绝缘用具的灵敏性和安全可靠性。禁止使用失灵的测量仪器和绝缘不良的工具。

（4）任何电气设备未经验电，一律视为有电，不准用手触及。开关跳闸后，须将线路仔细检查一遍，方可推上开关，不允许强行送电。

（5）动力配电箱的闸刀开关，禁止带负荷拉开。凡校验及修理电气设备时，应切断电源，取下熔丝，挂上"禁止合闸，有人工作"的警告牌。停电警告牌应"谁挂谁取"。

（6）不准带电作业，遇特殊情况不能停电时，应经领导同意，并在有经验的电工监护下，标出危险（禁入）区域，采取严格的安全绝缘措施方能操作。工作时要戴安全帽、穿长袖衣服、戴绝缘手套，使用有绝缘柄的工具，并站在绝缘垫上进行。邻近两相的带电部分和接地金属部分应用绝缘板隔开。严禁使用锉刀、钢尺。

（7）工作临时中断后或每班开始工作前，都必须重新检查电源，验明无电方可继续工作。

（8）带电装卸熔丝时，要戴好绝缘手套，必要时使用绝缘夹钳，站在绝缘垫上。熔丝的容量要与设备或线路安装容量相适应。不得使用超容量的熔丝，严禁用铜丝或其他金属丝代替熔丝。

（9）电气设备的金属外壳必须接地（或接零）。接地线要符合标准。有电设备不准断开外壳接地线。

（10）电器或线路拆除后，遗留的线头应及时用绝缘胶布包扎好。

（11）安装或维修照明灯具，必须分清零线和相线，安装灯头时，开关必须接在相线上，灯口螺纹必须接在零线上。

（12）严格执行临时线的接、装、拆制度。在检查中，发现有私自接装的电气设备或灯具等，应予以拆除，确保用电安全。

（13）动力配电盘、配电箱、开关、变压器等各种电气设备附近要勤检查，不准堆放各种易燃、易爆、潮湿或其他影响操作的物件，并做好清洁保养工作。

（14）每次维修结束时，必须清点所带工具、零件，以防遗失在设备里造成事故。

（15）由专门检修人员修理电气设备时，值班电工要进行登记，完工后要做好交代并共同检查，然后方可送电。

（16）临时装设的电气设备必须将金属外壳接地。严禁将电动工具的外壳接地线和工作零线拧在一起插入插座。必须使用两线接地或三线接地插座，或者将外壳接地线单独接到接地干线上，以防接触不良时引起外壳带电。用橡胶套软电缆连接移动设备时，专供保护接零的电线上不许有工作电流通过。

（17）登高作业必须系好安全带。使用竹梯时，应认真检查，梯脚要有防滑措施，放在坚固的支持物上，顶端必须扎牢或梯脚有人扶住。缺损、霉蛀的竹梯不准使用。使用人字梯时，拉绳必须牢固。

（18）使用工作电压达 36V 以上的手持电动工具，应保证接地良好。检查所用的电动工具电压等级是否与电源电压相符。使用时，必须戴好绝缘手套并站在绝缘垫上工作。

（19）绝缘工具要定期做好耐压试验，确保用具安全可靠。

（20）使用喷灯时，油量不得超过容积的四分之三。打气要适当。不得使用漏油、漏气的喷灯。不准在易燃易爆物品附近点火、使用。

（21）使用柴油、煤油清洗零件时，附近不得吸烟或明火作业，用后应将油盘盖好，保管好。禁止用汽油清洗零件。

（22）电气设备起火时，应立即切断电源，并使用干粉或 1211 灭火器扑救。严禁用水或泡沫灭火器扑救。

1.2.2　触电与急救

（一）触电

1. 触电的原因

因人体接触或接近带电体导致电流经过人体的现象称为触电。造成触电的原因主要有以下几类：

（1）线路架设不合规格。

（2）电气操作制度不严格、不健全。

（3）用电设备不合要求。

（4）违反安全操作规程。

（5）设备绝缘老化。

2. 触电的类型

1）低压的触电

低压触电有两种类型，单相触电和两相触电。

（1）单相触电：单相触电是指人体接触带电体或线路中的某一相，电流从带电体流经人体到大地（或零线）形成回路。此时，人体承受相电压。单相触电可分为中性点接地系统的单相触电和中性点不接地系统的单相触电两种，分别如图 1-2-5（a）和图 1-2-5（b）所示。一般中性点不接地系统的工作电压大多是 6～10kV，在这种系统上单相触电，几乎是致命的。

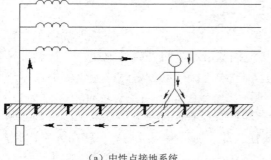
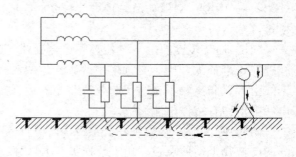

（a）中性点接地系统　　　　　　　　　　（b）无中性点或中性点不接地系统

图 1-2-5　单相触电

（2）两相触电：两相触电也叫相间触电，是人体与大地绝缘时，人体同时接触两根不同的相线或人体的不同部分同时接触同一电源的任何两相导线造成的。两相触电时电流由一根相线经人体流到另一相线，形成闭合回路，此时人体承受线电压。两相触电比单相触电更具有危险性，如图 1-2-6 所示。

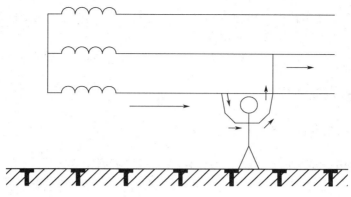

图 1-2-6 两相触电

2）高压触电

（1）跨步电压触电：当高压线断落触地、雷电流入地或运行中的电气设备因绝缘损坏漏电时，会在电流入地点及周围地面形成强电场。人跨进这个区域，两脚间将存在电位差，电流从接触高电位的脚流进，经过人体，从接触低电位的脚流出，即为跨步电压触电。如图 1-2-7所示，电压 U 即为跨步电压。如果遇到这种危险场合，应合拢双脚，跳至电流入地点 20m 之外，以保障人身安全。

图 1-2-7 跨步电压触电

（2）高压电弧触电：人体过分接近高压带电体会引起电弧放电，给人体带来致命的电击和电伤，称为高压电弧触电。

低压触电都是由于人直接或间接接触相线造成的，所以不要**接触**低压带电体。高压触电是由于人靠近高压带电体造成的，所以不要**靠近**高压带电体。

> 提示：低压勿摸，高压勿近！

3）雷击触电

雷击是一种自然现象，是雷云向地面凸出的导电物体放电时引起的自然灾害。雷电流可能导致直接伤害和间接伤害。直接雷击可将人击毙或击伤、灼伤；间接伤害则指可能发生跨步电压触电、接触电压触电以及感应电压触电。

除了上述触电类型，还有感应电压触电、残余电荷触电、静电触电等其他触电情况。

（二）触电对人体的伤害

1. 触电对人体伤害的类型

按人体受伤害的程度不同，触电可分为电击和电伤两类。

1）电击

电击是电流通过人体，使机体组织受到刺激，肌肉不由自主地发生痉挛性收缩造成的伤害。严重的电击会使人的心脏、肺部神经系统的正常工作受到破坏，产生休克，甚至造成生命危险。电击致伤的部位主要在人体内部，而在人体外部不会留下明显痕迹，致命电流较小。有效值 50mA 以上的工频交流电流通过人体，就可能引起心室颤动或心跳骤停，或导致呼吸停止。

如果通过人体的电流只有 20～25mA，一般不会直接引起心室颤动或心跳骤停，但如触电时间较长，仍可导致心脏停止跳动。这时，心室颤动或心跳骤停主要是由于呼吸停止，导致机体缺氧引起的。

2）电伤

电伤是电流的热效应、化学效应、机械效应等对人体造成的伤害，造成电伤的电流强度都比较大。电伤会在人体表面留下明显的伤痕，但其伤害作用可能深入体内。热效应会导致电烧伤、电烙印；化学效应会引起皮肤金属化、电光眼；机械效应可能直接致人受机械损伤、骨折等。电伤主要伤害人体外部，在人体外表留下明显的痕迹，电流进出口烧伤最严重，致命电流强度较大。

（1）电烧伤是最常见的电伤。大部分电击事故都会造成电烧伤。电烧伤可分为电流灼伤和电弧烧伤。电流越强、通电时间越长，电流通过途径的电阻越小，则电流灼伤越严重。由于人体与带电体接触的面积一般都不大，加之皮肤电阻又比较高，使得皮肤与带电体的接触部位产生较多的热量，受到严重的灼伤。当电流较强时，可能灼伤皮下组织。

由于接近高压带电体时会发生击穿放电，因此，电流灼伤一般发生在低压电气设备上，往往数百毫安的电流即可导致灼伤。

（2）电烙印是电流通过人体后，在接触部位留下的斑痕。斑痕处皮肤变硬，失去原有弹性和色泽，表层坏死，失去知觉。

（3）皮肤金属化是金属微粒渗入皮肤造成的。受伤部位变得粗糙而张紧。皮肤金属化多在电弧放电时发生，而且一般都伤在人体的裸露部位。当发生电弧放电时，与电烧伤相比，皮肤金属化不是主要伤害。

（4）电光眼表现为角膜和结膜发炎。在电弧放电时，红外线、可见光、紫外线都可能损伤眼睛。对于短暂的照射，紫外线是引起电光眼的主要原因。

2. 触电对人体伤害的影响因素

触电对人体伤害的程度受到电流、电压、电流持续时间、电流流经人体的途径、电流频率、人体电阻等因素的影响。其中，电流的影响至关重要。

1）电流

以下几个重要的电流值反映了电流对人体的影响。

（1）感知电流：用手握住电源时，能引起人体感觉的最小电流值，称为感知电流。成年男性的平均感知电流约为 1.1mA，成年女性约为 0.7mA。

（2）摆脱电流：人体触电后，在不需要任何外来帮助情况下能自主摆脱电源的最大电流称为摆脱电流。当 18～22mA（摆脱电流的上限）的工频电流通过人体的胸部时，如果电流停止，呼吸即可恢复，而且不会因短暂的呼吸停止而造成不良后果。对应于 99.5%摆脱概率，成年男性的最大摆脱电流约为 9mA，成年女性约为 6mA。

（3）致命电流：在较短的时间内危及生命的最小电流称为致命电流。50Hz 交流电和直流电流过人体时，对人体的伤害如表 1-2-2 所示。我国规定通过人体的最大安全电流为 30mA。

表 1-2-2 电流对人体的伤害

电流（mA）	交流电（50Hz）	直 流 电
0.6～1.5	手指开始发麻	无感觉
2～3	手指感觉强烈发麻	无感觉
5～7	手指肌肉感觉痉挛	手指感觉灼热和刺痛
8～10	手指关节与手掌感觉痛，手已难于脱离电源，但尚能摆脱	手指感觉灼热，较接触 5～7mA 直流电时更强
20～25	手指感觉剧痛，迅速麻痹，不能摆脱电源，呼吸困难	灼热感很强，手部肌肉痉挛
50～80	呼吸麻痹，心室开始震颤	强烈灼热感，手部肌肉痉挛，呼吸困难
90～100	呼吸麻痹，持续 3 秒或更长时间后，心脏麻痹或心跳停止	呼吸麻痹
＞500	延续 1 秒以上有死亡危险	呼吸麻痹，心室颤动，心跳停止

2）电压

人体接触的电压越高，流过人体的电流越大，对人体的伤害越严重。

3）电流持续时间

人体触电电流越大，触电时间越长，电流对人体产生的热伤害、化学伤害及生理伤害越严重。

一般而言，短时间内，交流工频 15～20mA、直流 50mA 范围以内的电流基本安全。长时间接触交流工频 8～10mA 电流会导致人死亡。

4）电流流经途径

电流从不同的路径流经人体，对人体的伤害程度有所不同。电流通过头部可使人昏迷；通过脊髓可能导致肢体瘫痪；通过心脏可造成心脏停跳、血液循环中断；通过呼吸系统会造成窒息。因此，电流从左手流经胸部的危险性最大；从手到手、从手到脚也是很危险的电流路径；从脚到脚的危险性较小，但容易造成腿部肌肉痉挛而摔倒，导致二次触电。

5）电流频率

50～60Hz 的交流电对人最危险，随着频率的升高，触电危险程度将下降。在电流相同的条件下，直流电的危险性要低于交流电。通过对动物进行的实验，得到不同频率的触电死亡率如表 1-2-3 所示。

表 1-2-3　不同频率的触电死亡率（动物实验）

频率（Hz）	10	25	50	60	80
死亡率（%）	21	70	95	91	43
频率（Hz）	100	120	200	500	1000
死亡率（%）	34	31	22	14	11

6）人体电阻

人体电阻越大，受电击伤害越轻。人体电阻由体内电阻和体表电阻组成，体内电阻基本不变，体表电阻受较多因素影响，如果皮肤表面角质层损伤、皮肤潮湿、流汗、携带导电粉尘、与带电体接触面大、接触压力大等，都会大幅度增加触电受伤程度。通常人体电阻可按 $1\sim2k\Omega$ 考虑。

> **提示：**
> （1）人的性别、健康状况、精神状态等与触电受伤程度有着密切关系。
> （2）女性比男性更容易受电流伤害。
> （3）老人、小孩比青年更容易受电流伤害。
> （4）体弱的人比健康的人更容易受电流伤害。

3. 安全电压

人体触电时，对人体各部位组织（如皮肤、心脏、呼吸器官和神经系统）不会造成任何损害的电压称为安全电压。人体触电的本质是电流通过人体产生了有害效应，然而触电的形式通常都是人体的两部分同时触及了带电体，而且这两部分带电体之间存在着电位差。因此在电击防护措施中，要将流过人体的电流限制在无危险范围内，即将人体能触及的电压限制在安全的范围内。对此国家制定了安全电压系列标准，称为安全电压等级或额定值，这些额定值指的是交流有效值。

对于安全电压值的规定，各国有所不同，如荷兰和瑞典为 24V；美国为 40V；法国交流为 24V，直流为 50V；波兰为 50V。我国的安全交流电压值规定如表 1-2-4 所示。

表 1-2-4　我国安全交流电压值规定

安全电压（V）		适用情况举例
额定值	空载上限值	
42	50	没有高度触电危险的场所，如干燥、无导电粉尘、地板为非导电性材料的场所，在有触电危险的场所使用手持电动工具等
36	43	有高度触电危险的场所，如相对湿度达 75%、有导电粉末和地板潮湿的场所，多粉尘矿井及类似场所使用行灯等
24	29	工作空间狭窄，操作者容易大面积接触带电体的场所，如锅炉等金属容器内
12	15	
6	8	人体需要长期触及器具上带电体的场所，如医疗器械等

> **提示：** 安全电压并非绝对安全，只是相对安全。

4. 防止触电的安全措施

安全用电的基本原则是"安全第一，预防为主"，分析触电原因，掌握预防触电措施是电气从业人员基本素养。

1）预防直接触电的措施

（1）选用安全电压：交流电安全电压额定值的等级分为 42V、36V、24V、12V 和 6V，直流电安全电压为不超过 120V。

（2）加强绝缘：良好的绝缘是保证电气设备和线路正常运行的必要条件，是防止触电的重要措施。

（3）采用屏护措施和间距措施：采用屏护装置将带电体与外界隔绝，以杜绝不安全因素的措施叫屏护措施。常用的屏护装置有遮栏、护罩、护盖、栅栏等。

为防止人体、车辆或其他设备触及或过分接近带电体，同时为了操作的方便，在带电体与地面之间、带电体与带电体之间、带电体与其他设备之间，均应保持一定的安全间距，称为间距措施。

安全间距的大小取决于电压等级、设备类型、安装方式等因素。人体与不同电压等级带电体间的安全间距如表 1-2-5 所示。

表 1-2-5 人体与带电体间的安全间距

电压等级（kV）	10 以下	35	110
安全距离（m）	0.7	1.0	1.5

2）预防间接触电的措施

（1）加强绝缘措施：对电气设备或线路采取双重绝缘措施，可使设备或线路绝缘可靠，不易损坏。即使工作绝缘损坏，还有一层加强绝缘，不致因金属导体裸露而造成间接触电。

（2）电气隔离措施：采用隔离变压器或具有同等隔离作用的发电机，使电气线路和设备的带电部分处于隔离状态，称为电气隔离措施。即便线路或设备的工作绝缘损坏，人站在地面上与之接触也不易触电。必须注意，被隔离线路的电压不得超过 500V，其带电部分不能与其他电气回路或大地相连。

（3）自动断电措施：在带电线路或设备上发生触电事故或其他事故（如短路、过载、欠压等）时，在规定时间内能自动切断电源而起保护作用的措施叫自动断电措施，如漏电保护、过流保护、过压或欠压保护、短路保护、接零保护等均属自动断电措施。

（4）电气设备的保护接地和保护接零：此部分知识在书中有相关介绍。

（三）触电急救

在实际工作和生活中，完全避免触电事故是不可能的，触电时，及时抢救和正确救治是抢救触电者生命的关键。触电救护要点为：抢救迅速、救护得法、贵在坚持。

1. 迅速脱离电源

（1）触电急救，首先要使触电者迅速脱离电源，越快越好。因为电流作用的时间越长，伤害越重。

（2）脱离电源，就是要把触电者接触的那一部分带电设备的所有断路器（开关）、隔离开关（刀闸）或其他断路设备断开；或设法使触电者与带电设备脱离。在脱离带电设备过程中，救护人员也要注意保护自身的安全。如触电者处于高处，应采取相应措施，防止该伤员脱离带电设备后自高处坠落形成复合伤。

（3）低压触电可采用下列方法使触电者脱离带电设备：

① 如果触电地点附近有电源开关或电源插座，可立即拉开开关或拔出插头，断开电源。但应注意到拉线开关或墙壁开关等只控制一根线的开关，有可能因为安装问题只能切断零线而不能断开相线。

② 如果触电地点附近没有电源开关或电源插座，可用有绝缘柄的电工钳或有干燥木柄的斧头切断电线，断开电源。

③ 当电线搭落在触电者身上或被压在身下时，可用干燥的衣服、手套、绳索、皮带、木板、木棒等绝缘物作为工具，拉开触电者或挑开电线。

④ 如果触电者的衣服是干燥的，又没有紧缠在身上，可以用一只手抓住他的衣服，将其拉离带电设备。但因触电者的身体是带电的，其鞋的绝缘也可能遭到破坏，救护人员不得接触触电者的皮肤，也不能抓他的鞋。

⑤ 若触电发生在低压带电的架空线路上或配电台架、进户线上，对可立即切断电源的，应迅速断开电源，救护者迅速登杆或登至可靠地方，并做好自身防触电、防坠落安全措施，用带有绝缘胶柄的钢丝钳、绝缘物等工具使触电者脱离带电设备。

（4）高压触电可采用下列方法之一使触电者脱离带电设备：

① 立即通知有关供电部门或用户停电。

② 戴上绝缘手套，穿上绝缘靴，用相应电压等级的绝缘工具按顺序切断电源或熔断器。

③ 抛掷裸金属线使线路短路接地，迫使保护装置动作，断开电源。注意抛掷金属线之前，应先将金属线的一端固定可靠接地，然后另一端系上重物抛掷，注意抛掷的一端不可触及触电者和其他人。另外，抛掷者抛出金属线后，要迅速离开接地的金属线 8m 以外或双腿并拢站立，防止跨步电压伤人。在抛掷金属线时，应注意防止电弧伤人或断线危及人员安全。

（5）脱离带电设备后的救护应注意的事项：

① 救护人不可直接用手、其他金属及潮湿的物体作为救护工具，而应使用适当的绝缘工具。救护人最好用一只手操作，以防自己触电。

② 防止触电者脱离带电设备后可能的摔伤，特别是当触电者在高处的情况下，应考虑防止坠落的措施。即使触电者在平地，也要注意触电者倒下的方向，注意防摔。救护者也应注意救护中自身的防坠落、摔伤措施。

③ 救护者在救护过程中，特别是在杆上或高处抢救触电者时，要注意自身和触电者与附近带电体之间的安全距离，防止再次触及带电设备。对未做安全措施，挂上接地线的设备，即使已切断电源，也应视作带电设备。救护人员登高时应随身携带必要的绝缘工具和牢固的绳索等。

④ 如事故发生在夜间，应设置临时照明灯，以便抢救，避免意外事故，但不能因此延误切断电源和进行急救的时间。

提示：救护者一定要在能确保自身安全的前提下，才能去救助触电者。

2. 电话报警

当出现触电事故时，在对触电者施救的同时应及时拨打 110 和 120 报警，若是生活中的触电事故，还应及时通知亲戚朋友；若是生产中的触电事故，还应通知相关领导和上级指挥部门切断电源；若涉及公共电力设施，还应立即拨打**电力部门专用电话 95598** 告知相关情况。

3. 准确实施救治

触电者脱离带电设备后，应立即在现场对其进行急救治疗。救护人员必须在现场或附近就地抢救触电者，千万不要停止救治而长途运送去医院。抢救奏效的关键是迅速，即必须就地救治。要实现就地救治，必须普及救治方法，如口对口人工呼吸法、胸外按压心脏法等。

抢救既要迅速又要有耐心，即使在送往医院途中也不能停止急救。此外，不能给触电者打强心针、泼冷水或压木板等。

1）症状判断

（1）判断触电者有无知觉。

（2）判断呼吸是否停止：先将触电者移到干燥、宽敞、通风的地方，放松衣、裤，使其仰卧，观察胸部或腹部有无因呼吸产生的起伏动作。

（3）判断是否还有脉搏：用手检查颈动脉或腹股沟处的股动脉是否搏动。

（4）判断瞳孔是否散大：用手电筒照射瞳孔，看其是否收缩。

2）准确实施救治

触电者脱离电源后，应迅速判断其症状，根据其受电流伤害的不同程度，采用不同的急救方法。

（1）触电者神志清醒，能回答问题，只是感觉头昏、乏力、心悸、出冷汗、恶心及四肢麻木，属于症状较轻，应让其就地静卧休息一段时间，以减轻心脏负担，加快恢复。同时，应迅速请医生到现场诊治，做好一切抢救准备。

（2）触电者神志不清或失去知觉，但呼吸、心跳尚存，这时，应将其抬到附近通风、干燥、空气清新的地方平卧，解开衣服，随时观察伤情的变化，同时立即请医生到现场诊治或送医院。

（3）对失去知觉、呼吸困难或呼吸逐渐微弱但还有心跳的触电者，要立即进行口对口人工呼吸救治，同时立即请医生到现场急救或送医院。

（4）对心跳渐弱或心跳停止，但还有呼吸的触电者，要立即进行胸外心脏按压救治，同时立即请医生到现场急救或送医院。

提示：如果触电者呼吸和心跳均已停止，出现假死现象，应立即同时进行口对口人工呼吸和胸外心脏按压两种救治。

4．急救方法

1）口对口人工呼吸法

如果触电者受伤较严重，失去知觉，停止呼吸，就应采用口对口人工呼吸法进行救治，如图1-2-8所示。具体做法是：

（1）迅速解开触电者身上阻碍呼吸的衣服、裤带，松开上身的衣服、围巾等，令其头先侧向一边，并迅速清除触电者口腔内妨碍呼吸的物体（如脱落的假牙、血块、黏液等），以免堵塞呼吸道。

（2）使触电者仰卧，不垫枕头，使其头部充分后仰（最好一只手托在触电者颈后），使鼻孔朝上，以使呼吸道畅通。

（3）救护人员位于触电者头部的左边或右边，用一只手捏紧其鼻孔，使其不漏气，另一只手将其下巴拉向前下方，使嘴巴张开，嘴上可盖上一层纱布，准备吹气。

（4）救护人员深吸一口气后，口对口向触电者的口内吹气，为时约2秒；同时观察触电者胸部隆起的程度，一般应以胸部略有起伏为宜。

（5）吹气完毕，立即松口，并松开触电者的鼻孔，让其自行呼气，为时约3秒。这时应注意观察触电者胸部的复原情况，倾听口鼻处有无呼吸声，从而检查呼吸道是否阻塞。

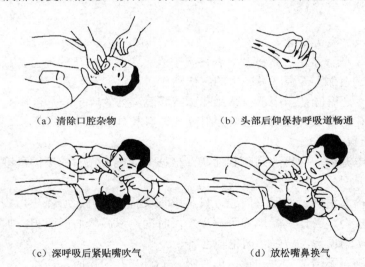

（a）清除口腔杂物　　　　　　　　　　（b）头部后仰保持呼吸道畅通

（c）深呼吸后紧贴嘴吹气　　　　　　　　（d）放松嘴鼻换气

图1-2-8　口对口人工呼吸法

重复第（4）、（5）步，吹气2秒，放松3秒，大约5秒一个循环。当触电者自己开始呼吸时，人工呼吸应立即停止。如果触电者为小龄儿童，或无法使触电者的嘴张开，可改用口对鼻人工呼吸法。

操作口诀：张口捏鼻手抬颌，深吸缓吹口对紧；张口困难吹鼻孔，5秒一次坚持吹。

2）胸外按压心脏法

应使触电者仰卧在比较坚实的地方，姿势与口对口人工呼吸法相同，如图1-2-9所示。胸外按压心脏的具体操作步骤如下：

（1）解开触电者的衣裤，使其胸部能自由扩张。

（2）救护人员跪在触电者一侧或骑跪在其腰部两侧，两手相叠，将一只手的掌根放在心窝稍高一点的地方（胸骨下），中指指尖对准锁骨间凹陷处边缘，另一只手压上面，呈两手交叠状（对儿童可用一只手），如图 1-2-9（a）、（b）所示。

（3）掌根用力垂直向下（脊背方向）按，自上而下垂直均衡地用力，对成人应压陷 3～4cm，每秒按压一次，压出心脏里面的血液，注意用力适当，对儿童用力要轻一些，如图 1-2-9（c）所示。

（4）按压后，掌根迅速放松（但手掌不要离开胸部），让触电者胸廓自动复原，心脏扩张，血液又回到心脏，如图 1-2-9（d）所示。

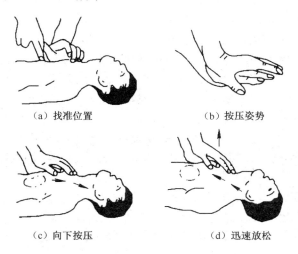

（a）找准位置　　　　　　　（b）按压姿势

（c）向下按压　　　　　　　（d）迅速放松

图 1-2-9　胸外按压心脏法

重复（3）、（4）步骤，每分钟 60 次左右为宜。

操作口诀：掌根下压不冲击，突然放松手不离；手腕略弯压一寸，每秒一次较适宜。

若触电者被伤害得相当严重，心跳和呼吸都已停止，人完全失去知觉，则须同时采用口对口人工呼吸和胸外按压心脏两种方法。单人救护时，可先吹气 2～3 次，再按压 10～15 次，交替进行。双人救护时，每 5 秒吹气一次，每秒按压一次，两人同时进行操作。

> **提示：** 触电急救贵在坚持，只要有一线希望就要尽全力去抢救。

3）外伤处理

对于不危及生命的轻度外伤，可以放在触电急救之后处理。对于危及生命的严重外伤的处理，应当与口对口人工呼吸和胸外按压心脏法等急救措施同时进行。

为了减轻伤口的感染，可以使用食盐水或温开水冲洗伤口，再使用干净的绷带、布带等进行包扎。如果伤口出血，应设法止血。

高压触电时，往往会造成严重烧伤。为了减少伤口感染和便于及时治疗，最好用酒精擦洗后再进行包扎。

1.2.3 电气防火、防雷

（一）电气防火

1. 电气火灾的主要成因

电气火灾是指由电气原因引发燃烧而造成的灾害。设备自身缺陷、施工安装不当、电气接触不良、雷击或静电引起的高温、电弧和电火花，以及短路、过载、漏电等电气故障都有可能导致火灾。存在易燃易爆物是电气火灾的环境条件。电气火灾产生的直接原因有以下几类：

（1）设备或线路发生短路故障。电气设备绝缘损坏、线路年久失修，工作人员操作时疏忽大意、操作失误及设备安装不合格等都可能造成短路，其短路电流可达正常电流的几十倍甚至上百倍，产生的热量（与电流强度的平方成正比）使温度上升至超过自身或周围可燃物的燃点引起燃烧，从而导致火灾。

（2）过载引起电气设备过热。选用线路或设备不合理，线路的负载电流超过了导线额定的安全载流值，电气设备长期超载（超过额定负载能力），引起线路或设备过热而导致火灾。

（3）接触不良引起过热。接头连接不牢或不紧密、动触点压力过小等使接触电阻过大，导致接触部位过热而引起火灾。

（4）通风散热不良。大功率设备因缺少通风散热设施或通风散热设施损坏而过热，引发火灾。

（5）电器使用不当。未按要求使用电器，或用后忘记断开电源，引起过热而导致火灾。

（6）电火花和电弧。有些电气设备正常运行时就可能产生电火花、电弧，如大容量开关、接触器触点的分、合操作，都会产生电弧和电火花。电火花温度可达数千摄氏度，遇可燃物便可将其点燃，遇可燃气体则可能引发爆炸。电弧由大量密集的电火花汇集而成，其温度高达 3000～6000℃。因此，电火花和电弧不仅能引起可燃物燃烧，还能使金属熔化、飞溅，构成危险的火源。

2. 电气火灾的防护措施

电气火灾防护的主要目的在于消除隐患、提高用电安全，具体措施如下：

1）正确选用保护装置

（1）对正常运行条件下可能产生电热效应的设备采用隔热、散热、强迫冷却等措施，并注重耐热、防火材料的使用。

（2）按规定采取短路、过载、漏电保护等自动断电保护措施。对电气设备和线路正确设置接地、接零保护，安装避雷器及接地装置等。

（3）根据使用环境和条件正确选择电气设备。对于恶劣的自然环境和有导电尘埃的地方应选择有抗绝缘老化功能的产品，或增加相应的措施；对易燃易爆场所则必须使用防爆电气产品。

2）正确安装电气设备

（1）合理选择安装位置：对于有爆炸危险的场所，应该考虑把电气设备安装在危险地点以外或爆炸危险性较小的地方。

开关、插座、熔断器、电热器具、电焊设备和电动机等的安装应根据需要，尽量避开易燃物或易燃建筑构件。起重机滑触线下方不应堆放易燃品。露天变配电装置不应设置在易于沉积可燃性粉尘或纤维的地方。

（2）保持必要的防火距离：对于在正常工作时会产生电弧或电火花的电气设备，应使用灭弧材料将其全部隔离起来，或将其与可能被引燃的物料用灭弧材料隔开，或使其与可能引起火灾的物料之间保持足够的距离，以便安全灭弧。安装和使用局部热聚焦或热集中电气设备时，在局部热聚焦或热集中的方向，与易燃物料必须保持足够的距离，以防引燃。

电气设备周围的防护屏障材料，必须能承受电气设备产生的高温（包括故障情况下）。应根据具体情况选择不可燃材料、阻燃材料或在可燃性材料表面喷涂防火涂料。

3）保持电气设备的正常运行

（1）正确使用电气设备，是保证电气设备正常运行的前提，因此应按设备使用说明书的规定操作电气设备，严格执行操作规程。

（2）保持电气设备的电压、电流、温升等不超过允许值。保持各导电部分连接可靠，接地良好。

（3）保持电气设备的绝缘良好，保持电气设备的清洁，保持通风良好。

3. 电气火警的紧急处理

（1）切断电源：当电气设备发生火警时，首先要切断电源（拉开电源开关或用木柄消防斧切断电源进线端），防止事故的扩大和火势的蔓延，以及灭火过程中发生触电事故。

（2）电话报警：若发生火灾，应立即拨打 119 火警电话报警，向消防部门求助。通知电力部门派人到现场指导和监护扑救工作。

（3）正确选用灭火器：在扑救尚未确定断电的电气火灾时，应选择适当的灭火器和灭火装置。使用普通水枪射出的水柱和泡沫灭火器射出的导电泡沫会破坏绝缘，有可能造成触电事故和更大危害。常用灭火器的种类、用途及使用方法如表 1-2-6 所示。

表 1-2-6 常用灭火器的种类、用途及使用方法

种　类	二氧化碳	四氯化碳	干　粉	1211	泡　沫
规格	小于 2kg 2～3kg 5～7kg	小于 2kg 2～3kg 5～8kg	8kg 50kg	1kg 2kg 3kg	10L 65～130L
药剂	液态二氧化碳	液态四氯化碳	钾盐、钠盐	二氟一氯甲烷 一溴甲烷	碳酸氢钠 硫酸铝
导电性	无	无	无	无	有
灭火范围	电气设备、仪器、油类、酸类	电气设备	电气设备、石油、油漆、天然气	油类、电气设备、化工、化纤原料	油类及可燃物体
不能扑救的物质（物体）	钾、钠、镁、铝等	钾、钠、镁、乙炔、二氧化碳	旋转电动机		带电物体
部分使用参数	距着火点 3m	3kg 喷 30s，7m 内	8kg 喷 14～18s，4.5m 内； 50kg 喷 50～55s，6～8m	1kg 喷 6～8s，2～3m 内	10L 喷 60s，8m 内 65L 喷 170s，13.5m 内

续表

种　类	二氧化碳	四氯化碳	干　粉	1211	泡　沫
使用	一只手将喇叭口对准火源；另一只手打开开关	扭动开关，喷出液体	提起圈环，喷出干粉	拔下铅封或横锁，用力压压把即可	倒置摇动，拧开关喷药剂
保养和检查	置于方便处，注意防冻、防晒和使用期	置于方便处	置于干燥通风处、防潮、防晒	置于干燥处，勿摔碰	置于方便处
	每月测量一次，重量下降1/10时应充气	检查压力，注意充气	每年检查一次干粉是否结块，每半年检查一次压力	每年检查一次重量	每年检查一次，泡沫发生倍数低于4倍时应换药剂

（4）断电后用湿毛巾（布）扑盖局部小火。

（5）用非液体灭火器或沙土压灭高处着火点。

（6）在保证断电的情况下，对无法控制的火势，考虑用水来扑灭。

灭火时要注意，使用四氯化碳灭火器灭火时，灭火人员应站在上风侧，以防中毒；封闭空间灭火后要注意通风。使用二氧化碳灭火器灭火时，当其浓度达85%时，人就会感到呼吸困难，要注意防止窒息。

救助电气火灾时，救火人员不要随便触碰电气设备及电线，尤其要注意搭落到地上的电线。对于火警现场的一切电线，都应视为带电体。

> 提示：电气火灾严禁用水或泡沫灭火器扑救。

（二）防雷

1. 雷电的形成与活动规律

1）雷电的形成

雷电是由雷云（带电的云层）对地面建筑物及大地的自然放电引起的，它会对建筑物或设备产生严重破坏。

在天气闷热潮湿的时候，地面上的水受热蒸发，随地面热空气而上升，在空中与冷空气相遇，使上升的水蒸气凝结成小水滴，形成积云。云中小水滴部分带正电荷，部分带负电荷。由于静电感应，雷云与大地之间形成了一个大的电容器。当电场强度很大，超过这个"大电容器"的击穿强度时，即发生了雷云与大地间的放电，就是一般所说的雷击放电。雷击放电示意图如图1-2-10所示。

2）雷电活动规律

就周边环境而言，局部土壤电阻率小的地方容易受到雷击；湖、塘、河边的建筑容易受到雷击；空旷地区中的孤立建筑物易受雷击；高层建筑周围的多层建筑比其他地区的多层建筑受雷击的概率要大，高层建筑比低层建筑易受雷击；尖屋顶及高耸建筑物、构筑物易遭受雷击；高出周边建筑物的金属构件、设备易受雷击；金属屋顶容易受到二次雷击。

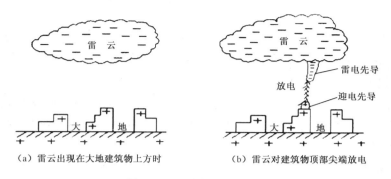

图 1-2-10 雷击放电示意图

2. 雷电的种类

根据雷电产生和危害性质的不同,雷电可分为以下四种类型:

1)直击雷

当雷云较低,其周围又没有异性电荷的云层时,会在地面突出物(树木或建筑物)上感应出异性电荷,当电场强度达到一定值时,雷云就会通过这些物体对大地进行放电,这种直接击在建筑物或其他物体上的雷电叫直击雷。被直击雷击中的建筑物、电气设备或其他物体会产生很高的电位,从而引起过电压,流过的雷电流会很大(达到数十千安甚至数百千安),极易使电气设备或建筑物受到损坏,并引起火灾或爆炸事故。当雷电击于架空输电线时,也会产生很高的电压(可高达数千千伏),不仅会引起线路闪络放电,造成线路短路,而且雷击过电压还会以波的形式沿线路迅速向变电所、发电厂或其他用电建筑物内传播,使得沿线安装的电气设备绝缘受到严重威胁,往往引起绝缘击穿、起火等严重后果。

2)感应雷

当建筑物上空有雷云时,在建筑物上便会感应出与雷云所带电荷极性相反的电荷。在雷云放电后,云与大地间电场消失,但聚集在建筑物上的电荷不能立即释放,只能较慢地向大地流散,这时建筑物顶对地面便有相当高的电位,往往造成屋内电线、金属管道和大型金属设备放电,引起建筑物内的易爆危险品爆炸或易燃物品燃烧。因此,感应雷或感应过电压主要由于雷电流的强大电场和磁场变化产生的静电感应和电磁感应而形成。

3)雷电波侵入

当输电线路遭受直接雷击或发生感应雷击时,雷电波便沿着输电线侵入变配电所或用户室内,如不采取防范措施,高电位雷电波将造成变配电所及用户电气设备损坏,甚至引起火灾、爆炸及人身伤害等事故。雷电波侵入造成的事故在雷击事故中占相当大的比重,应引起足够重视。

4)球形雷

对于球形雷的成因,目前还没有完整的理论。通常认为它是一个温度极高,并发出紫色光或红色光的球体,直径一般在 10~20cm。球形雷通常以 2m/s 左右的速度向前滚动或在空气中飘行,而且会发出口哨响声或嘶嘶声。它常从烟囱、开着的门窗或缝隙进入建筑物内部,在室内来回滚动几次后,可沿着原路出去,有时也会自行无声消失,但碰到人、畜后会发出震耳的爆炸声,还会产生刺激性的气味。

3. 雷电的危害

雷电的危害是多方面的，按其破坏因素可归纳为四类：

1）热性质破坏

当数十安至上千安的强大电流通过导体时，可在极短的时间内转换成大量热能。雷击的发热能量约为 500～2000kJ，如此大的能量可熔化 50～200mm³ 的钢。故在雷电通道中产生的高温往往会酿成火灾。

2）过电压破坏

雷电产生高达数万伏甚至数十万伏的冲击电压，可毁坏发电机、变压器、断路器、绝缘子等的绝缘，烧断电线或劈裂电杆，造成大规模停电；绝缘损坏会引起短路，导致火灾或爆炸事故；二次放电（反击）的火花也可能引起火灾或爆炸；绝缘的损坏也可使高压电窜入低压线路，可造成严重触电事故；巨大的雷电流流入大地，会在雷击点及其连接的金属部分产生极高的对地电压，可能因接触电压或跨步电压而导致触电事故。

3）机械性质破坏

由于雷电的热效应，能使雷电通道中木材纤维缝隙和其他结构缝隙中的空气剧烈膨胀，同时使水分及其他物质分解为气体，因而在被雷击中的物体内部出现很大的压力，致使被击物遭受严重破坏或造成爆炸。

4）电磁感应破坏

雷击时，巨大的雷电流在四周空间产生迅速变化的磁场，处于变化磁场中的金属导体感应出很大的电动势，产生感应电流，感应电流的热效应会产生火花放电或在接触电阻大的部位产生局部过热，从而引燃四周可燃物。

4. 常用防雷装置

一套完整的防雷装置包括接闪器、引下线和接地装置。常用的防雷装置有防止直击雷的避雷针、避雷线、避雷网、避雷带及防止雷电波沿线路侵入建筑物内部电气设备的避雷器、放电间隙等。

（1）避雷线：避雷线是悬于线路各相导线之上，用于保护各相导线，直接拦截雷击并将雷电流迅速泄入大地的架空导线。

（2）避雷针：避雷针由接闪器、引下线和接地装置组成。接闪器安装在构架上并高于被保护物，用于拦截雷击，使之不落在避雷针保护范围内的物体上，通过引下线和接地装置将雷电流释放到大地中。

（3）避雷网和避雷带：一般安装在建筑物顶部突出的部位上，如屋脊、女儿墙等，主要用来保护建筑物和构筑物免遭雷击。

（4）避雷器：避雷器也叫过电压限制器，是一种能释放过电压能量、限制过电压幅值的设备。当过电压出现时，避雷器能确保其两端间的电压不超过规定值，使电气设备免受过电压损坏；过电压作用后，又能使系统迅速恢复正常状态。

> **提示：** 防雷装置通常为"引雷"装置，将雷电"引"到自身，从而使被保护设备或被保护建筑物免受雷击。

5. 防雷常识

1）室内防雷常识

（1）雷雨时，尽可能关闭各类家用电器，拔掉一切电源插头，以防雷电从电源线入侵，造成火灾或人员触电伤亡。

（2）雷雨时，不要触摸或靠近金属水管以及与屋顶相连的上下水管道，不要在电灯下站立。尽量不要使用电话、手机，以防雷电波入侵，造成危险。

（3）关好门窗，以防球形雷飘入；不要站在窗前、阳台上、有烟囱的灶前；应离开电力线、电话线、无线电天线1.5m以外。

（4）雷雨时，不要洗澡、洗头，不要在厨房、浴室等潮湿的场所逗留。

2）室外防雷常识

（1）躲避雷雨，最好就近进入有屏蔽作用的建筑或物体，如汽车、电车、混凝土房屋等。一旦这些建筑或物体被雷击中，它们的金属构架、避雷装置、结构体本身会将雷电流导入地下。千万不要进入庄稼地的小棚房、小草棚，因为在那里避雷雨很容易遭受雷击。

（2）要远离孤立的大树、电杆、高烟囱、铁塔和大树等物体，不要乘坐敞篷车。

（3）打雷下雨时，注意不要打金属骨架雨伞，或者扛、举长形物体，不要骑摩托车或者自行车。几个人同行，要相距几米，分散避雷。

（4）周围频繁发生雷击时，不要惊慌，不要奔跑，最好双脚并拢，双手抱膝就地蹲下，越低越好。

（5）不要停留在山顶、湖边、河边、沼泽地、游泳池等易受雷击的地方。

（6）不要到室外收取晾晒在铁丝上的衣物。

（7）不要在室外活动，如赛跑、打球、游泳等。

（8）如果有人遭到雷击，应迅速冷静地处理。即使受雷击者心跳、呼吸均已停止，也不一定死亡，应不失时机地进行口对口人工呼吸和胸外心脏按压，并送医院抢救。

> **提示：**
> （1）手机已成为现代人生活中不可缺少的用具，但在打雷时，尤其是雷电发生较频繁时，应尽量避免使用手机。
> （2）打雷时，应将家里的电器全部关掉，最好拔掉插头。

1.2.4 接地与接零

正常情况下，直接防护措施能保证人身安全，但是当电气设备绝缘措施发生故障或损坏时，会造成电气设备严重漏电，使不带电的金属部件呈现危险电压，可能造成间接触电。间接接触防护可防止在电气设备发生故障的情况下，发生人身触电事故，也可防止电气设备事故进一步扩大。目前主要采取的防护措施有保护接地、保护接零以及等电位连接等。

（一）接地与接零的概念

1. 接地

（1）基本概念：在电力系统中，由于正常运行的需要和为了保障人身、设备的安全，将设备和用电装置的中性点、外壳或支架与埋入大地的金属导体相接，即为接地。

（2）接地体、接地线与接地装置：接地体是埋入地中并直接与大地接触的金属导体。分为自然接地体和人工接地体。接地线是连接电气设备与接地体的导线。接地线和接地体总称接地装置。接地装置将设备上可能产生的漏电流、静电荷以及雷电流等引入地下，从而避免人身触电和可能发生的火灾、爆炸等事故。

2. 接零

在 1kV 以下的中性点直接接地的三相四线制供电系统中，将与带电部分相绝缘的电气设备金属外壳或构架，与中性点直接接地系统零线相连接，称为接零，也称为保护接零。

接零的作用是当电气设备发生碰壳短路时，通过设备外壳形成某相对零线的单相短路，短路电流能促使线路上的短路保护元件迅速动作，从而断开故障设备的电源，避免人体触电危险。因此，在中性点直接接地的 1kV 以下的系统中必须采取接零措施。接地和接零如图 1-2-11 所示。

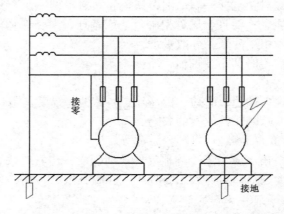

图 1-2-11　接零和接地

3. 接地分类

在电力系统中，接地技术应用很多，通常按接地的作用来分类，常用的有下列几种：

（1）保护接地：将正常情况下不带电的设备金属外壳或构架与大地之间做良好的金属连接，称为保护接地。保护接地可防止设备金属外壳因意外带电而危及人身和设备安全。如设有保护接地装置，当绝缘层破坏使外壳带电时，接地电流将同时沿着接地装置和人体两条通路流过。流过每条通路的电流值将与电阻大小成反比，通常人体电阻比接地电阻大几百倍（人体电阻可按 1～2kΩ考虑），所以当接地电阻很小时，流经人体的电流几乎等于零，因而避免了人体触电的危险。保护接地适用于中性点不接地或不直接接地的电网系统等。

（2）工作接地：在正常工作或事故情况下，为保证电气设备正常运行，必须将电力系统中某一点进行接地，称为工作接地，如变压器低压侧的中性点、电压互感器和电流互感器的二次侧某一点接地等。工作接地能保证电气设备可靠运行；降低人体接触电压；迅速切断故障设备电源；提高电气设备或送、配电线路的安全水平。

（3）重复接地：将三相四线制设备零线上的一点或多点与大地再次做金属连接，称为重复接地。对 1kV 以下的接零系统，重复接地的接地电阻不应大于 10Ω。重复接地的作用是当系统中发生碰壳或接地短路时，可以降低三相不平衡电路中零线上可能出现的危险电压；当零线发生断线时，可以使故障程度减轻；降低高电压窜入低压侧的危险。

（4）过电压保护接地：用于使电气装置或设备的金属结构免遭大气过电压或操作过电压的接地，叫过电压保护接地。

过电压保护接地的作用：对于直击雷，避雷装置（包括过电压保护接地装置在内）能促使雷云电荷和地面感应电荷中和，以防雷击；对静电感应雷，感应产生的静电荷能迅速被导入地中，以防止静电感应过电压；对电磁感应雷，防止感应出非常高的电势，以免产生火花放电而造成燃烧爆炸，所以过电压保护接地也叫防雷接地，在出现操作过电压时也能保护设备。

（5）防静电接地：为了防止和消除生产过程中产生或聚集的静电荷对设备或设施构成威胁而进行的接地，叫防静电接地。

（6）屏蔽接地：为防止电磁感应而对电气设备的金属外壳、屏蔽罩、屏蔽线的外皮或建筑物的金属屏蔽体等进行的接地，能避免干扰信号影响电气设备正常工作，这种接地叫屏蔽接地。屏蔽接地也叫隔离接地或金属屏蔽接地。

在以上各种接地中，以保护接地应用得最多最广，一般电工在日常施工和维修中，遇到的机会也最多。

（二）保护接地

电气设备正常运行时，不带电的金属外壳及构架等的接地均属于保护接地。

采用保护接地的电气设备一旦绝缘损坏发生碰壳漏电时，漏电电流可以通过接地装置向大地流散，从而降低设备外壳的对地电压，避免发生人身触电事故。

保护接地适用于三相三线制中性点不直接接地的电力系统以及三相四线制中性点直接接地的原有公用系统（由公用变压器供电的低压用户）等。

1. 文字代号的含义

按配电系统和电气设备接地的不同组合分类，保护接地可分为 TN、TT、IT 三种形式，其文字代号的意义如表 1-2-7 所示。

表 1-2-7　保护接地文字代号的含义

第一个字母		表示配电系统的对地关系
文字代号	T	电源端有一点直接接地
	I	电源端所有带电部分与地绝缘，或有一点经阻抗接地
第二个字母		表示电气装置的外露导电部分与地的关系
文字代号	T	外露导电部分对地直接做电气连接，与配电系统的任何接地点无关
	N	外露导电部分与配电系统的接地点直接做电气连接（在交流配电系统中，接地点通常就是中性点）

2. 保护接地与保护接零的对比

1）不同点

（1）原理不同：保护接地是将故障电流引入大地，保护接零是将故障电流引入系统，促使保护装置迅速动作而切断电源。

（2）适用范围不同：保护接地适用于一般的中性点不接地的低压电网及采用了其他安全措施的低压接地电网，保护接地也能用于不接地的高压电网之中。保护接零适用于中性点直接接地的低压电网。

（3）线路结构不同：保护接地系统除相线外，只有保护地线。保护接零系统除相线外，必须有零线；必要时保护零线要与工作零线分开；如设重复接地，也应有地线。

2）相同点

（1）目的基本相同：在低压系统中都是为了防止漏电造成触电事故的技术措施。

（2）使用场合大致相同：要求采用保护接地措施与要求采用保护接零措施的项目大致相同。

（3）组成结构基本类似：保护接地与保护接零都要求有一定的接地装置，而且各接地装置的接地体和接地线的施工、连接都基本相同。

3. 保护接地系统

1）TN 系统

TN 系统有一点直接接地，电气装置的外露可导电部分通过保护线与该接地点相接。在 TN 系统中，为了表示中性线和保护线的组合关系，有时在 TN 代号后面还附加以下字母：

S：表示中性线和保护线是分开的。

C：表示中性线和保护线是合一的。

（1）TN-S 系统：整个系统的中性线 N 与保护线 PE 是分开的，通常称之为三相五线制系统，如图 1-2-12 所示。

（2）TN-C 系统：整个系统的中性线 N 与保护线 PE 是合一的，即 PEN 线，通常称之为三相四线制系统，如图 1-2-13 所示。

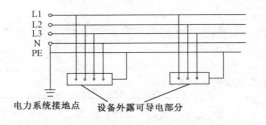

图 1-2-12　TN-S 系统

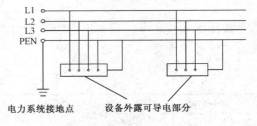

图 1-2-13　TN-C 系统

（3）TN-C-S 系统：系统中线路的中性线与保护线部分合一、部分分开的供电系统，如图 1-2-14 所示。为了防止分开后的 PE 线与 N 线混淆，按国标 GB7947—87 的规定，给 PE 线和 PEN 线涂以黄绿相间的色标，给 N 线涂以浅蓝色色标。

提示：PEN 线自分开后，分为保护线和中性线，两线不能再合并。

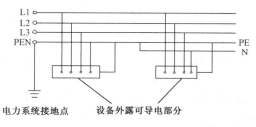

图 1-2-14 TN-C-S 系统

2）TT 系统

电力系统有一点直接接地，电气设备的外露可导电部分通过保护线 PE 接至与电力系统接地点无关的接地极，如图 1-2-15（a）所示。

3）IT 系统

电源与地没有直接联系，负荷侧电气设备的外露可导电部分通过保护接地线 PE 与接地体连接，如图 1-2-15（b）所示。

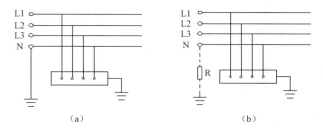

图 1-2-15 TT 系统与 IT 系统

（三）保护接地、工作接地及接零的使用范围

1. 接地或接零的使用范围

电力设备的下列金属部分，除另有规定者外，均应接地或接零。

（1）电动机、变压器、低压电器、照明器具、移动式用电器具的底座或外壳。

（2）机电设备的传动装置。

（3）互感器的二次侧。

（4）配电屏与控制屏的框架。

（5）室内外配电装置的金属架构和钢筋混凝土架构的靠近带电部分的金属围栏和金属门。

（6）交、直流电力电缆接线盒、终端的外壳，电缆的外皮和穿线钢管等。

（7）在铺设非沥青地面的居住区内，无避雷线的架空动力线路的金属杆塔和钢筋混凝土杆塔。

（8）装在配电线路杆上的开关设备、电容器等电力设备。

（9）控制电缆的外皮。

2. 免于接地或接零的使用范围

电力设备的下列金属部分除另有规定者外，可不接地或接零。

（1）在铺设木板、沥青等不良导电地面的房间内，交流额定电压 380V 以下，直流额定电压 440V 以下电力设备的外壳，但当维护人员可能同时触及外壳和接地物件时除外。

（2）在干燥场所，交流额定电压 127V 以下，直流额定电压 110V 以下电力设备的外壳，但有爆炸危险的场所除外。

（3）安装在配电屏、控制屏和配电装置上的电气测量仪表，继电器和其他低压电器的外壳，以及当发生绝缘破坏时，在支持物上不会产生危险电压的绝缘子金属底座等。

（4）安装在已接地的金属构架上的设备（应保证电气接触良好），如套管等，但有爆炸危险的场所除外。

（5）额定电压 220V 及以下的蓄电池室内支架。

（6）与已接地机床底座之间可靠接触的电动机和电器外壳，但有爆炸危险的场所除外。

（7）安装在不导电的建筑材料上且离地面 2.2m 以上的、人体不能直接触及的电气设备（若要触及时人体已与大地隔绝）。

（8）采用 1∶1 隔离变压器提供 220V 或 380V 电源的移动电器。

（9）在干燥和铺设不良导电地面（如木板、塑料或沥青）的居民住房或办公室内所使用的各种日用电具，如电风扇、电烙铁和电熨斗等。

（10）电度表和铁壳熔断器盒。

（11）由 36V 或 12V 安全电源供电的各种电器的金属外壳。

3. 工作接地的使用范围

（1）变压器、发电机、静电电容器的中性点。

（2）电流互感器、避雷针、避雷线、避雷网、保护间隙等。

 # 工程实例——触电急救实例

触电急救案例

1. 防洪抢险触电急救成功

1）触电过程

2005 年 8 月 4 日 11 时 40 分，某厂维修工段工人到除尘泵房防洪抢险。泵房内积水已有膝盖深。为了排水，大家用铲车运来两车炉渣把门堵住。安装好潜水泵，刚送电，在水中拖草袋的岳某就被电倒。水中另外 5 人也有触电感，都立刻从水中跑出来，其中冯某抱起一条腿，一蹦一蹦从水中跳出来。

2）急救过程

大家马上意识到是潜水泵出了问题，立即拉闸，把昏迷中的岳某抬到值班室，放在桌子上，立即开始做胸外心脏按压。按压过程中，听见岳某嗓子里有痰流动声音，施救者马上吸痰；再次按压时，岳某口内又出痰，施救者再次将痰吸干，大约做了一分钟胸外心脏按压后，岳某终于喘过气来。

3）案例分析

（1）电工不了解潜水泵电缆接线颜色，零线误接，造成漏电事故。

（2）嘴对嘴吸痰，保证了呼吸道畅通，情操高尚。

（3）坚持现场抢救是对的，过早搬动会造成二次休克，是十分危险的。

（4）从带电水中逃离，单腿跳是安全的做法。盲目逃跑，有可能造成事态扩大。

2. 电焊触电急救成功

1）触电过程

2005 年 8 月 16 日 16 时 10 分，某轧钢厂中型车间轧钢工张某（男，34 岁）接班后去轧机二架后面焊轧槽。在焊接过程中，张某触电倒在辊道上。

2）急救过程

轧钢工刘某发现后，立即跑到二架前拉闸断电。现场工艺工程师谢某刚好赶到，见张某休克，立即进行胸外心脏按压，几分钟后，张某缓过气来。通过简单观察没有发现什么大问题，工友们用木板把张某抬到车间门口，当大家将其放在地面上时，张某又休克了，口张得很大，出不来气……当时轧钢厂一位实习生喊道："有人触电了！"电工班长卢某正在主电室工作，闻讯后马上跑过来，看到大家准备送张某去医院，立即制止说："不能送！"卢某跪在地上，想给张某进行口对口人工呼吸，张某的嘴又开得很大，情急之下，卢某把自己的嘴伸进张某的嘴里，捏住张某的鼻子一口口吹气。吹到第七口气时，张某终于喘过气来。这时，救护车也到了，医生给张某做了检查，张某终于恢复了正常。

3）案例分析

（1）触电后，拉闸断电及时。

（2）现场工作人员也会现场急救，难能可贵。

（3）嘴伸进嘴内吹气，该厂急救指导手册中没有类似的说明，乃急中生智。

（4）对触电者就地抢救做得好。

（5）轧钢工未穿绝缘鞋，未戴绝缘手套从事焊接。该电焊机空载电压为 110V，远远超过交流焊机手工操作时空载电压不得超过 80V 的规定，应采用特殊防护措施后，才允许使用。

身边榜样："锱铢必较"的数控大师　何波

何波，生于 1981 年，全国技术能手、中国电科技术能手、中央企业青年岗位能手、中国电科青年岗位能手、成都市青年岗位能手、成都市劳动模范、成都工匠、"成都优秀人才培养计划"高技能人才、成都市高新区"菁蓉·高新人才计划"技能人才、第四届全国数控技能大赛四川选拔赛数控铣工（职工组）第一名、中国电科 29 所高级技能带头人、中国电科 29 所"十佳杰出员工"，享受国务院政府特殊津贴。

2002 年，毕业于数控加工技术专业的何波，进入中国电科 29 所四威产业园公司。经过 3 个月的实习期和 1 年的试用期，何波最终成为了一名数控铣工。何波当时的主要工作是根据设计图纸，用数控铣床进行零件加工。

工作初期，几经挫折，何波有些气馁，但是和身边的朋友交流后，他发现很多老师傅并不是本专业毕业，却仍在这个岗位上一直坚守，这让初出茅庐的他感触极深。经过一段时间的积极调整，何波开始迅速充实自己，努力提升自我，不断提升的能力很快让他获得了成就感。

2007 年，何波通过公司内部招聘，从前端机床操作工转为后端数控编程员。由操作到编程，是挑战，更是机遇。通过不断的学习，何波形成了深厚的理论基础，积累了丰富的实际应用经验。他将数控加工技术比作切菜，首先要清楚我们要切的是什么菜，选择用什么类型的刀，再考虑采用什么样的方式切，然后通过调整切菜的频率和速度，加工出不同的菜品形态。

有经验也有教训，技术工人的百密一疏往往刻骨铭心。何波回忆道：有一次，由于工作上的一个小失误，微波腔体的一个非常容易被忽略的零件没有被加工，在完成装腔的时候才发现。加工的腔体将进行电路芯片的装接，如果在装接价值上百万的电路芯片时才发现零件问题，将会造成严重损失，甚至是难以弥补的后果。这一次的教训，被何波永远记在了脑海里。

从业十多年的何波，在平凡的工作岗位上不断创新、精益求精。经过潜心研究、大胆创新，他自主开发出多轴后置处理程序，利用 CAM 软件首次实现其所在单位的四轴、五轴联动加工，彻底解决了复杂零件的多轴加工难题；并首次利用三轴小行程数控机床，实现了加工大型航空薄壁不锈钢筒体零件关键技术的突破。

作为国家级数控铣工技能大师工作室的"火车头"，在技能竞赛数控铣削项目、数控车削项目、团队挑战赛项目、数控综合加工技术项目中，何波担任技能专家超过20次；培训和指导多名员工在各类技能大赛中取得了优异成绩，其中获得省级竞赛前三名15人，获得全国竞赛前十名8人，取得高级技师职业资格6人，取得技师职业资格6人，在传授技艺方面做出了突出贡献。

创新路上不停歇，何波在平凡的岗位上干出了非凡的成绩。所谓匠心，其实就是一种热爱和专注，就是数十年如一日的坚守。2019 年，何波被当之无愧地评为"成都工匠"。在何波看来，只要心怀梦想，坚守初心，不论从事哪种行业、哪种工作，只要对社会有贡献，那么他就是值得被赞扬的。

习　　题

一、填空题

（1）安全标志分为_____、_____、_____、_____四类。

（2）触电的类型有_____、_____、_____三种。

（3）触电是指_____。

（4）触电现场抢救中以_____和_____两种抢救方法最有用。

（5）对电气火灾的扑救，应使用_____、_____、_____、_____等灭火器具。

（6）为了确保安全，低压_____，高压_____。

（7）按人体受伤害的程度不同，触电可分为_____和_____两类。

二、选择题

（1）用手握住电源时，能引起人体感觉的最小电流值，称为（　　）。

　　A．感知电流　　　B．摆脱电流　　　C．额定电流　　　D．致命电流

（2）引起熔丝熔断的原因是（　　）。

　　A．熔丝太粗不合规格

　　B．所有用电器同时工作

　　C．一定是由于短路现象造成的

　　D．一定是电路中的总电流超过了熔丝的熔断电流，可能是短路，也可能是用电器
　　　　过载

（3）停在高压电线上的小鸟不会触电是因为（　　）。

　　A．小鸟是绝缘体，所以不会触电

　　B．高压线外面包有一层绝缘层

　　C．小鸟的适应性强，耐高压

　　D．小鸟只停在一根电线上，两爪间的电压很小

（4）下面哪种不是雷电种类？（　　）

　　A．感应雷　　　　B．球形雷　　　　C．避雷线　　　　D．直击雷

（5）以下哪种不是电力系统常用接地？（　　）

　　A．过电压保护接地　　　　　　　　B．零线断线接地

　　C．屏蔽接地　　　　　　　　　　　D．工作接地

三、判断题

（1）触电事故通常是由于人体直接或间接跟相线连通造成的。　　　　　（　　）

（2）三相四线制和三相五线制系统中，相线与零线之间的正常电压均为220V。

　　　　　　　　　　　　　　　　　　　　　　　　　　　　　　　　（　　）

（3）只要有电流通过人体就会发生触电事故。　　　　　　　　　　　（　　）

（4）电气设备相线碰壳短路接地，或带电导线直接触地时，人体没有接触带电设备外壳或带电导线，但是跨步行走在电位较高的范围内而造成的触电现象称为跨步电压触电。

　　　　　　　　　　　　　　　　　　　　　　　　　　　　　　　　（　　）

（5）触电现场抢救中不能打强心针，也不能泼冷水。　　　　　　　　（　　）

（6）我国工厂所用的380V交流电是高压电。　　　　　　　　　　　（　　）

四、简答题

（1）人体的电阻一般是多少？

（2）发现有人触电应如何抢救？在抢救时应注意什么？

项目二　电工基本技能训练

行业先锋：机车工匠　李万坤

李万坤：中国中车洛阳机车有限公司电工高级技师、全国五一劳动奖章获得者、河南省五一劳动奖章获得者，获得"中国中车高铁工匠""河洛大工匠"、河南省"中原大工匠"荣誉称号，享受国务院政府特殊津贴。

"你可要想好了，现在反悔还来得及，如果盖了章，你可就从事业单位的管理人员变成了企业的普通工人。"这是李万坤工作了十年的事业单位的领导最后劝他三思而行的话。

他没有迟疑，坚定地辞掉了事业单位管理人员的职位。

从小领导到普通工人，只因他说："我就是想做自己喜欢的事，我愿意干，也能干得好。"可在很多人眼中，这是飞蛾扑火般的孤勇莽撞，对于世人的不解，他并未做过多的辩解。

1989 年 12 月，李万坤进入中国中车洛阳机车有限公司柴油机车间成为一名维修电工，和很多刚参加工作的学生一样，一切从零开始，可他当时已过三十而立的年龄，各方面的压力可想而知。

李万坤有自己的坚持和满腔热血，那就是对电工维修的热爱。

尽管曾参加过机电专业的函授学习，但在一些电路故障面前，他依然显得十分"青涩"。有一次他负责查找一台柴油机试验台的控制电路故障，围着机器折腾了半天也没有找到故障原因。但是李万坤的师傅看了测量结果后，只是紧了紧连接电路的一颗螺丝，故障就排除了。这让原本有些骄傲的李万坤，意识到自己和师傅的差距，自己还是一个电工"门外汉"。自此，他暗自下定决心要从"门外汉"变成电工技术的行家里手。

在之后的工作中，他不断广泛地阅读电气测量、高压供电等等与工作相关的书籍，同时又跟在技术水平高的师傅身后，仔细看、详细问、认真学，将理论知识转化为实践能力。功夫不负有心人，3 年时间，李万坤实现了从机车维修普通技术工人到高级技师的蜕变。

李万坤不断总结经验，明白了"要想功夫硬，肚子里还得有墨水"的道理，深感自己知识储备不足的李万坤变身为阅读"狂人"，不断读书为自己"充电"，就连自己儿子上大学时用的每一本计算机应用专业课书籍也没放过。还有一次，妻子催他去街上买几件像样的衣服。结果一出门，他就一头扎进了新华书店，回家时抱着一摞书，把买衣服的事忘得一干二净，妻子对此也是哭笑不得。近乎痴狂的阅读和实践，让他很快成为车间里数一数二的技术骨干，通过多年的不懈努力，李万坤成为了公司电工技术第一人，而他也常被工友们亲切地称作"李万能"。

　　李万坤在职的几十年，为公司解决了不少问题，攻克了很多技术难题。他曾用几块钱的零件救活兄弟单位的一台价值几百万的机器；面对已经停产的 SKS3 控制模块连接器故障，他带头成功修复……类似的案例数不胜数。

　　独占鳌头的他并没有骄傲自满，相反他毫无保留地指导身边的同事、教导自己的徒弟，希望为公司培养更多优秀人才。"俗话说，众人拾柴火焰高。我的能力是有限的，把自己的技术绝活传授给青年工人，帮助他们快速进步，带动更多的人学本领、练技术，才是工匠应该做的，才对得起'大工匠'这个称号。"李万坤如是说。

　　曾经有无数企业想用高薪挖走"李万能"，但均被他婉拒。万能的李万坤依旧留在他最初工作的地方，他说这里有他的师傅，有他成长的足迹。他的言行举止里皆是一名大工匠的奉献与朴实。

　　子曰："知之者不如好知者，好知者不如乐知者。"李万坤之所以能成就卓越，是因为他心中有理想、有信念，并且有大爱，知感恩。真正的高技能人才，一定是胸怀大志、思想先行、努力践行、知行合一的探索者和攀登者。

　　"因为热爱，所以万能"，这就是"李万坤精神"。

 ## 学习任务与要求

　　1）培训内容
　　（1）认识并运用常用电工工具。
　　（2）掌握电工常用仪表的使用方法。
　　（3）学习选用导线并运用工具进行导线的连接。
　　（4）学习常用元件、设备的安装。
　　2）目标要求
　　（1）学员要熟悉常用工具的名称及用途。
　　（2）学员要能熟练运用各类常用工具及仪表。
　　（3）学员要会进行导线的连接。
　　（4）学员要熟悉常见设备设施的安装流程及注意事项。
　　3）需准备的工具
　　常用工具及仪表。
　　4）预习要求
　　（1）查阅相关仪表的参数资料。
　　（2）阅读本书相关内容。
　　（3）阅读国家/行业相关规范与标准。
　　5）重点或难点
　　（1）电工工具与仪器仪表的使用。
　　（2）学习导线的连接方法及工艺要求。
　　6）学习方法建议
　　（1）收集需准备的资料。

（2）预习基础知识，重点是电工工具和仪表的使用注意事项。

（3）进行导线连接时，练习电工工具的使用。

模块一　常用电工工具

常用电工工具是指一般专业电工在工作中经常用到的工具。专业电工必须熟练掌握常用电工工具的结构及正确、规范的使用方法。

2.1.1　验电器

验电器是用来验证线路、电气设备是否带电的工具。验电器分低压验电器和高压验电器两种。

1. 低压验电器

低压验电器又称测电笔（简称电笔），有钢笔式和螺丝刀式（又称旋凿式或起子式）两种。

（1）电笔的结构：钢笔式电笔和螺丝刀式电笔都由氖管、电阻、弹簧、笔身和探头等组成，如图 2-1-1 所示。

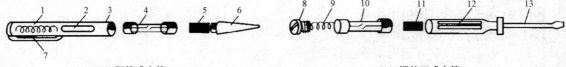

（a）钢笔式电笔　　　　　　　　　　　　　　　（b）螺丝刀式电笔

1、9—弹簧；2、12—观察孔；3—笔身；4、10—氖管；5、11—电阻；6—笔尖探头；7—金属笔挂；8—金属螺钉；13—刀体探头

图 2-1-1　电笔

（2）电笔的握持方法：使用电笔时，必须按照图 2-1-2 所示的正确方法握持。以手指触及笔尾的金属螺钉，使氖管小窗背光朝向自己。

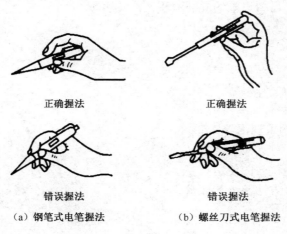

正确握法　　　　　　　　　　　　　　正确握法

错误握法　　　　　　　　　　　　　　错误握法

（a）钢笔式电笔握法　　　　　　　　（b）螺丝刀式电笔握法

图 2-1-2　电笔握法

用电笔测试带电体时，电流经带电体、电笔、人体到大地形成通电回路，只要带电体与大地之间的电位差超过 60V，电笔中的氖管就发光。

> **提示**：电笔检测电压的范围为 60～500V。由于降压电阻的阻值很大，因此，验电时，流过人体的电流很微弱，属于安全电流，不会对使用者构成危险。

（3）电笔的作用：电笔除了具有最基本的测定物体是否带电的作用之外，在实际工作中还有以下实用功能。

① 区别相线与零线：在交流电路中，正常情况下，相线带电，当验电器触及相线时，氖管会发亮，触及零线时，氖管不会发亮。

② 区别电压的高低：氖管发亮的强弱由被测电压高低决定，电压越高氖管越亮。

③ 区别直流电与交流电：交流电通过电笔时，氖管中的两个电极同时发亮；直流电通过电笔时，氖管中只有一个电极发亮。

④ 区别直流电的正负极：把电笔连接在直流电的正负极之间，氖管发亮的一端即为直流电的负极。

⑤ 识别相线是否碰壳：用电笔触及未接地的设备金属外壳时，若氖管发出强光，则说明该设备有碰壳现象；若氖管发亮不强烈，搭接接地线后亮光消失，则该设备存在感应电。

⑥ 识别相线是否接地：在三相四线制星形交流电路中，用电笔触及相线时，有两根比通常情况稍亮，另一根稍暗，说明亮度暗的相线有接地现象，但不太严重。如果有一根不亮，则说明这一相已完全接地。在三相四线制电路中，当单相接地后，用电笔测量中性线，也可能发亮。

（4）使用电笔的安全知识

① 使用前，一定要在已知带电体上试验，以鉴定电笔是否完好，确定电笔完好后方可使用。

② 电笔前端最好加护套，只露出 10mm 左右的一截笔尖部分用于测试。由于低压设备相线之间及相线对地线之间的距离较小，若不加护套易引起相线之间短路或相线对地短路。

③ 因氖管亮度较低，应避光测量，以防误判。

> **提示**：螺丝刀式电笔的刀体只能承受很小的转矩，一般不可作为螺钉旋具使用。

2. 高压验电器

高压验电器又称高压测电器，主要用来检验对地电压在 250V 以上的高压电气设备。

（1）高压验电器的结构：10kV 高压验电器由金属钩、氖管、氖管窗、固紧螺钉、护环和握把等组成，如图 2-1-3 所示。

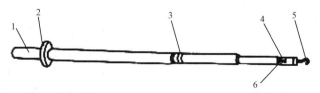

1—握把；2—护环；3—固紧螺钉；4—氖管窗；5—金属钩；6—氖管

图 2-1-3　10kV 高压验电器

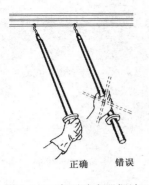

图 2-1-4　高压验电器握法

（2）高压验电器的握持方法：使用高压验电器时，应特别注意手握部位不得超过护环，如图 2-1-4 所示。

（3）使用高压验电器的安全知识：

① 在使用前，应在确有电源处试测，证明高压验电器良好，方可使用。

② 使用时，应逐渐靠近被测物体，直至氖管发亮；只有氖管不亮时，人才可与被测物体直接接触。

③ 室外使用高压验电器，应在天气晴朗时进行，雨、雪天气不宜使用，以防发生危险。

④ 用高压验电器测试时，必须穿戴符合耐压要求的绝缘手套；人体与带电体应保持足够的安全距离（10kV 高压为 0.7m 以上），高压验电器应半年进行一次定期预防性试验。

提示：用高压验电器测试时，身旁应有人监护。

2.1.2　螺钉旋具

螺钉旋具即螺丝刀，又称旋凿、起子、改锥。它是一种紧固、拆卸螺钉的工具，如图 2-1-5 所示，按握柄材料可分为木柄和塑料柄两种。

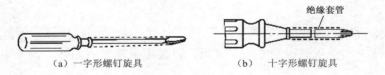

（a）一字形螺钉旋具　　　　　　　　（b）　十字形螺钉旋具

图 2-1-5　螺钉旋具

一字形螺钉旋具的规格用柄部以外的长度表示，常用的有 50mm、100mm、150mm、200mm、300mm、400mm 等规格。十字形螺钉旋具（有时称梅花改锥）用于紧固或拆卸十字槽的螺钉，一般分为四种型号，其中：Ⅰ号适用于直径为 2～2.5mm 的螺钉；Ⅱ、Ⅲ、Ⅳ号分别适用于直径为 3～5mm、6～8mm、10～12mm 的螺钉。

（一）螺钉旋具的正确使用方法

（1）大螺钉旋具的使用：大螺钉旋具一般用来操作较大的螺钉。使用时，除大拇指、食指和中指要夹住握柄外，手掌还要顶住握柄的末端，这样就可以防止旋转时滑脱，如图 2-1-6（a）所示。

（2）小螺钉旋具的使用：小螺钉旋具一般用来紧固电气装置接线桩上的小螺钉，使用时，可用大拇指和中指夹住握柄，用食指顶住握柄的末端捻旋，如图 2-1-6（b）所示。

（3）较长螺钉旋具的使用：可用右手压紧并转动握柄，左手握住螺钉旋具的中间，以使螺钉旋具不滑脱，此时左手不得放在螺钉旋具周围，以免螺钉旋具滑出将手划伤。

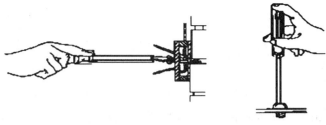

（a）大螺钉旋具的用法　　（b）小螺钉旋具的用法

图 2-1-6　螺钉旋具的使用

（二）使用螺钉旋具的安全知识

（1）电工不可使用金属杆直通握柄顶部的螺钉旋具，否则使用时很易造成触电事故。

（2）为了避免螺钉旋具的金属杆触及皮肤或触及邻近带电体，应在金属杆上穿套绝缘管。

> **提示：** 使用螺钉旋具紧固或拆卸带电的螺钉时，手不得触及螺钉旋具的金属杆，以免发生触电事故。

2.1.3　钢丝钳

钢丝钳亦称为平口钳，钳柄有铁柄和绝缘柄两种，带绝缘柄的为电工用钢丝钳，常用的规格有 150mm、175mm 和 200mm 三种。电工用钢丝钳在钳柄上必须套有耐压不低于 500V 的绝缘管。

电工钢丝钳由钳头和钳柄两部分组成，钳头由钳口、齿口、刀口和铡口四部分组成。钳口用来弯绞或钳夹导线线头；齿口用来紧固或起松螺母；刀口用来剪切导线或剥切软导线绝缘层；铡口用来剪切电线线芯、钢丝或铁丝等较硬金属，其构造及用途如图 2-1-7 所示。使用前，必须检查绝缘柄的绝缘是否完好，以免带电作业时造成触电事故。

> **提示：** 在带电剥切导线时，不得用刀口同时剥切不同电位的两根线（如相线与零线、相线与相线等），以免发生短路事故。

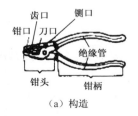

（a）构造　　　（b）弯绞导线　（c）紧固或起松螺母　（d）剥切导线　　（e）铡切钢丝

图 2-1-7　电工钢丝钳的构造及用途

2.1.4　尖嘴钳

（一）尖嘴钳的结构

　　尖嘴钳的头部尖细，呈细长圆锥形，在接近端部的钳口上有一段棱形齿纹，适用于在狭长的工作空间操作，根据钳头的长短，可分为短钳头（钳头约为钳子全长的1/5）和长钳头（钳头约为钳子全长的2/5）两种。尖嘴钳钳柄也有铁柄和绝缘柄两种。绝缘柄的耐压强度为500V，其外形如图2-1-8所示。

　　常见尖嘴钳的规格有130mm、160mm、180mm和200mm四种。目前常见的尖嘴钳多带刃口，既可夹持零件又可剪切细金属丝。

图 2-1-8　尖嘴钳

（二）尖嘴钳的用途

　　（1）带有刃口的尖嘴钳能剪切细小金属丝。
　　（2）尖嘴钳能夹持较小螺钉、垫圈、导线等。
　　（3）在安装控制线路板时，尖嘴钳能将单股导线弯成一定圆弧的接线鼻子。

2.1.5　斜口钳

　　斜口钳又称断线钳，钳柄有铁柄、管柄和绝缘柄三种形式，电工用的绝缘柄断线钳耐压等级为1000V，其外形如图2-1-9所示。
　　断线钳专用于剪断较粗的金属丝、线材及电线电缆等。常用的规格有130mm、160mm、180mm和200mm四种。

图 2-1-9　斜口钳

2.1.6　剥线钳

（一）剥线钳的结构

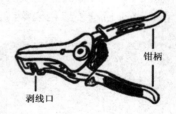

钳柄

剥线口

　　剥线钳是用于剥除小直径导线绝缘层的专用工具，它的手柄是绝缘的，耐压强度为500V，外形如图2-1-10所示。

图 2-1-10　剥线钳

（二）剥线钳的规格

　　剥线钳的规格有140mm（适用于直径为0.6mm、1.2mm或1.7mm的铝线、铜线）和180mm（适用于直径为0.6mm、1.2mm、1.7mm或2.2mm的铝线、铜线）。

（三）剥线钳的使用方法

　　使用时，将要剥除的绝缘层长度用标尺定好后，即可把导线放入相应的刃口中（比导线直径稍大），用手将钳柄一握，导线的绝缘层即被割破而自动弹出。

2.1.7　电工刀

（一）电工刀的作用

图 2-1-11　电工刀

电工刀用来剥切导线线头、切割木台缺口、削制木枕等，外形如图 2-1-11 所示。

（二）电工刀的使用

使用时，应将刀口朝外剥切，剥切导线绝缘层时，应使刀面与导线成较小的锐角，以免割伤导线。

（三）使用电工刀的安全知识

（1）应将刀口朝外剥切，并注意避免伤及手指。
（2）使用完毕，随即将刀身折进刀柄。

> 提示：电工刀刀柄是无绝缘保护的，不能在带电导线或器材上剥切，以免触电。

2.1.8　活络扳手

（一）活络扳手的构造

活络扳手由头部和柄部组成，头部由活络扳唇、呆扳唇、扳口、蜗轮和轴销等构成，旋动蜗轮可调节扳口的大小。

（二）活络扳手的规格

活络扳手的规格用长度×最大开口宽度（单位：mm）来表示，电工常用的活络扳手有 150×19（6 英寸）、200×24（8 英寸）、250×30（10 英寸）和 300×36（12 英寸）四种，外形如图 2-1-12（a）所示。

（三）活络扳手的使用方法

（1）扳动较大螺母时，须用较大力矩，手应握在接近柄尾处，如图 2-1-12（b）所示。
（2）扳动较小螺母时所用力矩不大，但螺母过小易打滑，故手应握在接近头部的地方，这样可随时调节蜗轮，收紧活络扳唇，防止打滑，如图 2-1-12（c）所示。

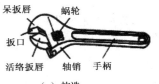

（a）构造

（b）扳较大螺母时的握法

（c）扳较小螺母时的握法

图 2-1-12　活络扳手

（3）活络扳手不可反用，以免损坏活络扳唇，也不可用钢管接长手柄来施加较大的扳拧力矩。

> 提示：活络扳手不得作为撬棒和手锤使用。

2.1.9　冲击钻与电锤

（一）冲击钻

冲击钻是一种既有普通电钻作用，又有冲打砌块和砖墙作用的一种常见便携式电动工具，其外形如图 2-1-13（a）所示。

1）冲击钻的作用

（1）作为普通电钻使用：把调节开关调到"旋转"挡，即可作为电钻使用。

（2）作为冲击钻使用：把调节开关调到"冲击"挡，即可用来冲打砌块和砖墙等建筑材料的木榫孔和导线穿墙孔，通常可冲打直径为 6～16mm 的圆孔。

2）冲击钻的使用及维护

（1）使用钻冲击前必须保证软电线的完好，不可任意接长和拆换不同类型的软电线。

（2）为了保护冲击钻正常工作，应保持换向器的清洁。当炭刷的有效长度小于 3mm 时，应及时更换。

（3）使用时应保持钻头锋利，待冲击钻正常运转后，才能钻或冲。在钻或冲的过程中不能用力过猛，不能单人操作。遇到转速变慢或突然刹住时，应立即减少用力，并及时退出或切断电源，防止过载。

（4）要保持冲击钻内所有滚珠轴承和减速齿轮润滑剂的清洁，并注意补充。

（5）冲击钻的塑料外壳要妥善保护，不能碰裂，勿与汽油或其他腐蚀性溶剂接触，不宜在含有易燃、易爆或腐蚀性气体及潮湿等特殊环境中使用。

（6）在使用时应使风路畅通，并防止铁屑等其他杂物进入而损坏冲击钻。

（7）长期搁置不用的冲击钻，在使用前必须测量绝缘电阻（带电零件与外壳间），如小于 7MΩ，必须进行干燥处理和维护，经检查合格后方可使用。

> 提示：冲击钻正常运转后，才能钻或冲。

（二）电锤

电锤是一种适用于在混凝土、砖石等硬质建筑材料上进行钻孔的便携式电动工具，广泛代替手工凿孔操作，可大大减轻劳动强度，其外形如图 2-1-13（b）所示。

电锤的使用及维护：

（1）在使用前空转 1min，检查电锤各部分的状态，待转动灵活无障碍后，装上钻头开始工作。

（2）装上钻头后，最好先将钻头顶在工作面上再开钻，避免空打使钻头受冲击影响，装钻头时，只要将钻杆插进钻头孔，孔内圆柱自动挂住钻杆便可工作。若要更换钻头，将弹簧头轻轻往后一拉，钻头即可拔出。

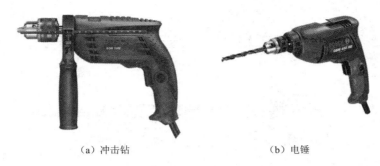

(a) 冲击钻   (b) 电锤

图 2-1-13 冲击钻和电锤

（3）电锤能向各个方向钻孔。向下钻孔时，只要双手紧握两个手柄，向下不需要用力。向其他方向钻孔时只要稍许加力即可。用力过大则对钻孔速度、钻头寿命等都有害无益。

（4）辅助手柄上的定位杆是对钻孔深度有一定要求时采用的，当钻孔安装膨胀螺栓时，可用定位杆来控制钻孔的深度。

（5）在操作过程中，如有不正常的声音和现象，应立即停机，切断电源检查。若连续使用时间太长，电锤过热，也应停机，让其在空气中冷却后再使用，切不可用水喷浇冷却。

（6）电锤累计工作约 70h 时，应加一次润滑油（约 50g）。将润滑油注入活塞转套内和滚轴轴承处。

（7）电锤须定期检查，使换向器部件光洁完好，通风道清洁畅通，清洗机械部分的每个零件。重新装配时，活塞转套等配合面都要加润滑油，并注意不要将冲击活塞放到压气活塞的底部，否则电锤将不冲击。

> 提示：使用电锤时，最好先将钻头顶在工作面上再开钻。

2.1.10 压线钳

压线钳又称为压接钳。它的作用是对较大负荷的多股铝芯导线进行直线连接，主要包括压接钳和压接管（又称钳接管），如图 2-1-14（a）、（b）所示。

利用压线钳连接导线的具体操作步骤如下：

（1）根据多股铝芯导线规格选择合适的压接管。

（2）用钢丝刷清除铝芯导线表面和压接管内壁的铝氧化层，涂上一层中性凡士林。

（3）把两根铝芯导线线端相对穿入压接管，并使线端穿出压接管 25～30mm，如图 2-1-14（c）所示。

（4）进行压接，如图 2-1-14（d）所示。压接时，第一道压接坑应压在铝芯导线线端一侧，不可压反，压接坑的距离和数量应符合技术要求。

> 提示：进行压接前，要将铝芯导线表面和压接管内壁，利用钢丝刷清除干净，并涂上一层中性凡士林。

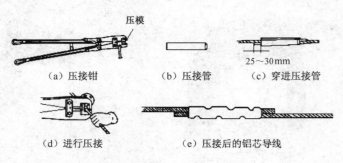

（a）压接钳　　　（b）压接管　　　（c）穿进压接管

（d）进行压接　　　　　（e）压接后的铝芯导线

图 2-1-14　压接钳和压接管

2.1.11　紧线器

（一）紧线器的外形及结构

紧线器又称拉线钳、拉插子。紧线器用来收紧户内绝缘子线路和户外架空线路的导线。紧线器的种类很多，常用的有平口式和虎头式两种。平口式又叫鬼爪式，它由前部（包括钳口和拉环）和后部（包括棘爪和棘轮扳手）两部分组成。虎头式又叫钳式，它的前部带有利用螺栓夹紧线材的钳口（与老虎钳钳口相似），后部有棘轮装置，用来绞紧架空线，并有两用扳手一只，一端有一个可旋动钳口螺母的孔；另一端有可以绞紧棘轮的孔。紧线器外形如图 2-1-15 所示。

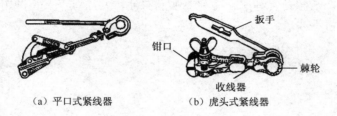

（a）平口式紧线器　　　（b）虎头式紧线器

图 2-1-15　紧线器

（二）紧线器的使用方法

1）平口式紧线器使用方法

（1）上线（前部）：一手握住拉环，另一只手握住下钳口，往后推移，将需要拉紧的导线放入钳口槽中，放开手压下钳口，利用弹簧夹住导线。

（2）收紧（后部）：把导线一端穿入紧线盘的孔中，将棘爪扣住棘轮，然后利用棘轮扳手前后往返运动，将导线逐渐拉紧。

（3）放松：将导线拉紧到一定程度并扎牢后，将棘轮扳手推前一些，使棘轮产生间隙，此时用手将棘爪向上扳开，被收紧的导线就会自动放松。

（4）卸线：仍用一手握住拉环，另一只手握住下钳口往后推，如发现钳口夹线过紧时，可用其他工具轻轻敲击钳口，被夹持的导线就能自动卸落。

2）虎头式紧线器使用方法

虎头式紧线器的使用方法与平口式紧线器基本相同。不同之处是使用虎头式紧线器上线时，须旋松翼形螺母，这时钳口就自动弹开，将导线放入钳口后旋紧翼形螺母即可夹住导线。

（三）紧线器使用注意事项

（1）估计使用导线的粗细，采用相应规格的紧线器。

（2）在用平口式紧线器收紧时应扣住棘爪与棘轮，防止棘爪脱开打滑。

> **提示：** 使用紧线器时如发现有滑线（逃线）现象，应立即停止使用并采取措施（如在导线上加一垫衬物），再次夹住导线，确定夹牢后，才能继续使用。

模块二　常用电工仪表

2.2.1　常用电工仪表概述

（一）常用电工仪表分类

1）按照工作原理分

（1）磁电式仪表：由固定的永久磁铁、可动线圈及转轴、游丝、指针、机械调零机构等组成。可动线圈位于永久磁铁的极靴之间。当线圈中流过直流电流时，可动线圈在永久磁铁的磁场中受力，并带动指针、转轴，克服游丝的反作用力而偏转。当电磁作用力与反作用力平衡时，指针停留在某一确定位置，指针在刻度盘上指出相应的读数。机械调零机构用于校正零位误差，在没有测量时由其将仪表指针调到零位。磁电式仪表的灵敏度和精确度较高，刻度盘分度均匀。磁电式仪表必须加上整流器才能用于交流测量，而且过载能力较小。磁电式仪表多用来制作携带式电压表、电流表等。

（2）电磁式仪表：由固定线圈、铁芯（含固定铁片和可动铁片）、调零螺钉等组成。铁芯位于线圈的空腔内。当线圈中流过电流时，线圈产生的磁场使铁芯磁化，其中的可动铁片磁化后受到磁场力的作用并带动指针偏转。电磁式仪表过载能力强，可直接用于直流和交流测量。电磁式仪表的精度较低，刻度盘分度不均匀，容易受外磁场干扰，结构上应有抗干扰设计。电磁式仪表常用来制作配电用电压表、电流表等。

（3）电动式仪表：由固定线圈、可动线圈及转轴、游丝、指针、空气阻尼器等组成。当两个线圈中都流过电流时，可动线圈受力并带动指针偏转。电动式仪表可直接用于交、直流测量，精度较高。用电动式仪表制作电压表或电流表时，刻度盘分度不均匀（制作功率表时，刻度盘分度均匀），结构上也应有抗干扰设计。电动式仪表常用来制作功率表、功率因数表等。三种常用的指示仪表结构如图 2-2-1 所示。

（4）感应式仪表：由固定的开口电磁铁、永久磁铁、可转动铝盘及转轴、计数器等组成。当电磁铁线圈中流过电流时，铝盘里产生涡流，涡流与磁场相互作用使铝盘受力转动，计数器计数。铝盘转动时切割永久磁铁的磁场产生反作用力矩。感应式仪表用于计量交流电能。

2）按精确度等级分

按精确度等级分，电工仪表分为 0.1、0.2、0.5、1.0、1.5、2.5、5.0 这七级。仪表精确度 $k\%$ 用引用相对误差表示，如下式所示，式中 Δm 和 A_{m} 分别为最大绝对误差和仪表量程。例如，0.5 级仪表的引用相对误差为 0.5%。

$$k\% = \frac{\Delta m}{A_m} \times 100\%$$

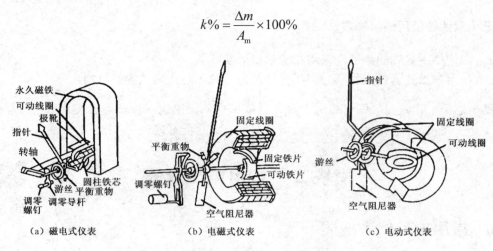

（a）磁电式仪表　　　　（b）电磁式仪表　　　　（c）电动式仪表

图 2-2-1　常用的指示仪表结构

3）按照测量方法分

按照测量方法分，电工仪表主要分为直读式仪表和比较式仪表。前者根据仪表指针所指位置从刻度盘上直接读数，如电流表、万用表、兆欧表等。后者将被测量与已知的标准量进行比较来测量，如电桥、接地电阻测量仪等。

4）其他分类方法

（1）按读数方式可分为指针式、光标式、数字式等。

（2）按安装方式可分为携带式和固定安装式。

（3）按仪表防护性能可分为普通型、防尘型、防溅型、防水型、水密型、气密型、隔爆型等。

（4）按仪表测量的参数可分为电流表、电压表、功率表、电度表、欧姆表、兆欧表等。

（5）按被测物理量性质分类，可分为直流电表、交流电表和交直流电表。交流电表一般都按正弦交流电的有效值进行标度。

（二）仪表面板上常用的符号

电工仪表的面板上标有表明该仪表有关技术特性的各种符号。这些符号表示该仪表的使用条件，有关的电气参数范围、结构和精确度等级等，为该仪表的选择和使用提供了重要依据。仪表面板上常用的符号如表 2-2-1 所示。

表 2-2-1　仪表面板上常用的符号

符　号	符号意义	符　号	符号意义
⌂	磁电式仪表	1.5	精确度等级为 1.5 级
⌇	电磁式仪表	|||	外磁场防护等级为 Ⅲ 级
▭	电动式仪表	☆2	耐压为 2kV

续表

符　号	符号意义	符　号	符号意义
	整流磁电式仪表		水平放置使用
	磁电比率式仪表		垂直安装使用
	感应式仪表	∠60°	倾斜 60° 安装使用

（三）仪表的选择

1）仪表类型的选择

（1）测量直流电时，可使用磁电式、电磁式或电动式仪表，由于磁电式仪表的灵敏度和准确度最高，所以使用最为普遍。

（2）测量交流电时，可使用电磁式、电动式或感应式仪表，其中电磁式仪表应用较多。

2）仪表精确度的选择

从提高测量准确度的角度出发，仪表的精确度越高越好。但精确度高的仪表对工作环境条件的要求严格，仪表的成本也高，所以仪表精确度的选择，要从测量的实际需要出发，既要满足测量要求，又要节约成本。

通常 0.1 级和 0.2 级仪表可作为标准仪表或在精密测量时选用，0.5 级和 1.0 级仪表用于实验室测量，1.5 级、2.5 级和 5.0 级仪表可在一般工程测量中选用。

3）仪表量程的选择

仪表只有在合理的量程下，其精确度才有指导意义，这在指示仪表中具有普遍意义。由于测量误差与仪表的量程有关，如果仪表的量程选择得不合理，即使仪表本身的精确度很高，测量误差也会较大。选择仪表量程时，应尽量按使用标尺的 1/2 到 2/3 原则选择。该区域内测量误差基本上等于仪表的精确度等级，而在标尺中间位置上的测量误差为仪表精确度等级的 2 倍。

> **提示：** 应尽量避免使用标尺的前 1/4 段，但要保证仪表的量程大于被测量的最大值。

4）仪表内阻的选择

仪表的内阻是指仪表两端间的等效电阻，它反映了仪表本身消耗的功率大小，测量时会影响电路的工作状态。选择仪表时，须根据被测对象阻抗大小来选择仪表内阻，否则会给测量结果带来很大误差。

为了使仪表接入测量电路后不至于改变原来电路的工作状态，要求电流表或功率表的电流线圈内阻尽量小（并且量程越大，内阻应越小）；而要求电压表或功率表的电压线圈内阻尽量大（并且量程越大，内阻应越大）。

选择仪表时，对仪表的类型、精确度、量程、内阻等的选择要综合考虑，特别要考虑引起较大误差的因素。除此之外，还应考虑仪表的使用环境和工作条件。在国家标准中，对仪表的使用环境和工作条件有具体的规定，仪表必须在规定的工作条件下使用。

2.2.2　电流表和电压表

电流表和电压表是测量电流、电压及相关物理量的常用电工仪表。为了保证测量精度，减小测量误差，除应合理选择仪表的结构类型、测量范围、精确度等级、仪表内阻等外，还须采用正确的测量方法。

（一）电流表的使用

电流表应串联在被测电路中。

1）直流电流的测量

测量直流电流时，要注意仪表的极性和量程，如图 2-2-2 所示。在用带有分流器的仪表测量时，应将分流器的电流端钮（外侧两个端钮）接入电路中，如图 2-2-3 所示，由表头引出的导线应接在分流器的电位端钮上。

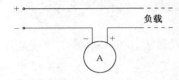

图 2-2-2　电流表直接接入法

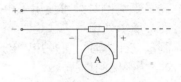

图 2-2-3　带有分流器的接入法

2）交流电流的测量

测量单相交流电流的接线如图 2-2-4 所示。在测量数值较大的交流电流时，常借助电流互感器来扩大电流表的量程，其接线方式如图 2-2-5 所示。电流表的内阻越小，测出的结果越准确。如 C30-A 型 0.1 级船用仪表，量程为 0～3A 挡的内阻只有 0.025Ω。

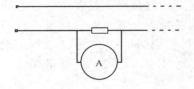

图 2-2-4　测量单相交流电流的接线

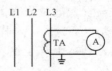

图 2-2-5　接入电流互感器测量交流电流

（二）电压表的使用

测量电压时，应将电压表并联在被测电路的两端，如图 2-2-6 所示。使用磁电式仪表测量直流电压时，还要注意仪表接线钮上的"+""–"极性标记，不可接错。

测量 600V 以上的交流电压，一般不直接接入电压表。工厂中变压系统的电压，均要通过电压互感器，将二次侧的电压变换到 100V 以内再进行测量。其接线法如图 2-2-7 所示。

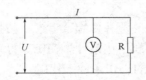

图 2-2-6　电压表直接接入法

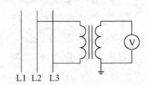

图 2-2-7　接入电压互感器测量交流电压

提示：电流表串联在电路中，电压表并联在电路中。

2.2.3　万用表

万用表是一种多功能、多量程的便携式仪表。常用的万用表有指针式（模拟式）和数字式两种。万用表一般都能测直流电流、直流电压、交流电流、直流电阻等电量，有的万用表还能测功率、电容、电感及三极管的 h_{FE} 值等。万用表的类型很多，使用方法也有些不同，但基本原理是一样的，其最简单的测量原理如图 2-2-8（a）所示，图 2-2-8（b）为 500 型万用表，图 2-2-9 为数字式万用表。下面以图 2-2-8（b）所示的万用表为例来说明其使用方法。

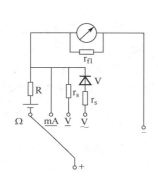

（a）万用表测量原理图　　　　　　（b）500型万用表外观图

图 2-2-8　万用表测量原理图及 500 型万用表外观图

图 2-2-9　数字式万用表

（一）万用表的组成

万用表由表头、测量电路、转换开关等主要部分组成。

（1）表头：表头是一只高灵敏度的磁电式直流电流表，万用表的主要性能指标基本上取决于表头的性能。表头的灵敏度是指表头指针满刻度偏转时流过表头的直流电流值，这个值越小，表头的灵敏度越高。测电压时的内阻越大，其性能就越好。表头上有四条刻度线，它们的功能如下：第一条（从上到下）标有 R 或 Ω，指示的是电阻值，转换开关在欧姆挡时，即读此条刻度线。第二条标有 ∽ 和 VA，指示的是交、直流电压和直流电流值，当转换开关在交、直流电压或直流电流挡，量程在除交流 10V 以外的其他位置时，即读此条刻度线。第三条标有 10V，指示的是 10V 以内的交流电压值，当转换开关在交、直流电压挡，量程在交流 10V 时，即读此条刻度线。第四条标有 dB，指示的是音频电平。

（2）测量电路：用来把各种被测量转换成适合表头测量的微小直流电流的电路，它由电阻、半导体元件及电池组成。它能将各种不同的被测量（如电流、电压、电阻等）、不同的量程，经过一系列的处理（如整流、分流、分压等）统一变成一定量程的微小直流电流送入表头进行测量。

（3）转换开关：转换开关用来选择各种不同的测量电路，以满足不同种类和不同量程的测量要求。转换开关一般有两个，分别代表不同的挡位和量程。

（二）万用表的使用方法

1）使用前的准备

（1）万用表测量电压、电流前，先要调整机械零点。把万用表水平放置好，看表针是否指在电压刻度零点，如不指零，则应旋动机械调零螺丝，使表针准确指在零点上。

（2）万用表测量电阻前，应先调整欧姆零点，将两表笔短接，看表针是否指在欧姆零点上，若不指零，应转动欧姆调零旋钮，使表针指在零点。每次变换倍率挡后，应重新调零。

（3）万用表有红色和黑色两只表笔（测试棒），使用时插入表下方标有"+"和"−"的两个插孔内，红表笔插入"+"插孔，黑表笔插入"−"插孔。

（4）万用表的刻度盘上有多条刻度线，分别对应不同被测量和不同量程，测量时应在与被测量及其量程相对应的刻度线上读数。

> **提示：** 对万用表进行电气调零时，若无法使指针指到零点，则应当更换电池。

2）测量电压

（1）测量交流电压：

① 将右边转换开关转到交流电压挡"$\underset{\sim}{\text{V}}$"，再用左边转换开关选择适当的电压量程，测量交流电压时不分正负极。

② 如果不知道被测量电压的大概值，可选用最大量程 500V，若指针偏转幅度很小，再逐级调低到合适的挡位。

③ 测量时，将表笔并联在被测电路或被测元件两端。严禁在测量中拨动转换开关选择量程。

④ 测电压时，要养成单手操作习惯，且注意力要高度集中。

⑤ 由于表盘上交流电压刻度是按正弦交流电标定的，如果被测电量不是正弦量，误差会较大。

⑥ 可测交流电压的频率范围一般为 45～1000Hz，如果超过此范围，误差会增大。

（2）测量直流电压：测量方法与测交流电压基本相同，但要注意以下两点。

① 将转换开关转到直流电压挡"$\underline{\text{V}}$"。

② 测量时，必须注意表笔的正负极性。红表笔接被测电路的高电位端，黑表笔接低电位端。若表笔接反，表针会反打，容易打弯。如果不知道被测点电位高低，可将表笔轻轻地试触一下被测点。若指针反偏，说明表笔极性反了，交换表笔即可。

3）测量直流电流

（1）将左边转换开关旋到直流电流挡"mA"或"μA"上。

（2）右边转换开关选择适当的电流量程。

（3）将万用表串联到被测电路中进行测量。测量时注意正负极性必须正确，应按电流从正到负的方向，即由红表笔流入，黑表笔流出。

（4）测量大于500mA的电流时，应将红表笔插到"5A"插孔内。

4）测量电阻

（1）将左边转换开关旋到欧姆挡（符号"Ω"）上。

（2）右边转换开关选择适当的电阻倍率，使表针指示在中值附近。最好不使用刻度左边三分之一的部分，这部分刻度密集，读数准确度很差。

（3）调整欧姆零点。

（4）测量时用红、黑两表笔接在被测电阻两端进行测量，为提高测量的准确度，选择量程时应使表针指在欧姆刻度的中间位置附近为宜，测量值由表盘欧姆刻度线上读出。

被测电阻值=表盘欧姆读数×挡位倍率

（5）不能带电测量电阻，若带电测量相当于在测量回路中又增加一外加电源，这不仅使测量结果无效，而且可能烧坏表头。所以测量电路电阻时，首先应断开电源。

（6）被测电阻不能有并联支路，否则测得的电阻值将不是被测电阻之实际值，而是某一等效电阻值。

（7）测量电阻时，不要双手同时接触表笔的金属部分，否则，人体电阻与被测电阻并联，影响测量的准确度，在测量阻值较高的电阻时，尤其要注意。

（三）万用表使用注意事项

（1）转换开关的位置应选择正确。选择测量种类时，要特别细心，若误用电流挡或电阻挡测电压，轻则表针损坏，重则表头烧毁。选择量程时也要适当，测量时最好使表针指到量程1/2到2/3范围内，读数较为准确。在无法预测测量的电压或电流值时，应选择最高量程，然后再逐步减小量程。

（2）端钮或插孔选择要正确。红色表笔应插入标有"+"号的插孔内，黑色表笔应插入标有"−"号的插孔内；在测量电阻时注意万用表内干电池的正极与面板上"−"号插孔相连，干电池的负极与面板上"+"号插孔相连。

（3）当测量线路中的某一电阻时，线路必须与电源断开，不能在带电的情况下测量电阻值，否则会烧坏万用表。

（4）在测量大电流或高电压时，禁止带电转换量程开关。

（5）测量直流电量时，正负极性应正确，接反会导致表针反向偏转，引起仪表损坏。在不能分清正负极时，可选用较大量程的挡试测，一旦发生指针反偏，应立即更正。

（6）正确读数：读数时应首先分清各类标尺，再从垂直于表盘中心的位置正确读数，若有反射镜，则应待指针与反射镜中镜像重合时读数。

（7）数字万用表不能在有电磁干扰的场合使用，以免影响读数的准确性。

（8）测量完毕，应将转换开关拨到最高交流电压挡，有的万用表（如500型）应将转换开关拨到标有"."的空挡位置。若仪表长期不用时，应取出内部电池，以防电解液流出损坏仪表。

> **提示:**
> （1）在使用万用表前，要选择所测量的电量和量程，因此，左右两个转换开关都应进行选择。
> （2）测量电阻时，每转换一次挡位开关，就应重新调零一次。

2.2.4　钳形电流表

（一）概述

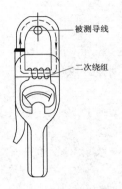

图 2-2-10　钳形表

钳形电流表的外形与钳子相似，使用时将导线穿过钳形铁芯，因此又叫钳形表，是常用的一种电流表。用普通电流表测量电路电流时，需要切断电路，接入电流表。而钳形表可在不切断电路的情况下测量电流，即可带电测量电流，这是钳形表的最大特点，如图 2-2-10 所示。

常用的钳形表有指针式和数字式两种。指针式钳形表测量的准确度较低，通常为 2.5 级或 5.0 级。数字式钳形表测量的准确度较高，用外接表笔和挡位转换开关相配合，还具有测量交/直流电压、直流电阻和频率的功能。

（二）结构

（1）指针式钳形表：主要由铁芯、互感器、电流表及开合手柄等组成。钳形表能在不切断电路的情况下进行电流的测量，是因为它具有一个特殊的结构：可张开和闭合的活动铁芯。当捏紧钳形表手柄时，铁芯张开，被测导线可穿入铁芯；放松手柄时，铁芯闭合，被测导线作为互感器的一次线圈。如图 2-2-11（a）所示为其测量机构示意图。

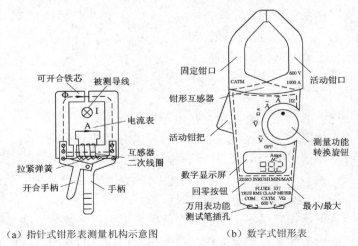

（a）指针式钳形表测量机构示意图　　　　（b）数字式钳形表

图 2-2-11　钳形表结构

（2）数字式钳形表：数字式钳形表测量机构主要由钳形互感器（固定钳口、活动钳口、活动钳把及二次绕组）、测量功能转换旋钮（或量程转换开关）、数字显示屏等组成。如图2-2-11（b）所示为数字式钳形表。

（三）钳形表的使用方法

使用时，将量程开关转到合适位置，手持胶木手柄，用食指勾紧铁芯开关，便可打开铁芯，将载流导线从铁芯缺口引入铁芯中央，然后，放松铁芯开关，铁芯就自动闭合，载流导线的电流就在铁芯中产生交变磁力线，钳形表就可感应出电流，直接读数。

（1）根据被测电流的种类和线路的电压，选择合适型号的钳形表，测量前首先必须调零（机械调零）。

（2）检查钳口表面，应清洁无污物，无锈。当钳口闭合时应密合，无缝隙。

（3）若已知被测电流的粗略值，则按此值选合适量程。若无法估算被测电流值，则应先放到最大量程，然后再逐步减小量程，直到指针偏转不少于满偏的1/4，最好指针偏转达到满偏的1/2到2/3之间，如图2-2-12（a）所示。

（4）被测电流较小时，可将被测载流导线在铁芯上绕几匝后再测量，实际电流数值应为钳形表读数除以放进钳口内的载流导线根数，如图2-2-12（b）所示。

（5）测量时，应尽可能使被测载流导线置于钳口内中心垂直位置，并使钳口紧闭，以减小测量误差，如图2-2-12（c）所示。

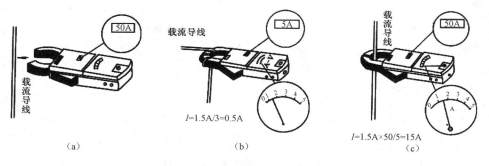

图2-2-12　钳形表的使用

（6）测量完毕后，应将量程置于最大位置，避免下次使用时误测大电流。

（四）钳形表使用注意事项

（1）测高压电流时，要戴绝缘手套，穿绝缘靴，并站在绝缘台上。

（2）测量时应使被测载流导线置于钳口内的中心位置，并使钳口紧闭。

（3）转换量程挡位时，应在不带电的情况下进行，以免损坏仪表或发生触电危险。

（4）进行测量时要注意保持与带电部分的安全距离，以免发生触电事故。

提示：钳形表不用时，应将量程挡位调至最大。

2.2.5 兆欧表

兆欧表又叫摇表、绝缘电阻测定仪或高阻表等，是一种测量电气设备、供电线路绝缘电阻的可携式仪表，以"MΩ"为单位，用"MD"符号表示。

（一）兆欧表的结构和测量原理

兆欧表主要由手摇直流发电机和磁电系电流比率式测量机构（流比计）组成，其外形和测量原理如图 2-2-13 所示。手摇直流发电机的额定输出电压有 250V、500V、1kV、2.5kV、5kV 等几种规格。兆欧表的种类很多，但其作用原理大致相同。

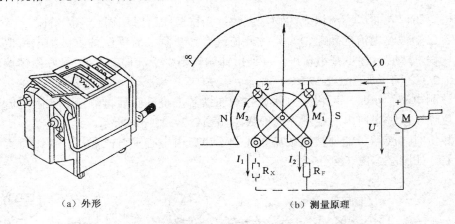

（a）外形　　　　　　　　　　（b）测量原理

图 2-2-13　ZC11 型兆欧表的外形及测量原理图

（二）兆欧表的选用

选择兆欧表时，其额定电压一定要与被测电气设备或线路的工作电压相适应，测量范围也要与被测绝缘电阻的范围相吻合。兆欧表的额定电压和量程选择如表 2-2-2 所示。

表 2-2-2　兆欧表的额定电压和量程选择

被 测 对 象	设备额定电压（V）	兆欧表额定电压（V）	兆欧表量程（MΩ）
普通线圈的绝缘电阻	500 以下	500	0～200
变压器和电动机线圈的绝缘电阻	500 以上	1000～2500	0～200
发电机线圈的绝缘电阻	500 以下	1000	0～200
低压电气设备的绝缘电阻	500 以下	500～1000	0～200
高压电气设备的绝缘电阻	500 以上	2500	0～2000
瓷瓶、高压电缆、刀闸	—	2500～5000	0～2000

不能用额定电压低的兆欧表测量高压电气设备，否则测量结果不能正确反映工作电压下的绝缘电阻，但也不能用额定电压过高的兆欧表测量低压设备，否则会产生电压击穿而损坏设备。

（三）使用前的准备

（1）校表：兆欧表内部由于无机械反作用装置，指针在表盘上任意位置皆可，无机械零位，因此在使用前不能以指针位置来判别表的好坏，而要通过校表来判别。首先将兆欧表水平放置，两表夹分开，一只手按住兆欧表，另一只手以每分 90～130 转的频率摇动手柄，若指针偏到"∞"，则停止转动手柄；然后将 L、E 两端短路，若指针偏到"0"，则说明该表良好可用。特别指出：兆欧表指针一旦到零，应立即停止摇动手柄，否则将损坏兆欧表。此过程又称校零和校无穷，简称校表。

（2）充分放电：测量前应先断开被测线路或设备的电源，并对被测设备进行充分放电，清除残存静电荷，以免危及人身安全或损坏仪表。必要时被测设备可加接地线。

（四）兆欧表的接线方法

兆欧表有三个接线柱，其中两个较大的接线柱上分别标有"接地"（E）和"线路"（L），另一个较小的接线柱上标有"保护环"或"屏蔽"（G）。

（1）测量照明或电力线路对地的绝缘电阻：将兆欧表 E 端可靠接地，L 端接到被测线路上，如图 2-2-14（a）所示。兆欧表在不用时，其指针可停在任意位置。

（2）测量电动机、电气设备的绝缘电阻：将 E 端接设备外壳，L 端接电动机绕组或设备内部电路，如图 2-2-14（b）所示。

（3）测量电缆的绝缘电阻：测量电缆的线芯与电缆外壳的绝缘电阻时，除将被测两端分别接 E 和 L 两端外，还要将 G 端接到电缆壳与线芯之间的绝缘层上，如图 2-2-14（c）所示。

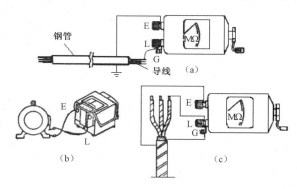

图 2-2-14　兆欧表的接线方法

（五）测量方法

用兆欧表测量线路或设备的绝缘电阻，必须在不带电的情况下进行，不允许带电测量。

（1）测量：接好线后，按顺时针方向摇动手柄，先慢摇，后加速，到 120r/min 时，匀速摇动手柄 1min，待兆欧表指针稳定时，读取指示值为测量结果。读数时，应边摇边读，不能停下来读数。

（2）拆线：拆线原则是先拆线后停止摇动手柄，即读完数后，不要停止摇动手柄，将 L 端接线拆开后，才能停摇。如果电气设备容量较小，其内无电容器或分布电容很小，亦可停止摇动手柄后再拆线。

（3）放电：拆线后对被测设备两端进行放电。

（4）清理现场。

> **提示：** 兆欧表使用完毕，应先拆线，然后才能停止摇动手柄。

（六）兆欧表使用注意事项

电气设备的绝缘电阻都比较大，尤其是高压电气设备处于高电压工作状态，测量中保证人身及设备安全至关重要。同样，测量结果的可靠性也非常重要，测量时，必须注意以下几点：

（1）测量前必须切断设备的电源，并接地或短路放电，以保证人身和设备安全，获得正确的测量结果。

（2）在兆欧表使用过程中要特别注意安全，因为兆欧表端子有较高的电压，兆欧表测量完后应立即使被测物体放电，在兆欧表的摇把未停止转动和被测物体未放电前，不可用手触及被测部位，也不可去拆除连接导线，以防触电。

（3）对于有可能感应出高电压的设备，要采取措施，消除感应高电压后再进行测量。

（4）被测设备表面要处理干净，以获得准确的测量结果。

（5）兆欧表与被测设备间的测量线应采用单股线，单独连接；不可采用双股绝缘绞线，以免绝缘不良而引起测量误差。

> **提示：**
> 禁止在有雷电时用兆欧表在电力线路上进行测量，禁止在有高压导体的设备附近测量绝缘电阻。

2.2.6 功率表

功率表是电动系仪表，用于直流电路和交流电路中测量电功率，其结构主要由固定的电流线圈和可动的电压线圈组成。

测量直流电功率即测量被测负载电压和电流的乘积，即 $P=UI$；交流电功率的测量除应反映负载电压和电流的乘积外，也反映负载的功率因数，即 $P=UI\cos\varphi$。

功率表有低功率因数功率表和高功率因数功率表。常用的 D34-W 型功率表属于低功率因数功率表，$\cos\varphi=0.2$；D51 型功率表属于高功率因数功率表，$\cos\varphi=1$。本节以 D34-W 型功率表为例，对功率表的使用方法进行介绍，其他型号功率表的使用方法与其基本类似。

（一）概述

1）功率表的外形及接入电路图

电动系功率表由电动系测量机构与附加电阻 R_s 构成。测量机构的固定线圈 A 与负载 R 串联，反映负载电流，称为电流线圈；可动线圈 D 串联附加电阻 R_s 后与负载并联，反映了负载两端电压，称为电压线圈。功率表接入电路如图 2-2-15（b）所示，其中 W 表示功率表。图 2-2-15（a）为 D34-W 型功率表面板图，该表有四个电压接线柱，其中一个带有 * 标的接线柱为公共端，另外三个是电压量程选择端，有 25V、50V、100V 量程；另有四个电流接线柱，没有量程标注，需要通过对四个接线柱的不同连接方式改变量程，即通过活动连接片使两个 0.25A 的电流线圈串联，得到 0.25A 的量程，如图 2-2-16（a）所示。通过活动连接片使两个电流线圈并联，得到 0.5A 的量程，如图 2-2-16（b）所示。

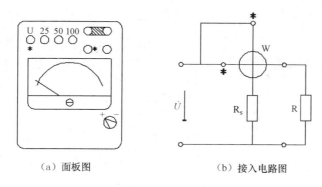

（a）面板图　　　　　　　　　（b）接入电路图

图 2-2-15　电动系功率表

2）量程选择

功率表的电压量程和电流量程要大于被测电路的电压、电流值。只有保证电压线圈和电流线圈都不过载，测量的功率值才准确，功率表也不会被烧坏。功率表的量程选择如图 2-2-16所示。

（a）两电流线圈串联　　　　　　　　　　（b）两电流线圈并联

图 2-2-16　功率表的量程选择

（二）功率表的接线

1）发电机端守则

功率表的转矩与流过表内线圈的电流方向有关，一旦其中一个线圈的电流方向接反，转矩方向也会改变。为此，在功率表两个线圈对应电流流进的端钮（简称"端"）上，都注有发电机端标志"※"或"±"。

（1）电流端：功率表标有"※"或"±"的电流端必须接至电源的一端，而另一电流端则接至负载端。电流线圈串联接入电路。

（2）电压端：功率表标有"※"或"±"的电压端可以接至电源的任意一端，而另一个电压端则跨接至负载的另一端。功率表的电压支路并联接入被测电路。

这样就保证线圈的电流方向都从发电机端流入，称为功率表接线的"发电机端守则"。如果功率表的接线正确，却发现仪表指针反转，这种情况的出现说明负载端实际含有电源，它在向电路反馈电能。此时，应将电流线圈反接，即对换电流端的接线。

电压线圈前接方式：功率表按"发电机端守则"正确接线的方式有两种，一种称为电压线圈前接方式，如图 2-2-17（a）所示，将电压线圈带"※"标志端向前接到电流线圈带"※"端。另一种为电压线圈后接方式，即将电压线圈带"※"标志端向后接到电流线圈不带"※"

端，如图 2-2-17（b）所示。

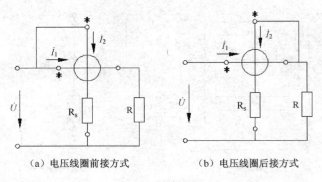

（a）电压线圈前接方式　　　　　　　（b）电压线圈后接方式

图 2-2-17　功率表的正确接线

这样保证了功率表两线圈电流都从发电机端流入，动圈与定圈之间的电位也大致相同。

2）功率表接线的常见错误

功率表接线时经常出现的错误接线方法主要有三种。

（1）电流端反接：如图 2-2-18（a）所示。

（2）电压端反接：如图 2-2-18（b）所示。

这两种接法都将使功率表的平均转矩和偏转角为负值，仪表指针将反转而不能读数，甚至损坏仪表。

（3）电流、电压端同时反接：如图 2-2-18（c）所示，这样接线虽然不会造成指针反转，但由于附加电阻 R_s 阻值比动圈阻值大得多，电源电压 U 几乎全部加在 R_s 上，使得定圈之间存在接近于 U 值的电位差，将引起仪表的附加误差，甚至可能使线圈绝缘击穿。

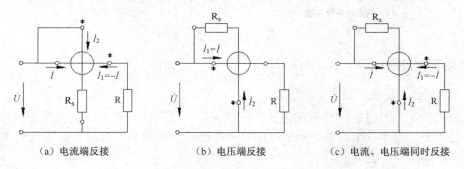

（a）电流端反接　　　　　　　（b）电压端反接　　　　　　　（c）电流、电压端同时反接

图 2-2-18　功率表的常见错误接线

3）正确选择功率表的接线方式

（1）电压线圈前接方式：按此法接线，功率表电流线圈的电流等于负载电流，但是功率表电压支路两端电压却等于负载电压加上功率表电流线圈的电压降，即在功率表的读数中多了电流线圈的功率消耗。因此，这种接线适用于负载电阻远比功率表电流线圈电阻大得多的情况，这样才能保证功率表本身的功率消耗对测量结果的影响比较小。

（2）电压线圈后接方式：按此法接线，功率表电压支路两端的电压虽然等于负载电压，但电流线圈的电流却等于负载电流加上功率表电压支路的电流，即功率表的读数中多了电压支路的功率消耗。因此，这种接线适用于负载电阻远比功率表电压支路电阻小得多的情况，这样才能保证功率表本身的功率消耗对测量结果的影响比较小。

在实际测量中，被测功率要比功率表损耗大得多，因此功率表的功率损耗可以不考虑。

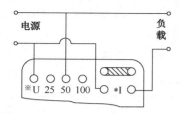

图 2-2-19　功率表接线实例

同时，由于功率表电流线圈的损耗通常比电压线圈损耗小，因此以采用电压线圈前接方式为宜。若被测功率很小，不能忽略仪表的损耗，此时应根据功率表的功率损耗值对读数进行校正，或采取一定的补偿措施。

4）功率表接线实例

根据电路参数，选择电压量程为 50V，电流量程为 0.25A 时，功率表的实际连线如图 2-2-19 所示。

（三）功率表的读数

（1）分格常数的定义：多量程功率表的量程标尺只有一条，不标瓦特数，只标分格数。在选用不同电流、电压量程时，每一分格代表的瓦特数都不相同。通常把每一分格所代表的瓦特数称为功率表的分格常数。一般在功率表使用说明书上附有表格，标明功率表在不同电流、电压量程的分格常数，以供查用。

（2）被测功率：被测功率=指针偏转格数×分格常数，即

$$P = C\alpha$$

式中：P——被测功率（W）；

C——功率表分格常数（W/Div）；

α——指针偏转格数。

（3）分格常数的计算公式为

$$C = \frac{U_N I_N}{\alpha_m}$$

式中：U_N——功率表的电压量程；

I_N——功率表的电流量程；

α_m——功率表标尺的满刻度格数。

【例 2-1】用电压量程为 150V，电流量程为 5A，满刻度格数为 150 格（Div）的功率表去测量某电路功率时，指针的偏转格数为 110 格（Div），计算被测功率。

解：分格常数

$$C = \frac{U_N I_N}{\alpha_m} = \frac{150 \times 5}{150} = 5$$

被测功率

$$P = C\alpha = 5 \times 110 = 550$$

安装式功率表通常为单量程仪表，其电压量程为 100V，电流量程为 5A，与指定变比的电压互感器及电流互感器配套使用。为便于读数，这种仪表的标尺通常按被测功率的实际值加以标注。

（四）功率表使用注意事项

（1）功率表在使用过程中应水平放置。

（2）仪表指针不在零位时，可利用表盖上零位调整器调整。

（3）测量时，如遇仪表指针反向偏转，应改变仪表面板上的"+""−"换向开关极性，切忌互换电压接线，导致仪表产生误差。

（4）功率表所测功率值包括了其本身电流线圈的功率损耗，所以在准确测量时，应从测得的功率中减去电流线圈消耗的功率，才可得到所求负载消耗的功率。

（5）D34-W 型、D51 型功率表量程、内阻、每格所代表的功率值如表 2-2-3 所示。

表 2-2-3　功率表量程、内阻、每格所代表的功率值

类　　型		D34-W 型功率表				D51 型功率表				
		电压量程			内　阻	电压量程				内　阻
		25V	50V	100V		75V	150V	300V	600V	
电流量程	0.25A	0.01W	0.02W	0.04W	27.6Ω	0.25W	0.50W	1.00W	2.00W	7.29Ω
	0.5A	0.02W	0.04W	0.08W	6.9Ω	0.50W	1.00W	2.00W	4.00W	1.88Ω

> 提示：功率表指针偏转大小只表明功率值，并不显示仪表本身是否过载，有时指针虽未达到满刻度，但只要 U 或 I 其中之一超过该表的量程就会损坏仪表。故在使用功率表时，通常要接入电压表和电流表进行监控。

2.2.7　电度表

电度表又称千瓦小时表，是用来自动记录用户用电量的仪表，用以计算电费。

在供电系统中，电能的测量不仅反映负载的大小，还能反映出电能随时间增长积累的总和。因此，电度表除必须具有测量功率的功能外，还应能计算负载用电的时间，并把电能自动地累计出来，一般分为机械式电度表和电子式电度表。本书以机械式电度表为例进行介绍。

（一）概述

1）电度表的型号及其含义

电度表型号是用字母和数字的排列来表示的，含义如下：类别代号+组别代号+设计序号+派生号。

例如，常用的家用单相电度表的型号有 DD862-4 型、DDS971 型、DDSY971 型等。它们型号的具体含义为：

（1）类别代号：D 表示电度表。

（2）组别代号：

① 表示相线：D 表示单相；S 表示三相三线；T 表示三相四线。

② 表示用途的分类：D 表示多功能；S 表示电子式；X 表示无功；Y 表示预付费；F 表示复费率。

（3）设计序号：用阿拉伯数字表示，每个制造厂的设计序号不同，如长沙希麦特电子科技发展有限公司设计生产的电度表产品备案的序列号为 971，正泰公司的为 666 等。电度表型号及其含义如表 2-2-4 所示。

表 2-2-4　电度表型号及其含义

型　号	表 示 意 义	型 号 举 例
DD	单相电度表	DD971 型、DD862 型
DS	三相三线有功电度表	DS862、DS971 型
DT	三相四线有功电度表	DT862、DT971 型
DX	无功电度表	DX971、DX864 型
DDS	单相电子式电度表	DDS971 型
DTS	三相四线电子式有功电度表	DTS971 型
DDSY	单相电子式预付费电度表	DDSY971 型
DTSF	三相四线电子式复费率有功电度表	DTSF971 型
DSSD	三相三线多功能电度表	DSSD971 型

2）电度表参数

（1）基本电流和额定最大电流：

① 基本电流：确定电度表有关特性的电流值。

② 额定最大电流：仪表能满足其制造标准规定准确度的最大电流值。

例：5（20）A 即表示电度表的基本电流为 5A，额定最大电流为 20A。三相电度表在前面乘以相数，如 $3×5$（20）A。

（2）参比电压：参比电压指的是确定电度表有关特性的电压值。对于三相三线电度表以相数乘以线电压表示，如 $3×380V$。对于三相四线电度表则以相数乘以相电压或线电压表示，如 $3×220/380V$。对于单相电度表则以电压线路接线端上的电压表示，如 220V。

3）电度表的选择

选择电度表应从用途、量程以及测量值的准确度等方面进行考虑。

（1）根据用途选择：可选择不同系列的电度表。如 DD 系列的单相电度表，DS 系列的三相三线有功电度表，DT 系列的三相四线有功电度表，以及 DX 系列的无功电度表。

（2）根据量程选择：应根据负载的额定电压和额定最大电流要求，选取合适的电度表。电度表的额定最大电流应大于或等于线路的计算电流，否则准确度变低，缩短寿命。

（3）电度表不允许在负荷经常低于额定值 5%以下的电路中使用，因为它不能准确计量所消耗的电能。

（二）单相电度表接线方法

单相有功电度表（简称单相电度表）由接线端子、电流线圈、电压线圈、计量转盘、计数器等构成，只要电流线圈通过电流，同时电压线圈加有电压，转盘就受到电磁力而转动。

在单相交流电路中，电度表的接线方法原则上与功率表相同，即电度表的电流线圈与负载串联，电压线圈与负载并联，两个线圈的发电机端"※"应接电源的同一极性端。

单相电度表有专门的接线盒。单相电度表共有 5 个接线端子，其中有两个端子在电度表内部用连片短接，所以，单相电度表的外接端子只有 4 个，即 1、2、3、4 号端子，如图 2-2-20 所示。电压和电流线圈的电源端出厂时已在接线盒中连好，配线时，1、3 接电源端，2、4 接负载端。

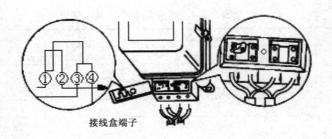

图 2-2-20　单相电度表的接线方法

1）直接接入法

在低压小电流的单相电路中，如果负载的功率在电度表允许的范围内（即流过电度表电流线圈的电流不至于导致线圈烧毁），那么就可以采用直接接入法。

直接接入法一般有两种接线方式，分别是跳线式和顺线式，如图 2-2-21 所示。无论何种接法，相线（火线）必须接入电流线圈的端子。由于有些电度表的接线特殊，具体接线方法需要参照接线端子盖板上的接线图。

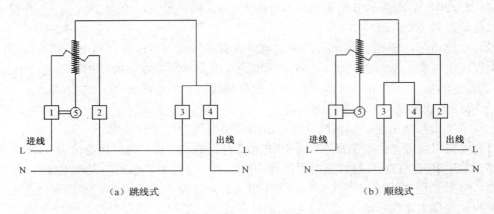

图 2-2-21　单相电度表接线方法

2）经互感器接入法

若负载电流很大或电压很高，则应通过电流互感器或电压互感器才能接入电路。

（1）电流互感器：接线时应使电流互感器的初级与负载串联，次级与电度表的电流线圈串联。

（2）电压互感器：电压互感器初级与负载并联，次级与电度表的电压线圈并联。

（3）接线方法：单相电度表经互感器接入，接线方法有两种，如图 2-2-22 所示。

① 表内 5 和 1 端未断开时的接法：由于表内短接片没有断开，所以互感器的 K2 端子禁止接地，如图 2-2-22（a）所示。

② 表内 5 和 1 端已断开时的接法：由于表内短接片已断开，所以互感器的 K2 端子应该接地。同时，电压线圈应该接于电源两端，如图 2-2-22（b）所示。

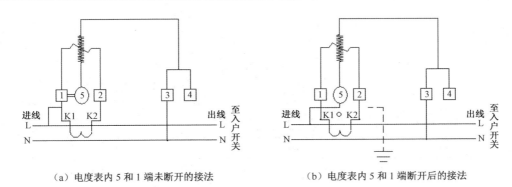

（a）电度表内 5 和 1 端未断开的接法　　　　（b）电度表内 5 和 1 端断开后的接法

图 2-2-22　单相电度表经互感器接入法

（三）三相四线制电度表常用接法

三相四线制电度表的常用接法有两种，即直接接入法和经互感器接入法。

（1）直接接入法：如果三相负载的功率在电度表允许的范围内，那么就可以采用直接接入法，如图 2-2-23 所示。

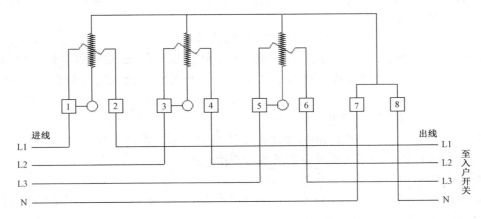

图 2-2-23　三相四线制电度表的直接接入法

（2）经互感器接入法：电度表测量大电流的三相电路的用电量时，因线路电流很大（如 300～500A），不可能采用直接接入法，应使用电流互感器进行电流变换，将大电流变换成小电流，即电度表能承受的电流，然后再进行计量。接法如图 2-2-24 所示。一般来说，电流互感器的二次侧电流都在 5A 左右，如 300/5，100/5。

（四）电度表的读数

（1）对于直接接入电路的电度表以及与所标明的互感器配套使用的电度表，被测电能均可从表中直接读数。若电度表上标有"10×千瓦小时"或"100×千瓦小时"字样，应将表的读数乘以 10 或 100，即为被测电能值。

（2）当配套使用的互感器变比和电度表标明的不同时，必须将电度表的读数进行换算才能表示被测电能值。例如，电度表上标注互感器变比为 10000/100V，100/5A，而实际使用的互感器变比为 10000/100V，50/5A，则被测电能实际值应按电度表读数除以 2 换算。

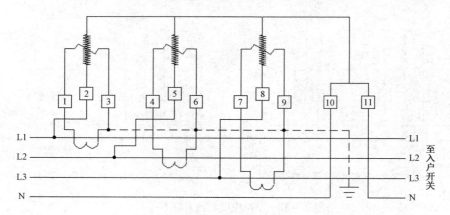

图 2-2-24　三相四线制电度表经互感器接入法

（3）对于三相四线制电度表，如果电度表最右边没有红色读数框，则黑色读数框中都是整数，只是在最右边（即个位数）的"计数轮"的右边带有刻度，而这个刻度就是小数点后的读数；如果是带有红色读数框的，那红色读数框所显示的就是小数。

（4）如果电度表输出是不带电流互感器的，那表上显示的读数就是实际用电的计量读数，如果带有互感器，则

实际用电量=实际读数×倍率

如 100/5 的互感器，那它的倍率为 20（即 100 除以 5）；如果是 200/5，倍率为 40，以此类推，把表上显示的读数，再乘以这个倍率，就是实际使用的电量数，单位为千瓦时（度）。

（5）互感器如果不只绕一匝，那么有

实际用电量=互感器倍率/互感器匝数×实际读数

互感器匝数，指互感器内圈导线的条数，不指外圈。

一般计量收费时，大多不计小数位的读数。

实际工作中，经常利用有功电度表和无功电度表的月计量值，算出用户的月平均功率因数。其计算方法举例如下。

【例 2-2】某车间三月份有功电度表上消耗的有功电能为 3000 千瓦时，无功电度表上无功电能为 1700 千乏时。试求该用户的月平均功率因数 $\cos\varphi$ 值。

解：

$$\because P_{\mathrm{P}} = \frac{3000千瓦时}{1小时} = 3000千瓦$$

$$Q_{\mathrm{P}} = \frac{1700千乏时}{1小时} = 1700千乏$$

$$\therefore \cos\varphi = \frac{P}{S} = \frac{P_{\mathrm{P}}}{\sqrt{P_{\mathrm{P}}^2 + Q_{\mathrm{P}}^2}} = \frac{3000}{\sqrt{3000^2 + 1700^2}} \approx 0.87$$

（五）电度表接线注意事项

（1）正确接线：电度表的接线较为复杂，易于接错。一旦电度表电压线圈或电流线圈有

一个接反，电度表铝盘就会反转。因此，在接线前应查看说明书，根据说明书要求和接线图，把进线和出线依次对号接在电度表的对应端子上。接线时必须遵守发电机端守则，即电流线圈和电压线圈的发电机端应共同接到电源的同一极性端子上。除此之外，还应注意电源相序，特别是无功电度表更应注意相序。

（2）正常反转情况：当发现电度表铝盘反转时，必须进行具体分析。有可能是接线错误引起的，但并非所有的反转现象都由接线错误导致。下列情况的反转属正常现象。

① 装在双侧电源联络盘上的电度表，当一段母线向另一段母线输出电能改变为另一段母线向这段母线输送电能时，电度表铝盘会出现反转现象。

② 用两只单相电度表测量三相三线制有功负载，在电流与电压的相位差角大于 $60°$，即 $\cos\varphi < 0.5$ 时，其中一只电度表会出现反转现象。

> **提示：** 正常情况，电度表也有可能反转。

身边榜样：数控维修专家　胡明华

"技术宅"是一个时髦的词，形容那些将"宅"的内容与现实中与自己相关的行业或技术高度融合的"牛人"们。胡明华当一个"技术宅"已有近 20 年了。胡明华于 1994 年毕业于四川工程职业技术学院后留校任教。如今，作为四川工程职业技术学院智能控制研究所副所长的胡明华还有另一个身份，即高端数控设备控制部件的"诊疗大师"。他时常"妙手回春"，使一些因为控制元件损坏而"瘫痪"或被"宣布死亡"的数控设备"获得新生"。2018 年胡明华荣获"四川工匠"称号。

胡明华的一鸣惊人要从 2008 年说起。2008 年 5 月 12 日，汶川发生地震后，胡明华带着 13 名师生组成技术服务队，深入灾区支援灾后重建。在一个多月里，他们冒着余震的危险为东方汽轮机有限公司修复各型数控机床超过 50 台，其总价值近 1 亿元。

"没有什么事是真能一蹴而就的。"在 2008 年以前，胡明华已经"闭门修炼"近 10 年。

胡明华的工作地四川德阳是中国主要的装备制造业基地，拥有以中国二重、东电、东汽为代表的装备制造企业超过 1400 家，胡明华逐渐成了他们的"老熟人"。他先后为各类企业、机构提供数控设备维修改造技术服务超过 500 次，创造维修产值超过 700 万元。他在对二重 8 万吨模锻机驱动装置、中科院成都光电所 DIXI1200JIG 高精度数控机床主轴驱动系统等关键设备的维修中解决了多个重大技术难题，其中仅二重 8 万吨模锻机驱动装置维修一项就为企业节约超过 200 万元。

在与企业的维修合作中，胡明华把每一次维修都当成一次珍贵的"解剖课"。为修复一台故障频发的荷兰生产的 HGG 相贯线切割机，他直接把设备放在自己的床边，通上电，昼夜观察。"有一天凌晨，我突然看到电路上面有个红灯闪了一下，可能只有零点几秒，然后就灭掉了。"那个转瞬即逝的一刹那，被胡明华抓住了。顺着这个线索，他最终发现一个元件的故障，解决了国外专家都未能处理的难题。他说："实际上换那个元件，成本只要 5 毛钱。"

经过不断钻研，胡明华和他的团队从"维修"领域开始跨入"改造、研发"领域。在与一家拉链生产企业的合作中，胡明华成功研制出先进的全套拉链染色设备，使拉链染色成功率提高至原来的4倍。他所研制的染色设备还出口到美国等发达国家。

胡明华说："使核心部件国产化，自己掌握核心技术，关键时刻我们才不会受制于人。希望能通过我们的努力，将核心高端设备的维修技术掌握在自己手里，为我们国家的重装企业保驾护航。"在不断钻研技术的同时，胡明华非常注重技能型人才的培养，他将学生引入技术团队，让学生在实践中成长，还在团队内建立传帮带机制，培训、指导学生参加各类比赛，这种产学研结合的模式使学生们得以快速成长。

模块三　电工基本操作技能

本部分介绍的内容是电工在日常操作过程中经常应用到的基本技术，包括：电工必须掌握的电工材料知识（应熟悉常用导线材料的性能和用途）；导线线头的加工以及导线的电气连接（这是电工最基本、最主要的操作工艺，也是电工作业的一道重要工序，许多电气事故的根本原因，往往是由于导线线头加工不正确和电气连接不良而引起的，因此每个电工都必须正确熟练掌握加工操作工艺）；电气照明线路的安装与维修（这是电工技术中的一项基本技能，也是电工所必须熟练掌握的基本技能）。

2.3.1　导线的选择

导线的种类和型号很多，应用较广泛的有裸导线、电磁线、绝缘导线和电缆等。

常用导线有铜线芯和铝线芯两种。铜线芯电阻率小，导电性能好，机械强度大，价格较高；铝线芯电阻率比铜线芯稍大些，机械强度不如铜线芯，但价格低，应用也很广泛。

导线也可分为单股线与多股线，大部分截面积为 6mm² 及以下的导线为单股线，截面积在 10mm² 及以上的导线为多股线。多股线由几股或几十股线芯绞合在一起形成一根，有 7 股、19 股、37 股等。

导线还分裸导线和绝缘导线。绝缘导线又可分为电磁线、绝缘线、电缆等多种，常见的外皮绝缘材料有橡胶、塑料、棉纱、玻璃丝等。

（一）导线材料和类型的选择

1. 导线材料

用来制作导线的金属必须同时具备以下特点：导电性能良好（即电阻系数小）；有一定的机械强度；不易被氧化和被腐蚀；容易加工和焊接；资源丰富价格便宜。

金属中导电性能最佳的是银，其次是铜、铝。由于银的价格比较昂贵，因此只在比较特殊的场合才使用，一般都将铜和铝作为主要的导电材料。但是在某些特殊场合，也需要用其他的金属或合金作为导电材料。如架空线需要具有较高的机械强度，常选用铝镁硅合金；熔丝具有易熔的特点，故选用铅锡合金；电热材料需要具有较大的电阻系数，常选用镍铬合金或铁铬合金；电光源的灯丝要求熔点高，须选用钨丝作为导电材料等。

铜线芯的导电性能、焊接性能、机械性能都比铝线芯好，因此要求较高的动力线、电气设备的控制线和电动机、电器的线圈大部分采用铜线芯。

> **提示：** 导线材料大部分是金属，但不是所有的金属都可用于制作导线。

2. 导线类型

1）导线可分为电力线和电磁线

电力线用来将各种电路连接成通路。电磁线用来制作各种绕组，如变压器、电动机和电磁铁中的绕组。

2）电力线可分为裸导线和绝缘导线

（1）裸导线：常用的裸导线有铝绞线、钢芯铝绞线、铜绞线、防腐钢芯铝绞线。钢芯铝绞线的强度较高，用于电压较高或挡距较大的线路上，低压线路一般多采用铝绞线。

（2）绝缘导线：绝缘导线种类很多，常用的有塑料硬线、塑料软线、塑料护套线、橡皮线、棉线编织橡皮软线（即花线）、橡套软线、漆包线，以及各种电缆等。

工厂中常用的绝缘导线有聚氯乙烯（塑料）绝缘线和橡皮绝缘线，其型号、名称、用途如表 2-3-1 所示。

表 2-3-1　常用绝缘导线

型　　号	名　　称	主　要　用　途
BV	单芯铜芯聚氯乙烯绝缘导线	适用于各种交流、直流电气装置，电工仪器、仪表，电信设备，动力及照明线路固定敷设等
BLV	单芯铝芯聚氯乙烯绝缘导线	
BVR	多芯铜芯聚氯乙烯绝缘电线	
BVV	铜芯聚氯乙烯绝缘护套圆形电线	
BLVV	铝芯聚氯乙烯绝缘护套圆形电线	
RV	铜芯聚氯乙烯绝缘软线	用于各种交流、直流电器，电工仪器，家用电器，小型电动工具，动力及照明装置的连接等
RVB	铜芯聚氯乙烯绝缘平行软线	
RVV	铜芯聚氯乙烯绝缘护套圆形软线	
RVVB	铜芯聚氯乙烯绝缘护套软线	
BX	铜芯橡皮绝缘线	用于交流 500V 及以下，或直流 1000V 及以下的电气设备及照明使用等
BLX	铝芯橡皮绝缘线	
BXR	铜芯橡皮绝缘软线	
BXF	铜芯氯丁橡皮绝缘线	
BLXF	铝芯氯丁橡皮绝缘线	

3）电缆

（1）电缆分类。电缆的种类有很多，可以按不同的方式分类。

① 以芯线分，可分为单芯和多芯，也可分为铝芯和铜芯。

② 以绝缘方式分，可分为油浸纸绝缘、橡皮绝缘和塑料绝缘。

③ 以内护层分，可分为铅包、铝包、橡套和塑料护套。

④ 以外护层分，可分为铠装和无铠装，其中铠装又分为钢带铠装和钢丝铠装。

⑤ 以封包结构分，可分为统包、屏蔽型和分相铅包。

2）电缆型号的表示方法：

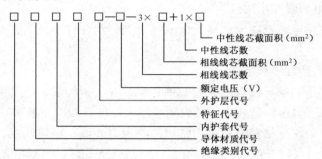

绝缘类别代号：Z—油浸纸绝缘　　　　　　　　　　V—聚氯乙烯绝缘

　　　　　　　YJ—交联聚乙烯绝缘　　　　　　　　X—橡皮绝缘

导体材质代号：L—铝导体　　　LH—铝合金导体　　　T—铜导体　　　TR—软铜导体

内护套代号：　Q—铅包　　　L—铝包（现不生产）　　V—聚氯乙烯护套　　H—橡皮套

特征代号：　　P—滴干式　　　D—不滴油　　　　　F—分相铅包

外护层代号：02—聚氯乙烯护套　　　　03—聚乙烯护套　　　　20—裸钢带铠装

　　　　　　30—裸细圆钢丝铠装　　　40—裸粗圆钢丝铠装

4）电磁线

电磁线按绝缘材料分，可分为漆包线、丝包线、丝漆包线、纸包线、玻璃纤维包线和纱包线等；按截面的几何形状分，可分为圆形和矩形两种；按导线线芯的材料分，可分为铜芯和铝芯两种。

（二）导线截面的选择

1. 选择原则

（1）选择导线基本原则：在潮湿或有腐蚀性气体的场所，可选用塑料绝缘导线，以提高导线绝缘水平和抗腐蚀能力；在比较干燥的场所内，可采用橡皮绝缘导线；对于经常移动的用电设备，宜采用多股软导线等。

合理选择导线截面，应能达到安全运行，降低电能损耗，减少运行费用的效果。导线截面的选择可由安全载流量、线路电压降、机械强度、与熔体额定电流或开关整定值相配合等方面加以确定。

（2）电缆截面的选择原则：电缆截面应根据允许载流量、经济电流密度选择，按机械强度、允许电压损失校验，同时，满足短路稳定度的条件。表 2-3-2 中列出了电力线路截面的选择和校验项目。

表 2-3-2　电力线路截面的选择和校验项目

电力线路的类型		允许载流量	允许电压损失	经济电流密度	机械强度
35kV 及以上电源进线		△	△	★	△
无调压设备的 6~10kV 较长线路		△	★		△
6~10kV 较短线路		★	△		△
低压线路	照明线路	△	★		△
	动力线路	★	△		△
注：△——校验的项目，★——选择的依据					

2. 安全载流量计算

导线允许长期通过的最大电流值称为连续允许电流值，也称为安全载流量（I_{al}）。

（1）照明和电热设备：

$$I_{al} \geqslant \sum I_N$$

I_{al}——进户导线的安全载流量；

$\sum I_N$——照明和电热设备总的额定电流之和。

（2）动力负荷：

① 单台电动机：

$$I_{al} \geqslant I_N$$

I_{al}——导线安全载流量；

I_N——电动机的额定电流。

② 多台电动机：

$$I_{al} \geqslant I_{NM} + I_{j(n-1)}$$

I_{NM}——容量最大的电动机的额定电流；

$I_{j(n-1)}$——除去容量最大的电动机额定电流，其余各台电动机的计算负荷电流。

（3）负荷电流 I_j 的计算方法：

① 统计所有装接设备的额定容量之和 $\sum P_N$。

② 考虑同一时间内的最大需要用量（即采用系数 K_d）。

③ 考虑发展因素，一般加 20%左右的余量（即发展系数 K_2）。

④ 把全部装接容量换算成电流 I_N，即：

$$I_j = (\sum I_N \times K_d) \times (1 + K_2)$$

则：

$$I_{j(n-1)} = [(\sum I_N - I_{NM}) \times K_d] \times (1 + K_2)$$

3. 按电压损失校验截面

按电压损失校验截面时，应使各种用电设备端电压符合电压偏差允许值，如表 2-3-3 所示。

表 2-3-3　用电设备端电压要求

名　称	电压偏差允许值（%）	名　称	电压偏差允许值（%）
电　动　机		照　明　灯	
正常情况	+5~-5	视觉要求较高的场所	+5~-2.5

名　称	电压偏差允许值（%）	名　称	电压偏差允许值（%）
电　动　机		照　明　灯	
特殊情况	+5～−10	一般工作场所	+5～−5
一般线路	+5～−5	事故照明/道路照明/警卫照明	+5～−10
其他用电设备无特殊规定时	+5～−5		

4. 机械强度

导线会受到张力的作用，张力的大小主要受敷设方式和支持点的距离等影响。

> 提示：在选择导线时，必须考虑导线的机械强度，也就是导线的最小截面积。

5. 与熔体额定电流或开关整定值相配合

导线安全载流量应与保护该线路的熔断器熔体的额定电流或开关整定值相配合，当发生过负荷或短路时，熔断器内的熔体应能迅速熔断，或开关脱扣器迅速脱扣断开，而不损坏导线。

6. 中性线、保护线、保护中性线的截面积选择

（1）在三相四线制配电系统中，中性线 N 的允许载流量，不应小于线路中最大不平衡负荷电流，同时应考虑谐波电流影响。以气体放电灯为主要负荷的照明供电线路，中性线截面积应不小于相线截面积。

（2）保护线（PE）或保护中性线（PEN 线）的截面积按热稳定要求必须满足下式

$$S_P \geqslant \frac{I}{K}\sqrt{t}$$

式中：S_P——PE 线或 PEN 线的截面积（mm²）；

　　　I——流过保护装置的接地故障电流（用 IT 系统时，此项为两相短路电流）的均方根值（A）；

　　　t——开断电器动作时间，单位：s（适用于 $t \leqslant 5s$）；

　　　K——计算系数。

PE 线及 PEN 线的截面积按热稳定要求不小于表 2-3-4 所列数值。

表 2-3-4　PE 线及 PEN 线按热稳定要求的最小截面积

相线截面积 S（mm²）	PE 线或 PEN 线按热稳定要求的最小截面积 S_P（mm²）
$S \leqslant 16$	$S_P = S$
$16 < S \leqslant 35$	$S_P = 16$
$S > 35$	$S_P \geqslant S/2$*

*当相线截面积很大时，宜按此公式计算

（3）配电干线中 PEN 线的截面积：按机械强度要求，采用单芯导线时，铜线不应小于 10mm²，铝线不应小于 16mm²。

（4）PE 线若是用配电电缆或加电缆外护层时，按机械强度要求，截面积不受限制。PE

线若是用绝缘导线或裸导线而不是配电电缆或加电缆外护层时，按机械强度要求，有机械保护（敷设在套管、线槽等外护物内）时截面积为 2.5mm²。

（三）电缆的选择

1. 电缆的种类

在电力系统中，电缆有多种分类方法，可以分为多种类型。

1）电力电缆

电力电缆用来输送和分配大功率电能，按其所采用的绝缘材料可分为纸绝缘、橡皮绝缘、聚氯乙烯绝缘、聚乙烯绝缘和交联聚乙烯绝缘等。

（1）纸绝缘电力电缆有油浸和不滴流浸渍两种，由于使用寿命长、耐压强度高，纸绝缘电力电缆是传统的主要产品，目前工程上仍然使用较多。聚氯乙烯绝缘电力电缆没有敷设位差的限制，制造工艺简单，有良好的抗腐蚀性能，目前在工程上得到了广泛使用，尤其是在 10kV 及以下的电力线路中应用最广。

（2）按导电线芯所用材料分为铜芯电缆和铝芯电缆。

（3）按导电线芯截面形状分为圆形、半圆形、扇形和椭圆形。

（4）按导电线芯数量分为单芯、双芯、三芯、四芯和五芯，控制电缆有多种芯数规格。

2）控制电缆

在配电装置的传输操作电路中，连接电气仪表、继电保护和自动控制等电路的电缆为控制电缆，属于低压电缆。运行电压一般在交流 500V 或直流 1000V 以下，电流不大，且是间断性负荷，所以电缆线芯截面积较小，一般为 1.5～10mm²，均为多芯电缆，芯数为 4 芯到 37 芯不等。

> **提示：** 橡皮绝缘电缆多使用在低压线路中。

2. 电力电缆的结构

电力电缆由导电线芯、绝缘层及保护层三个主要部分组成。另外有的还有填料、屏蔽层、铠装层等。电力电缆有五种典型结构，其结构示意图如图 2-3-1 所示。

导电线芯用来传导电流，绝缘层用来保证线芯之间、线芯与外界的绝缘，使电流沿线芯传输。电力电缆的保护层分内护层和外护层两种。

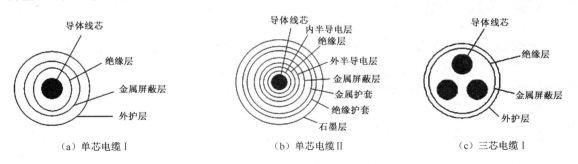

　（a）单芯电缆 I　　　　　（b）单芯电缆 II　　　　　（c）三芯电缆 I

图 2-3-1　电力电缆结构示意图

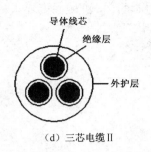

（d）三芯电缆Ⅱ

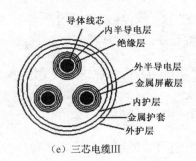

（e）三芯电缆Ⅲ

图 2-3-1　电缆结构示意图（续）

提示： 电缆是结构较复杂的导线。

3．电缆选型

（1）一般场所选用普通型电缆，如 FZ-YJV 或 FZ-VV，由于聚氯乙烯绝缘电缆应用逐年减少，从技术经济性角度综合考虑，优先选用交联聚乙烯绝缘 FZ-YJV 系列产品。

（2）重要场所选用阻燃型电缆，如 FZ-ZR-YJV、FZ-ZR-VV，消防应急电源选用耐火型电缆，优先选用 FZ-NH-YJV。

（3）特别重要场所，如智能大厦、计算机中心、广电中心、程控机房、医院病房等，应选用无卤型产品 FZ-WDN-YJY。

（4）一般工业与民用建筑，可选用单芯绞合型分支电缆，也可以选用多芯绞合型电缆。

（5）智能型建筑及其他抗干扰要求高的场所，应用多芯绞合型电缆。

（6）道路、桥梁、隧道等照明用电路，可以选用多芯护套型电缆。

4．电缆截面选择

（1）电缆的额定电压应等于或大于供电系统的额定电压。

（2）电缆的持续允许电流应等于或大于供电负载的最大持续电流。

（3）线芯截面积应满足供电系统短路时的热稳定要求。

（4）供电网络的电压降应等于或小于规定值。

（5）依据电缆的额定载流量，取相近的较大截面积规格的电缆。

提示： 根据回路的总负荷应预留 30% 余量，再乘以适当的同时系数，计算出额定电流。

（四）导线的颜色标志

相线 L、零线 N 和保护零线 PE 应采用不同颜色的导线。相关规定如表 2-3-5 所示。

表 2-3-5　相线 L、零线 N 和保护零线 PE 导线颜色

类　　别	颜色标志	线　　别	备　　注
一般用途导线	黄色	相线 L1	U 相
	绿色	相线 L2	V 相
	红色	相线 L3	W 相
	浅蓝色	零线或中性线 N	

类　别	颜色标志	线　别	备　注
保护接地（保护零线）	绿/黄双色	保护接地（保护零线）PE	颜色组合 3:7
二芯（供单相电源用）	红色 浅蓝色	相线 L1（L2、L3） 零线 N	取其 1 相
三芯（供单相电源用）	红色 浅蓝色 绿/黄双色	相线 L1（L2、L3） 零线 N 保护零线 PE	取其 1 相
三芯（供三相电源用）	黄色、绿色、红色	相线 L1、L2、L3	无零线
四芯（供三相四线制用）	黄色、绿色、红色 浅蓝色	相线 L1、L2、L3 零线 N	

如果不能按规定要求选择导线颜色，可遵照以下要求使用导线。

（1）相线可使用黄色、绿色或红色中的任一种颜色，但不允许使用黑色、白色或绿/黄双色的导线。

（2）零线可使用黑色导线，没有黑色导线时也可用白色导线。如果住宅单相电源的相线使用红色导线，则零线可使用黄色或绿色导线；如果相线使用绿色导线，则零线可使用黄色导线。零线不允许使用红色导线。三相四线制的零线应使用浅蓝色或黑色的导线，也可用白色导线，不允许使用其他颜色的导线。

（3）保护零线应该使用绿/黄双色的导线，如无此种颜色导线，也可用黑色的导线。但这时零线应该使用浅蓝色或白色的导线，以使两者有明显的区别。否则，在插座接线时很容易将零线误接在保护接地（接零）极上，使用时将会造成触电等事故。保护零线不允许使用除绿/黄双色和黑色以外的其他颜色的导线。为了确保用电安全，保护零线应尽量选用绿/黄双色导线。因日本等一些国家采用单一绿色导线作为保护零线，所以我国部分出口家用电器产品也用绿色导线作为保护零线。因此，使用时必须注意，切不可因保护零线颜色不同而接错线。当没有充分把握时，应看说明书或拆开机器仔细辨认，也可以用万用表判别。切不可主观判断。

> **提示：** 过去，我国家用电器的保护零线都以黑色为标志，现已淘汰。现在，我国已执行国际标准，采用绿/黄双色导线作为保护零线。

2.3.2　导线绝缘层的剥切

电工常常会进行导线连接，导线绝缘层的剥切是导线连接的第一步，本节主要按剥切对象分类来讲解导线绝缘层的剥切方法。

（一）概述

1. 剥切方法分类

（1）按剥切方式分类：可分为直削法、斜削法、分段剥切法三种。直削法和斜削法适用于单层绝缘导线；分段剥切法适用于多层绝缘导线。

（2）按剥切对象分类：可分为塑料硬线绝缘层的剥切、塑料软线绝缘层的剥切、塑料护套线的护套层和绝缘层的剥切、橡皮线绝缘层的剥切、花线绝缘层的剥切、橡套软线的护套层和绝缘层的剥切等。

2. 剥切工具

导线绝缘层的剥切工具有电工刀、钢丝钳、剥线钳。

（二）塑料硬线绝缘层的剥切

塑料硬线绝缘层有三种剥切方法，用电工刀、钢丝钳、剥线钳都可以。

1. 用剥线钳剥切

线芯截面积为 $4mm^2$ 及以下的塑料硬线，一般用剥线钳或钢丝钳进行剥切，首选剥线钳进行剥切，其剥切步骤如下：

（1）将导线卡入与线芯相配的钳口，如图 2-3-2（a）所示。

（2）剥线钳刀口外侧应是需要剥去绝缘层的导线长度。如图 2-3-2（b）所示。

（3）用手夹紧钳柄，剥除绝缘层，如图 2-3-2（c）所示。

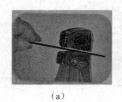 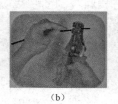 

（a）　　　　　　　　　（b）　　　　　　　　　（c）

图 2-3-2　用剥线钳剥切导线

2. 用钢丝钳剥切

步骤如下：

（1）用左手捏住导线，根据线头所需长度，用钳头刀口轻切绝缘层，但不可切入线芯，如图 2-3-3（a）所示。

（2）用右手握住钢丝钳头部，用力向外勒去绝缘层，如图 2-3-3（b）所示。

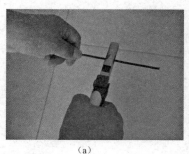 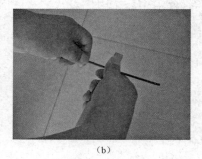

（a）　　　　　　　　　　　　　　　（b）

图 2-3-3　用钢丝钳剥离绝缘层

（3）左手把紧导线，反方向用力配合。

> 提示：在勒去绝缘层时，不可在钳口处加剪切力，这样会伤及线芯，甚至将导线剪断。

3. 用电工刀剥切

线芯截面积大于 4mm² 的塑料硬线，可用电工刀剥切绝缘层，步骤如下：

（1）用电工刀以 45°角倾斜切入绝缘层，不可切入线芯，如图 2-3-4（a）、（b）所示。

（2）刀面与线芯保持 25°左右的角度，用力向线端推削，削去上面一层绝缘层，削出一条缺口，如图 2-3-4（c）所示。

（3）将下面绝缘层剥离线芯，向后扳翻，最后用电工刀齐根切去，如图 2-3-4（d）所示。

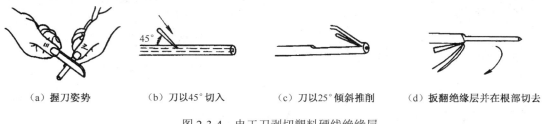

（a）握刀姿势　　　（b）刀以45°切入　　　（c）刀以25°倾斜推削　　　（d）扳翻绝缘层并在根部切去

图 2-3-4　电工刀剥切塑料硬线绝缘层

（三）塑料软线绝缘层的剥切

塑料软线绝缘层用钢丝钳或剥线钳剥切。

1. 钢丝钳剥切

操作步骤与用钢丝钳剥切塑料硬线绝缘层基本相同。注意，剥切塑料软线绝缘层时，可在左手食指上，绕一圈导线，然后握拳捏导线，再两手反向同时用力，右手抽左手勒，即可把端部绝缘层剥离线芯。剥离时右手用力要大于左手。

2. 剥线钳剥切

用剥线钳剥切塑料软线绝缘层与剥切塑料硬线绝缘层的方法类似。

> 提示：塑料软线绝缘层不可用电工刀剥切，因其容易切断线芯。

（四）塑料护套线绝缘层的剥切

塑料护套线具有两层绝缘：护套层和每根线芯的绝缘层，可用电工刀剥切其外层护套层，用钢丝钳或剥线钳剥切内部绝缘层。用电工刀剥切塑料护套线的护套层，剥切步骤如下：

（1）在线头所需长度处，用电工刀刀尖对准中间线芯缝隙处划开护套层，不可切入线芯，如图 2-3-5（a）所示。

（2）向后扳翻护套层，用电工刀将其齐根切去，如图 2-3-5（b）所示。

（3）在距离护套层 5～10mm 处，用钢丝钳或剥线钳剥切内部绝缘层，方法与塑料软线绝缘层的剥切方法类似，如图 2-3-5（c）所示。

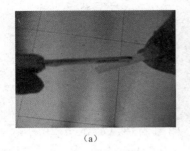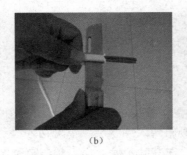

（a） （b） （c）

图 2-3-5 用电工刀剥切塑料护套线绝缘层

> **提示：** 剥切塑料护套线分两步完成：第一步，用电工刀剥切其外层护套层；第二步，用钢丝钳或剥线钳剥切内部绝缘层。

（五）橡皮软线绝缘层的剥切

橡皮软线又称橡套软线，可用电工刀进行剥切。因它的护套截面层呈圆形，不能按塑料护套线处理，橡皮软线绝缘层的剥切步骤如图 2-3-6 所示。

（1）用电工刀从橡皮软线端头任意两线芯缝隙处，割破部分橡皮护套层，如图 2-3-6（a）所示。

（2）把已分成两半的橡皮护套层反向分拉，撕破护套层。当撕拉难以破开护套层时，再用电工刀补割，直到所需长度为止，如图 2-3-6（b）所示。

（3）扳翻已被分割的橡皮护套层，在根部分别切割，如图 2-3-6（c）所示。

（4）由于橡皮软线一般均作为电源引线，受外界的拉力较大，故在护套层内除有线芯外，尚有 2～5 根加强麻线。这些麻线不应在橡皮护套层切口根部同时剪去，应结扣加固。结扣后的麻线余端应固定，让麻线承受外界拉力，保证导线端头不遭破坏，如图 2-3-6（d）所示。

（5）每根线芯的绝缘层按所需长度用塑料软线的剥切方法进行剥切，如图 2-3-6（e）所示。

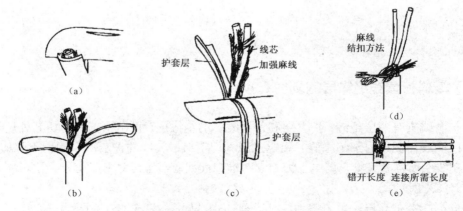

图 2-3-6 橡套软线绝缘层的剥切

提示：橡皮软线的麻线不应剪去，应结扣加固，然后将其余端固定。

（六）铅包线绝缘层的剥切

用电工刀剥切铅包线绝缘层的具体步骤如下。

（1）用电工刀在铅包层上按所需长度切下一个刀痕，将铅包层拉出来，如图2-3-7（a）所示。

（2）双手来回扳动切口处，铅包层便沿切口处折断，即可把铅包层拉出，如图2-3-7（b）所示。

（3）内部绝缘层的剥切与塑料硬线绝缘层的剥切方法相同，如图2-3-7（c）所示。

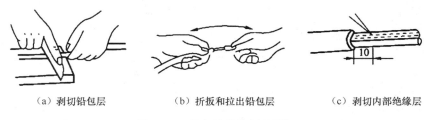

（a）剥切铅包层　　　　　（b）折扳和拉出铅包层　　　　　（c）剥切内部绝缘层

图 2-3-7　铅包线绝缘层的剥切

提示：铅包线绝缘层分外部铅包层和内部绝缘层，剥切也分两步完成。

2.3.3　导线的连接

导线连接方法及工艺是电工必须掌握的基本技能，导线连接质量的高低直接影响线路运行，导线连接处接触电阻过大，会增加运行损耗，严重时，还会成为长期运行的安全隐患，成为运行过程中可能出现故障的地方。本节主要讲解了导线连接的要求、导线及电缆连接的各种方法，以及导线连接好后如何恢复导线的绝缘。

（一）导线连接的要求

当导线不够长或要分接支路以及导线与设备、器具连接时，需要将导线与导线、导线与端子连接。常用导线的线芯分单股和多股，连接方法随线芯的股数不同而不同。导线的连接方法很多，有绞缠连接、焊接、压接、紧固螺钉和螺栓连接等，具体的连接方法应视导线的连接点而定。

按照规程，无论是绞接法还是缠绑法，连接后必须搪锡，对铝线芯都应进行焊接或压接处理。

1. 导线连接的总体要求

（1）连接可靠。接头连接牢固、接触良好、电阻小、稳定性好。接头电阻不大于相同长度导线的电阻值。

（2）强度足够。接头的机械强度不小于导线机械强度的 80%。

（3）接头美观。接头整体规范、美观。

（4）耐腐蚀。对于铝线与铝线相连，如果采用熔焊法，要防止残余熔剂或熔渣的化学腐蚀。对于铝线与铜线相连，要防止电化学腐蚀。在接头前后，应采用铜铝过渡，如采用铜铝接头。

（5）绝缘性能好。接头处绝缘强度应与导线绝缘强度一致。

（6）截面积为 4mm^2 及以下的单股线，采用绞接法。截面积为 6mm^2 及以上单股线多用缠绑法。截面不同时截面积较小的单股线剥切尺寸应比截面积较大的单股线剥切尺寸要长。

导线的剥切长度和绑线直径如表 2-3-6 所示。

表 2-3-6　导线的剥切长度和绑线直径

导线截面积（mm^2）	剥切长度（mm）	绑线直径（mm）	绑线长度
2.5 以下	120（100）		一般为 500mm 以上
4	140（120）		
6	60	1.6	
10	120	2.0	
16	200	2.0	

2. 导线连接时的要求

（1）剥切导线绝缘层时，不能损伤线芯。

（2）导线缠绕方法要正确。

（3）导线缠绕后要平直、整齐和紧密。

（4）截面积为 10mm^2 及以下的单股导线可以直接与设备、器具的端子连接。

（5）截面积为 2.5mm^2 及以下的多股铜芯导线应先拧紧，搪锡或压接端子后再与设备及器具的端子连接。

（6）多股铝芯导线和截面积大于 2.5mm^2 的多股铜芯导线应焊接或压接端子后再与设备及器具的端子连接。

提示：导线的连接工艺是电工的基本技能，必须熟练掌握。

（二）铜芯导线的连接

1. 单股铜芯导线的连接

单股铜芯导线的连接常用绞缠接法进行连接。

1）单股小截面积导线的直线连接

（1）连接步骤如图 2-3-8 所示。

① 剥去线头绝缘层，约 120mm。

② 清除线芯表面氧化层。

③ 两线头的线芯以 X 形相交，交叉点距绝缘层 50mm，如图 2-3-8（a）所示，相互缠绕 2～3 圈，如图 2-3-8（b）所示。

④ 扳直两线头，如图 2-3-8（c）所示，将两个线头在线芯上紧贴并绕 5～8 圈，用钢丝钳切去余下的线芯，并钳平线芯的末端，如图 2-3-8（d）所示。

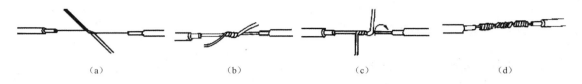

| (a) | (b) | (c) | (d) |

图 2-3-8　单股铜芯导线的直接连接

> **提示：** 铜芯导线在进行连接前应清除线芯表面氧化层。

（2）连接要求：

① 直线度要好。

② 左右对称。

③ 圈与圈之间没有缝隙。

④ 连接的有效长度离绝缘层 5mm 左右。

⑤ 机械强度符合要求。

2）单股小截面导线"T"形连接

（1）剥切长度：干线剥切 30mm，支线剥切 110mm。

（2）打结法：首先环绕成结状，再把支路线头扳直，顺时针紧密缠绕 5～8 圈，剪去余线、毛刺，如图 2-3-9（a）所示。

（3）平绕法：单股支路线芯的线头与干线线芯十字相交，支路线芯根部留出 3～5mm，然后顺时针方向缠绕支路线芯，缠绕 5～8 圈后，剪去余下线芯，并钳平线芯末端，如图 2-3-9（b）所示。

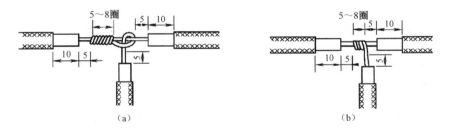

| (a) | (b) |

图 2-3-9　单股小截面积导线"T"形连接（单位：mm）

3）单股大截面积导线直接连接

截面积不小于 6mm^2 的单股导线直接连接时，需要加辅助线缠绕，具体连接步骤如下：

（1）剥切导线绝缘层约 60mm。

（2）清除线芯表面氧化层。

（3）将两根导线水平相对，并列平放。

（4）用辅助线把两根并列的导线紧密地缠绕起来，从中间往两边进行缠绕。缠绕长度大约为 50mm，然后用钳子把两根剩余约 10mm 的导线线头扳回 180°，反方向压在辅助线上。然后用辅助线在导线上继续缠绕 3～5 圈。剪去余线，钳平末端。

4）单股大截面积导线"T"形连接

（1）导线绝缘层剥切长度：干线约为 60mm，支线约为 70mm。

（2）清除线芯表面氧化层。

（3）用钳子在支线已剥绝缘段约 60mm 处将共扳弯 90°，并把支线和干线并列靠拢成"T"字形。

（4）用辅助线把两根并列靠拢的线紧密缠绕起来，从中间往两边缠绕。缠绕长度大约为 50mm，然后用钳子把支线剩余约 10mm 的导线线头折回，反方向压在辅助线上。然后用辅助线在导线上继续缠绕 3～5 圈。剪去余线，钳平末端。

5）单股异径线的直线连接

单股异径线的直线连接的绝缘层剥切长度，大截面积导线约 70mm，小截面积导线约 250mm。操作步骤如下：

（1）清除线芯表面氧化层。

（2）把小截面积导线放在大截面积导线中部位置，往绝缘层方向缠绕，单绕 8～10 圈。

（3）把大截面积导线折过来紧压住已缠绕的小截面积导线。

（4）把小截面积导线继续在大截面积导线上共绕 6～8 圈。剪去余线，钳平末端，如图 2-3-10 所示。

6）软、硬线间连接

（1）剥切长度：硬线约 70mm，软线约 250mm。

（2）把软线放在硬线中部位置，往绝缘层方向缠绕，单绕 8～10 圈。

（3）把硬线折过来紧压住已缠绕的软线。

（4）把软线继续在硬线上共绕 6～8 圈。剪去余线，钳平末端，如图 2-3-11 所示。

图 2-3-10　单股异径线的直线连接

图 2-3-11　软、硬线间连接

2. 多股导线连接

1）7 股导线的直接连接

（1）将剥去绝缘层的线芯头散开并拉直，接着把离绝缘层一端 $l/3$ 长度的线绞紧（l 为剥去绝缘层导线长度，后同），余下的 $2l/3$ 长度线头呈伞状分布，并拉直线芯，如图 2-3-12（a）所示。

（2）把两个伞状线头隔股对插，并钳平两端线芯，如图 2-3-12（b）所示。

（3）把一端的 7 股线芯按 2、2、3 股分成三组，接着把第一组的 2 股线芯在绞紧处扳起，使其垂直于导线，并按顺时针方向缠绕，如图 2-3-12（c）所示。

（4）缠绕两圈后，将余下线芯向右扳直，再把下边第二组的 2 股线芯扳起使其垂直于导线，也按顺时针方向紧紧压住前 2 股扳直的线芯缠绕，如图 2-3-12（d）所示。

（5）缠绕两圈后，将余下的线芯向右扳直，再把下边第三组的 3 股线芯扳起，按顺时针方向紧压前 4 股扳直的线芯，向右旋转，如图 2-3-12（e）所示。

（6）缠绕 3 圈后，切去每组多余的线芯，钳平线端，如图 2-3-12（f）所示。

（7）用同样的方法再缠绕另一边的线芯。

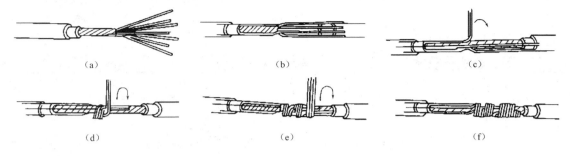

图 2-3-12 7 股导线的直接连接

2）7 股导线的"T"形分支连接

（1）把支线线芯散开钳直，接着把离绝缘层最近的 $l/8$ 段线芯绞紧，把支线线头 $7l/8$ 的线芯分成两组，一组 4 股，另一组 3 股，并排列整齐，然后用旋凿把干线的线芯撬分成两组，再把支线中 4 股线芯的一组插入干线两组线芯中间，而把 3 股线芯的一组支线放在干线线芯的前面，如图 2-3-13（a）所示。

（2）把右边 3 股线芯的一组在干线一边按顺时针方向紧紧缠绕 3～4 圈，钳平线端，再把左边 4 股线芯的一组线芯按逆时针方向缠绕，如图 2-3-13（b）所示。

（3）逆时针缠绕 4～5 圈后，钳平线端，如图 2-3-13（c）所示。

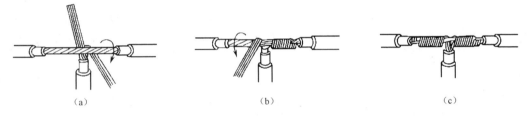

图 2-3-13 7 股导线的"T"形分支连接

3）多股导线与单股导线"T"形分支连接

具体步骤如下：

（1）按单股导线线芯直径约 20 倍的长度剥切多股线连接处的绝缘层，并用螺丝刀把多股线分成均匀两组，分时离绝缘层约 5mm，如图 2-3-14（a）所示。

（2）按多股导线的单股线芯直径的 100 倍长度剥切单股导线的绝缘层，拉直线芯并将其插入多股线芯中间，绝缘层离多股导线的单股线芯约 5mm，如图 2-3-14（b）所示。

（3）用钳子把多股导线插缝钳平钳紧，单股线芯顺时针缠绕，绕圈必须与多股导线垂直，并应圈圈紧密，绕足 10 圈，剪去余线，钳平毛刺，如图 2-3-14（c）所示。

> 提示：多股导线与单股导线"T"形分支连接时，应先用螺丝刀把多股导线的线芯分成均匀两组。

4）19 股铜芯导线的直线连接

19 股铜芯导线的直线连接方法与 7 股导线直连基本相同。若线芯太多，可剪去中间的几股线芯。连接后，在连接处尚需进行钎焊，以增加其机械强度和改善导电性能。

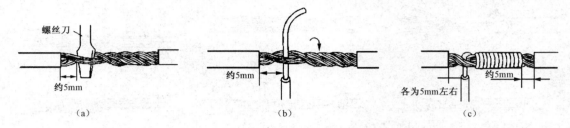

约5mm

（a）　　　　　　　　约5mm　　　　　　　　（b）　　　　各为5mm左右　　约5mm　　（c）

图 2-3-14　单股导线与多股导线的"T"形分支连接

5）19 股铜芯导线的"T"形分支连接

19 股铜芯导线的"T"形分支连接与 7 股导线"T"形分支连接也基本相同。不同之处是此处将支路导线分成 9 股和 10 股，并将 10 股线芯插入干线线芯中，各向左右缠绕。

（三）导线焊接连接

铜芯导线接头处应进行锡焊处理。焊接应根据焊接点的不同连接方式及截面积而采用不同的焊接方法。

1. 电烙铁锡焊

如果铜芯导线截面积不大于 $10mm^2$，它们的接头可用 150W 电烙铁进行锡焊。可以先将接头涂上一层氯化锌液体或无酸焊锡膏，待电烙铁加热后，进行锡焊即可，然后套上绝缘套管，如图 2-3-15（a）所示。

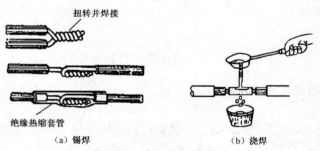

扭转并焊接

绝缘热缩套管

（a）锡焊　　　　　　　　　　（b）浇焊

图 2-3-15　导线焊接连接

2. 浇焊

对于截面积大于 $16mm^2$ 的铜芯导线接头，常采用浇焊法。首先将焊锡放在化锡锅内，用喷灯或电炉使其熔化，待表面呈磷黄色时，说明焊锡已经达到高热状态，然后将涂有无酸焊锡膏的导线接头放在锡锅上面，再用勺盛上熔化的锡，从接头上面浇下，如图 2-3-15（b）所示。因为起初接头较凉，锡在接头上不会有很好的流动性，所以应持续浇下去，使接头处温度提高，直到全部缝隙焊满为止。最后用抹布擦去焊渣即可。

提示：在用浇焊法连接导线时，接头处要用锡将全部缝隙焊满。

3. 焊接安全知识

（1）使用中的电烙铁不可搁置在木板上，要搁置在金属丝制成的搁架上。

（2）不可用烧死（焊头因氧化不吃锡）的电烙铁焊接，以免过热损坏焊件。

（3）不准甩动使用中的电烙铁，以免锡珠溅出伤人。

> **提示**：电烙铁金属外壳必须接地。新的电烙铁在使用前要将其头部涂上一层薄薄的锡。

（四）导线压接连接

由于铝极易氧化，而铝氧化膜的电阻率很高，严重影响导线的导电性能，所以铝线芯直线连接不宜采用铜线芯的方法进行，大截面多股铝芯导线常用压接法连接（此方法同样适用于多股铜芯导线及钢绞线）。

> **提示**：铜芯导线与铝芯导线连接方法不一样，铜芯导线一般采用直接绞缠法连接，铝芯导线常用压接法连接。

1. 导线钳压接

导线钳压接通常使用手动冷挤压接钳和压接管（又称钳接管），如图 2-3-16（a）、（b）所示，具体步骤如下：

（1）根据多股导线材料和型号规格选择合适的压接管（铝绞线的压接管和钢芯铝绞线的压接管不同，不能互相替代），如图 2-3-16（b）所示。

（2）用钢丝刷清除导线表面及压接管内壁的氧化层或其他污物，并在其外表涂上一层导电膏（或中性凡士林）。

（3）将两根导线线头相对插入压接管内，并使两线端穿出压接管 25～30mm，如图 2-3-16（c）所示。

（4）如图 2-3-16（d）所示进行压接。压接时，第一道压坑压在导线线端一侧，不可压反，压坑的距离和数量应符合技术要求。一般来讲压坑的数目与连接点所处的环境有关，通常情况下，室内是 4 个，室外为 6 个。压接好的导线如图 2-3-16（e）所示。

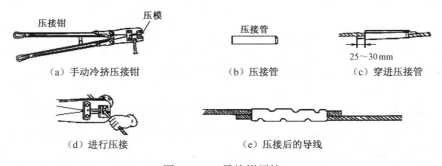

（a）手动冷挤压接钳　　　（b）压接管　　　（c）穿进压接管

（d）进行压接　　　（e）压接后的导线

图 2-3-16　导线钳压接

提示：导线钳压接必须与压模配套。

2. 沟线夹螺栓压接

对于架空线路，导线由于受制造长度的限制，有时不能满足线路长度的要求，也有时存在破损或断股现象。这样在架线时，就必须对导线进行连接和修补。如果接头在跳线处（耐张杆两侧导线间的连接），便可用线夹连接，如图 2-3-17（a）所示。

此法适用于截面积较大的架空铝芯导线的直线和分支连接。连接前，先用钢丝刷除去导线线头和沟线夹内壁上的氧化层和污物，涂上导电膏（或中性凡士林），然后将导线卡入线槽，旋紧螺栓，使沟线夹紧紧夹住线头而完成连接，如图 2-3-17（b）所示。为防止螺栓松动，应套以弹簧垫圈后，压紧螺栓。

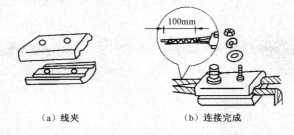

（a）线夹　　　　　　（b）连接完成

图 2-3-17　沟线夹螺栓压接

低压线路多采用压接法连接，高压线路采用线夹连接。

（五）导线与接线桩连接

导线与接线桩的连接主要适用于铝芯导线的连接，是小截面铝芯导线经常采用的连接方法，且常用螺钉压接。

在各种电器或电气装置上，均有接线桩供连接导线用。导线与接线桩连接要求做到线芯不外裸，不被螺钉压断；将线芯折成双股插入较大针孔；多股线芯绞紧后插入针孔。

1. 导线与针孔端子连接

1）螺钉压接法

螺钉压接法适用于负荷较小的单股铝芯导线的连接，其步骤如下：

（1）把削去绝缘层的铝芯导线线头用钢丝刷去除表面的铝氧化膜，并涂上导电膏（或中性凡士林），如图 2-3-18（a）所示。

（2）直线连接时，先把每根铝芯导线在接近导线端处卷上 2～3 圈或弯成"Ω"形，以备线头断裂后再次连接用，然后把四个线头两两相对插入两支瓷接头的四个接线桩，最后旋紧接线桩上的螺钉，如图 2-3-18（b）所示。

（3）分支连接时，要把支路导线的两个线芯头分别插入两个瓷接头的两个接线桩，然后旋紧螺钉，如图 2-3-18（c）所示。

提示：铝芯导线用螺钉压接法连接好后，应在瓷接头上加罩铁皮或木罩盒盖。

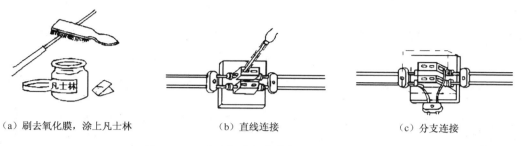

（a）刷去氧化膜，涂上凡士林　　　　　　（b）直线连接　　　　　　　（c）分支连接

图 2-3-18　单股铝芯导线的螺钉压接法连接

2）针孔式接线桩连接法

如果连接处在插座或熔断器附近，则不必用瓷接头，可用插座或熔断器上的接线桩进行过渡连接，如图 2-3-19 所示。

在针孔式接线桩上接线时，如果单股线芯与接线桩插线孔大小适宜，只要把线芯插入针孔，旋紧螺钉即可，如图 2-3-19（a）所示，如果单股线芯较细，则要把线芯折成双根，再插入针孔，如图 2-3-19（b）所示。

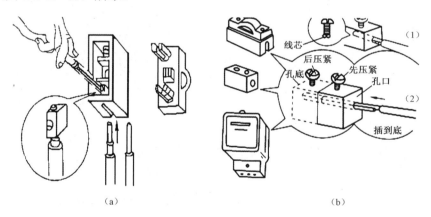

（a）　　　　　　　　　　　　　　　　（b）

图 2-3-19　针孔式接线桩连接法

3）多股导线与针孔式接线桩连接

（1）若针孔与导线粗细正好合适：只要把线头绞紧插入针孔再旋紧螺钉即可，如图 2-3-20（a）所示。

（2）若针孔过大：须在线头缠绕一定厚度的同材质线，导线粗细与针孔相配合适后，再连接，如图 2-3-20（b）所示。

（3）若针孔过小：须剪掉线头中的几股线，导线粗细与针孔相配合适后，再连接，如图 2-3-20（c）所示。

提示：如果是多股细丝的软线线芯，必须先绞紧，再插入针孔，切不可有细丝露在外面，以免发生短路事故。

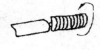

（a）针孔合适的连接　　　（b）针孔过大时线头的处理　　　（c）针孔过小时线头的处理

图 2-3-20　多股导线与针孔式接线桩连接

2. 螺钉平压式接线桩的连接

在螺钉平压式接线桩上接线时，如果是较小截面积的单股线芯，则必须把线头弯成环状，小截面积导线的弯圈方法如图 2-3-21（a）所示。图 2-3-21（b）为正确连接方法，图 2-3-21（c）列举出了几种错误的连接方法。弯曲的方向应与螺钉拧紧的方向一致，导线末端的处理与固定方法如图 2-3-22 所示。

> **提示：** 截面积较大的单股线芯与螺钉平压式接线桩连接时，线头须装上接线耳，由接线耳与接线桩连接。

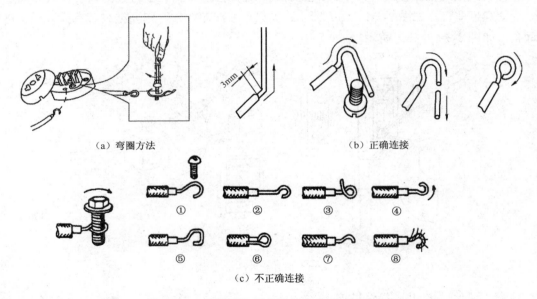

（a）弯圈方法　　　　　　　　　　　（b）正确连接

① ② ③ ④
⑤ ⑥ ⑦ ⑧

（c）不正确连接

图 2-3-21　小截面积导线的端头弯圈步骤及连接

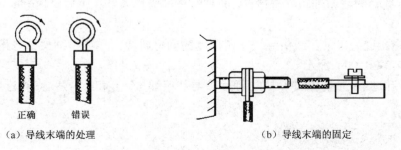

正确　　　错误
（a）导线末端的处理　　　　　　　　　（b）导线末端的固定

图 2-3-22　导线末端的连接

提示：导线与接线桩连接时线芯应不外裸，不能被螺钉压断。

3. 导线与瓦形接线桩的连接

导线与瓦形接线桩的连接如图 2-3-23 所示。

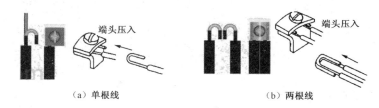

（a）单根线　　　　　　　　　（b）两根线

图 2-3-23　导线与瓦形接线桩的连接

连接步骤：

（1）将单股铜芯导线弯成"U"形（略大于螺栓）。

（2）将瓦形接线桩螺栓瓦片松开。

（3）将线芯放进接线桩。

（4）将螺栓瓦片装回原位，拧紧即可。

如果两根线头接在同一瓦形接线桩上时，两根单股导线的线端都弯成"U"形，然后，一起放进接线桩，用螺栓瓦片压紧。

如果瓦形接线桩两侧有挡板，则线芯不用弯成"U"形，只要松开螺栓，将线芯直接插入螺栓瓦片下面，拧紧螺栓即可。

提示：

（1）线芯的长度应比接线桩螺栓瓦片的长度长 2～3mm，而且导线绝缘层离接线桩的距离不应大于 2 mm。

（2）当线芯直径太小，接线桩压不紧时，应将线头折成双股插入。

4. 导线与线鼻子的连接

（1）常见线鼻子的形状，如图 2-3-24 所示。管式和开口式线鼻子用于截面积为 10mm^2 以上的导线，其他线鼻子用于截面积为 6mm^2 以下的导线。

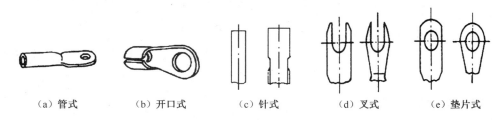

（a）管式　　　（b）开口式　　　（c）针式　　　（d）叉式　　　（e）垫片式

图 2-3-24　常用线鼻子的形状

（2）冷压线鼻子：图 2-3-25 中列举出几种不同的线鼻子压接情况。

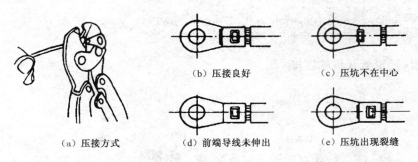

图 2-3-25　线鼻子压接举例

（六）导线绝缘的恢复

导线的绝缘层破损后，必须恢复；导线连接后，也必须恢复绝缘。恢复后的绝缘强度不应低于原有绝缘强度。通常用黄蜡带、涤纶薄膜带和黑胶带作为恢复绝缘的材料，一般选用20mm 宽的黄蜡带和黑胶带，包缠方便。

1. 直线连接的绝缘恢复

直线连接的绝缘恢复常采用绝缘带包缠的方法，具体步骤如下：

（1）用黄蜡带从导线左边绝缘层完整处开始包缠，包缠长度两倍于黄蜡带宽度后，方可包缠无绝缘层的线芯部分，如图 2-3-26（a）所示。

（2）包缠时，黄蜡带与导线保持约 45°～55°的倾斜角，每圈压叠带宽的 1/2，如图 2-3-26（b）所示。

（3）包缠一层黄蜡带后，将黑胶带接在黄蜡带的尾端，按另一斜叠方向包缠一层黑胶带，也要每圈压叠带宽的 1/2，如图 2-3-26（c）、（d）所示。

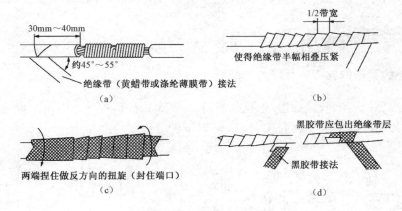

图 2-3-26　绝缘带的包缠

2. T 形连接的绝缘恢复

具体步骤如下：

（1）首先用黄蜡带从接头左端开始包缠，每圈叠压带宽的 l/2 左右，如图 2-3-27（a）所示。

（2）包缠至支线时，用左手拇指顶住左侧直角处的带面，使它紧贴于转角处线芯，而且要使处于接头顶部的带面尽量向右侧斜压，如图 2-3-27（b）所示。

（3）当围绕到右侧转角处时，用手指顶住右侧直角处带面，将带面在干线顶部向左侧斜压，使其与被压在下边的带面形成 X 状交叉，然后再回绕到左侧转角处，如图 2-3-27（c）所示。

（4）用黄蜡带从接头交叉处开始在支线上向下包缠，并使黄蜡带向右侧倾斜，如图 2-3-27（d）所示。

（5）在支线上包缠绝缘层至约两个带宽时，将黄蜡带折回，向上包缠，并使黄蜡带向左侧倾斜，绕至接头交叉处，使黄蜡带绕过干线顶部，然后开始在干线右侧线芯上进行包缠，如图 2-3-27（e）所示。

（6）包缠至干线右端的完好绝缘层后，再接上黑胶带，按上述方法包缠一层即可，如图 2-3-27（f）所示。

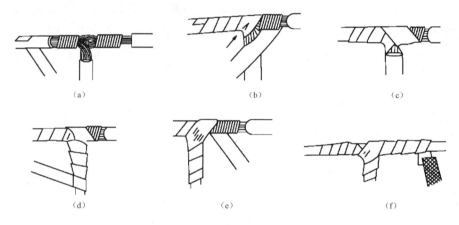

图 2-3-27　T 形连接的绝缘恢复

3. 绝缘恢复注意事项

（1）在 380V 线路上恢复绝缘时，必须先包缠 1～2 层黄蜡带，然后再包缠 1 层黑胶带。

（2）在 220V 线路上恢复绝缘时，应先包缠 1 层黄蜡带，然后再包缠 1 层黑胶带，也可只包缠 2 层黑胶带。

（3）绝缘带包缠时，不能过疏，更不允许露出线芯，以免造成触电或短路事故。

> **提示：** 绝缘带平时不可放在温度很高的地方，也不可浸染油类。绝缘恢复时绝缘带包缠并非层数越多越厚就越好，只要符合绝缘要求就好。

（七）电缆的连接

电缆敷设好后，各线段必须连接为一个整体，连接点称为接头。电缆线路末端的接头称为终端头，中间的接头则称为中间接头。它们的主要作用是使电缆保持密封，使线路畅通，并保证电缆接头处的绝缘等级，使其安全可靠地工作。

> **提示：** 电缆的连接工艺也就是电缆头的制作工艺。

1. 电缆头的基本要求

1）保证足够的绝缘强度

（1）保证密封：电缆头制成以后，在整个运行过程中都必须保证其密封，特别是油浸纸绝缘电缆，若电缆头密封不良，不仅会漏油使电缆绝缘失效，而且潮气也会侵入电缆内部使电缆绝缘性能降低。因此，保证密封是对电缆头最重要的要求之一。

（2）绝缘强度：应保证电缆头具有不低于电缆本身的绝缘强度，而且应具有足够的机械强度，以抵御在线路上可能遭受的机械应力，包括外来机械损伤及短路时的电动应力。线芯接头应接触良好，接触电阻必须低于同长度电缆电阻的 1.2 倍。为便于施工，还要求电缆头的结构简单、紧凑、轻巧，但也应保证具有一定的电气距离，以避免短路或击穿。

（3）干燥施工：为使电缆头满足以上基本要求，制作电缆头时除使用吸水性好、透气性差，介质损失角正切值低和电气稳定性好的材料外；还必须保证在施工过程中手、工具、绝缘材料的清洁干燥和电缆本身的干燥等，保证高水平的操作工艺。

2）电缆的连接要求

对于电缆终端头和电缆中间接头，连接时必须满足以下要求：

（1）封闭严密。

（2）填料灌注饱满，无气泡，无渗漏现象。

（3）电缆头的安装应牢固可靠，相序正确。

（4）直埋电缆头的保护设施要完整，标志应准确清晰。

> **提示：** 铠装电缆或铅包电缆的金属外皮，两端应可靠接地，接地电阻不应超过 10Ω。

2. 电缆连接施工基本要求

1）施工前的准备

电缆连接施工之前必须充分准备，应具备良好的施工条件：

（1）施工所需要的材料、工具（包括电缆终端盒或中间接头的壳体、套管及附件等）均应在施工前准备齐全，并均须经过检验合格方可应用。采用的附加绝缘材料除电气性能应满足要求外，还应与电缆本体绝缘具有相容性。

施工前还应再次做好对线路的核对工作，如电压等级、电缆截面积等。

（2）施工现场的电缆本体的温度：对于油浸纸绝缘电力电缆一般应在 50℃ 以上，否则应采取人工加温，对塑料绝缘电缆则放宽至 0℃ 以上。

（3）施工现场应保持清洁、干燥、光线充足，周围空气的相对湿度以 70% 及以下为宜，并且不应含有导电粉尘和腐蚀性气体，否则应提高环境温度，搭篷防尘，增设人工照明及加强通风。严禁在雾天或雨天施工。

2）施工要求

为保证电缆头的质量，在施工过程中还必须做到：

（1）施工操作从剥切电缆开始到施工完毕，必须连续进行，时间越短越好，以防绝缘吸潮。同时在操作时要特别防止汗水浸入绝缘材料内。

（2）剥切电缆时，不允许损伤线芯和应保留的绝缘层，且使线芯沿绝缘层表面至最近的接地点（屏蔽或金属护套端部）的最小距离符合要求：1kV 电缆为 50mm，6kV 电缆为 60mm，10kV 电缆为 125mm。

（3）电缆终端头的出线应保持位置固定，并保证必要的电气间距和合适的弯曲半径。

（4）电缆头在施工完成后与系统或设备搭接时，应核对其相位，确认无误后方可结束工作。

> **提示：** 在整个施工过程中必须要有可靠的安全措施，保证工作安全，防止事故发生。

3. 电缆头的制作要求

（1）制作电缆头，从剥切电缆开始应连续操作直至完成，缩短绝缘暴露时间。剥切电缆时不应损伤线芯和保留的绝缘层。附加绝缘的包绕、装配、热缩等应保持清洁。

（2）电缆头应采取加强绝缘、密封防潮、机械保护等措施。6kV 及以上电力电缆的电缆头，还应有改善电缆屏蔽端部电场集中的有效措施，并确保外绝缘相间和对地距离。

（3）在制作塑料绝缘电缆的电缆头时，应彻底清除半导电屏蔽层。对包带石墨屏蔽层，应使用溶剂擦去石墨痕迹；对挤出屏蔽层，剥除时不得损伤绝缘表面，屏蔽端部应平整。

（4）电缆线芯连接时，应除去线芯表面和连接管内壁油污及氧化层。压接模具与金具应配合恰当。压缩比应符合要求。压接后应将端子或连接管上的凸痕清理干净，不得残留毛刺。采用锡焊连接铜芯，应使用中性焊锡膏，不得烧伤绝缘。

（5）三芯电力电缆头两侧的金属屏蔽层（或金属套）、铠装层应分别连接好，不得中断，跨接线的截面积不应小于接地线截面积。直埋电缆头的金属外壳及电缆的金属护层应进行防腐处理。

（6）三芯电力电缆终端头的金属护层必须接地良好；塑料电缆每相铜屏蔽和钢铠应采用锡焊连接接地线。

（7）塑料电缆宜采用自粘带、粘胶带、胶粘剂（热熔胶）等方式密封，塑料护套表面应打毛，粘接表面应用溶剂除去油污，粘接应良好。

> **提示：** 电缆通过零序电流互感器时，电缆金属护层和接地线应对地绝缘，电缆接地点在零序电流互感器以下时，接地线应直接接地；接地点在零序电流互感器以上时，接地线应穿过零序电流互感器接地。

4. 电缆头制作工具及辅材

（1）电缆头制作工具：手锤、螺钉旋具、电工刀、钢锯、剖切刀、液压钳、喷灯或大功率工业用电吹风机、电烙铁、钢丝钳、小圆锉、平锉、钢丝刷和胀口器等。

（2）电缆头制作辅材：如图 2-3-28 所示，包括接地卡子、汽油、16mm^2 铜编织带、2.5mm^2 单股铜线、塑料带、白纱布、导电膏（中性凡士林）、铜接线耳、砂纸、焊锡膏、焊锡丝、焊锡锅等。

（a）10kV 三芯冷收缩终端头组件　　　　　（b）10kV 三芯冷收缩中间接头组件

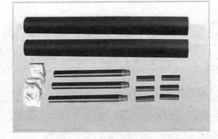

（c）10kV 三芯热收缩终端头组件　　　　　（d）10kV 三芯热收缩中间接头组件

图 2-3-28　电缆头的制作辅材

5. 电缆头制作工艺

电缆头的种类较多，特别是橡塑绝缘电缆及其附件发展较快。常用的有自粘带绕包型、热缩型、预制型、模塑型、弹性树脂浇注型，还有传统的壳体灌注型、环氧树脂型等。虽然电缆头的种类不同，但其制作工艺却大同小异，下面介绍热缩型和干包式电缆终端头的制作工艺。

1）热缩型电缆终端头的制作

（1）制作过程：

① 用电缆卡将电缆固定在支架上。

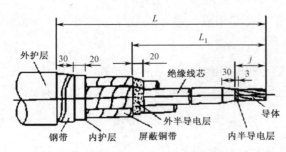

图 2-3-29　三芯电缆接头—电缆剥切图（单位：mm）

② 剥切电缆，按图 2-3-29 所示尺寸剥去电缆外护层、钢带（若有钢带）和内护层。切取长度 L：室内为 550mm、户外为 750mm；L_1 取 400mm；j 为端子孔深+8mm。锯钢带时，先用直径 2mm 左右的铜线芯线芯在距外护层 30mm 处扎上三道，后用钢锯锯去下端多余的钢带，在钢带端部处留下 20mm 的内护层，并去掉其端部内的填料。最后将三线芯外的屏蔽铜带端部用塑料粘胶带固定好。

③ 焊接接地线：焊接前，要先用砂纸或钢丝刷净焊接表面的氧化层，然后将铜带散开 150mm 左右并编成三只小辫，接着再用铜线将接地线绑扎在铠装层上，最后与屏蔽铜带、铠装层焊接，如图 2-3-30（a）所示。

④ 包填充胶，并使其成橄榄状，后清洗其表面，最后固定分支套。

⑤ 剥切屏蔽铜带和半导电层（对 10kV 三芯电缆）：从分支套指端上部 55mm 处开始剥去屏蔽铜带。保留 20mm 半导电层，其余剥去，保留的半导电层端部应按安装工艺一般程序

和要求处理。

⑥ 压接接线端子：先按接线端子孔深加 8mm 的长度剥去线芯末端绝缘层。然后压接接线端子，压后除去毛刺和飞边。

⑦ 安装应力管：用清洗剂擦净绝缘层表面。注意：擦过半导电层的清洗布不可再擦绝缘层。在绝缘层表面均匀地涂一层硅脂，套入应力管，应力管下端覆盖到电线屏蔽铜带上面。自下而上地加热使其收缩，避免应力管与线芯绝缘层之间留有气隙。

⑧ 安装绝缘管：用填充胶带缠绕应力管端部与线芯绝缘层之间的阶梯，使之成为平滑的锥形过渡面。再用密封胶带缠绕分支套指端（二层）。然后，套绝缘管（10kV 三芯电缆套到分支套指端根部），再由下向上加热使其收缩。

⑨ 安装密封管：切去多余绝缘层，对于 10kV 电缆，应切到与线芯绝缘层末端平齐。接着用密封胶带缠绕填平接线端子压坑以及电缆绝缘层与接线端子之间的间隙。最后，套密封管，加热使其收缩。

⑩ 固定相色管：将红、绿、黄相色标志管套在接线端子压接部位后加热使其收缩。至此，热缩型电缆终端头制作完成，如图 2-3-30（a）所示。

提示：

（1）如果是制作户外电缆头，则要安装雨罩。对于 10kV 三芯电缆，先将三孔雨罩套在三相线芯上，离分支套分叉处约 100mm 处，加热收缩固定，再套单孔雨罩，加热收缩固定。

（2）户外电缆头雨罩数量：10kV 三芯电缆户外终端头安装一只三孔雨罩，每相线芯上再加两只单孔雨罩，如图 2-3-31（b）所示。

（3）户内电缆终端头不装雨罩。

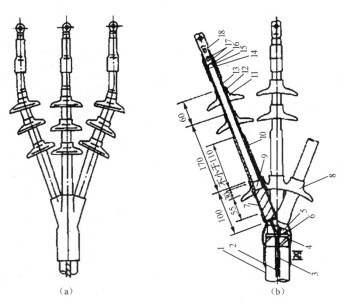

（a）　　　　　　　　　　　　（b）

1—塑料外护套；2—接地线；3—防潮段；4—铜扎线、铜带铠装、填充胶、分支手套；5—内护层；

6—焊点；7—屏蔽铜带；8—三孔雨罩；9—半导电层；10—应力管；11—单孔雨罩；12—绝缘层；

13—线芯绝缘层；14—导体；15—相色管；16—副管；17—填充胶；18—接线端子

图 2-3-30　电缆终端头的制作（单位：mm）

（2）制作过程注意事项：

① 剥切电缆时不得伤及线芯及绝缘层。密封电缆时注意清洁，防止污物与潮气侵入绝缘层。

② 同一电缆线芯的两端，相色应一致，且与连接母线的相序相对应。

③ 尽管按照上述制作方法，可保证电缆终端头合格，但为万无一失，还应进行绝缘电阻和直流耐压试验。

④ 加热时一定要控制好火焰，不能过大，操作时要不停地晃动火源，不可对准一个位置长时间加热，以免烫伤热收缩部件。加热时喷出的火焰应该是充分燃烧的，不可带有烟，以免烟中颗粒物吸附在热收缩部件表面，影响其性能。

⑤ 在收缩管材时，一般要求从中间开始向两端或从一端向另一端沿圆周方向均匀加热，缓慢推进，以避免收缩后的管材沿圆周方向出现厚薄不均匀和层间夹有气泡的现象。

> **提示：** 电缆终端头从开始剥切到制作完成必须连续进行，一次完成，防止受潮。

2）干包式电缆终端头的制作

制作干包式电缆终端头不用任何绝缘浇注剂，而是用软"手套"和聚氯乙烯带干包成形。它的特点是体积小、重量轻、工艺简单、成本低廉，是制作室内低压油纸电缆终端头采用较多的方式，其制作工艺如下：

（1）准备工作：准备材料和工具，核对电缆规格、型号，检查电缆是否受潮，测量绝缘电阻，核对相序等。

（2）确定电缆剥切尺寸：终端头的安装位置确定之后，即可决定电缆外护层和铅（铝）套的剥切尺寸，如图2-3-31及表2-3-7所示。

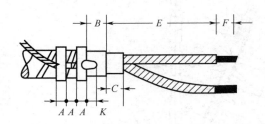

图 2-3-31　电缆外护层和铅（铝）套的剥切尺寸

表 2-3-7　电缆外护层和铅（铝）套的剥切尺寸

符号	表示意义	尺寸（mm）
A	电缆卡子及卡子间尺寸	10～15
K	焊接地板尺寸	30～45
B	预留铅（铝）套长度	铅（铝）套外径+60
C	预留统包绝缘长度	25、50
E	包扎绝缘长度	由安装位置决定
F	导线裸露长度	线鼻子孔深+5

（3）剥切外护层：按照剥切尺寸，先在锯割钢带处做好记号，把由此向下10mm处的一段钢带，用汽油将沥青混合物擦净，再用细锉打光，表面搪一层焊锡，放好接地用的多股裸铜绞线，并装上电缆钢带卡子。然后，在卡子的外边缘沿电缆圆周用钢锯在钢带上锯出一个环形深痕，深度为钢带厚度的2/3。但应注意在锯割时不要伤及铅（铝）套。锯完后，用螺丝刀在锯痕尖角外把钢带撬起，用钳子夹住，逆着缠绕方向把钢带撕下。再用同样的方法剥掉第二层钢带。用锉刀锉掉切口毛刺，使其光滑。

（4）清洁铅（铝）套：先用喷灯稍加热电缆，使沥青软化，逐层撕去沥青纸。切忌用火烧沥青纸，以防铅（铝）套过热而损坏绝缘。最后，用汽油或煤油浸布将铅（铝）套擦拭干净。

（5）焊接地线：地线应采用多股裸铜线，其截面积不应小于$10mm^2$，长度按实际需要而定。地线与钢带的焊接点选在两道卡子之间，焊接时应涂硬脂酸或焊锡膏去污，上下两层钢带均应与地线焊牢。先把地线分股排列贴在铅（铝）套上，再用直径 1.4mm 的铜线绕 3 圈扎紧，割去余线，留下部分向下弯曲，并轻轻敲平，使地线紧贴扎线，再进行焊接。焊接时，先将钢带、铅（铝）套的被焊面及地线用喷灯稍稍加热，涂上焊锡膏和硬脂酸，再将已配制好的焊料用喷灯加热使其变软，在被焊面上反复涂擦使其有一定堆积量，再用喷灯加热堆积的焊料使之变软，并用浸渍过牛脂或羊脂的布抹圆抹光，成为半边鸽蛋形。焊接速度要快，以免损伤电缆内部绝缘纸。

（6）剥切电缆铅（铝）套：按照剥切尺寸先确定喇叭口的位置，用电工刀沿铅（铝）套圆周切一环形深痕，再顺着电缆轴向在铅（铝）套上割两道纵向深痕，其间距约为 10mm，深度为铅（铝）套厚度的 1/3，不能切深，以防损伤内部绝缘纸。随后，从电缆端部起，把两道纵向深痕间的铅（铝）皮用螺丝刀撬起，再用钳子夹住铅（铝）皮往下撕，如图 2-3-32（a）所示。

当撕到下面环形深痕处时把铅（铝）皮条撕断，再把铅（铝）套剥掉，如图 2-3-32（b）所示。剥完电缆铅（铝）套，即用专用工具把电缆铅（铝）套切口胀成喇叭形，胀口时用力要均匀，以防胀裂。喇叭口要圆滑、规整和对称，其直径约为铅（铝）套直径的 1.2 倍。注意切忌将铅（铝）屑掉入喇叭口内。因铝套较硬，胀喇叭口略困难，略胀开一些即可。

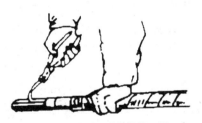
（a）撕下两道纵向深痕间的铅（铝）皮

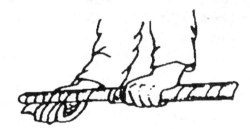
（b）剥掉电缆铅（铝）套

图 2-3-32 剥切电缆铅（铝）套

（7）剥除统包绝缘纸和分线芯：从电缆铅（铝）套喇叭口向末端方向量 25mm，将此部分的统包绝缘纸用聚氯乙烯带顺着绝缘纸包绕方向包缠作为临时保护，包缠层数以能填平喇叭口为准；然后撕去保护带以上至电缆末端的统包绝缘纸（禁止用刀子切割），将电缆线芯逐相分开，割去线芯间的填充物，切割时刀口应向外，避免割伤线芯上的绝缘纸。

（8）包缠内包层：从线芯分叉口根部开始，用聚氯乙烯带在线芯上包缠 1～3 层，层数以能使聚氯乙烯软管较紧地套上线芯，且不使线芯与聚氯乙烯软管之间产生空隙为宜。包缠时，顺绝缘纸的包缠方向，以半遮盖方式向线芯端部包缠，包带要拉紧，使松紧程度一致，不应有打折、扭皱现象，一直包至线芯端部。

在线芯三岔口处填上环氧—聚酰胺腻子，并压入一个"风车"，使三岔口无空隙，做法如图 2-3-33（a）所示。"风车"系用聚氯乙烯带制成，形状如图 2-3-33（b）所示。紧紧压入第一个"风车"后，接着用聚氯乙烯带包缠内包层，如图 2-3-33（c）所示。在内包层即将完成包缠时再压入第二个"风车"，且应向下勒紧，使"风车"带均衡分开，摆放平整。继续包缠内包层。内包层成橄榄形，最大直径位于喇叭口处，其值为铅（铝）套外径加 8～12mm，高度为铅（铝）套外径加 50mm。

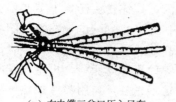 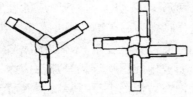 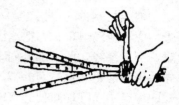

（a）在电缆三岔口压入风车　　　　（b）风车形状（三芯、四芯）　　　　（c）包缠内包层

图 2-3-33　将电缆压入风车并包缠内包层

（9）套聚氯乙烯软手套：内包层包缠完后，选择与线芯截面相适应的软手套，用电缆油或变压器油润滑后套入线芯，并用手轻轻向下勒，使其与内包层紧紧相贴，但用力不可太猛，以防弄破，应特别注意三岔口处必须贴紧，使"风车"不能松动。套入软手套后，用聚氯乙烯带临时包扎软手套根部，然后用聚氯乙烯带和塑料胶粘带包缠手套的指部（从指部的根部开始至高出指部的端部约 20～30mm 处）。根部包缠 4 层，端部包缠 2 层，塑料胶粘带包在最外层，包缠成一个锥形体。

（10）套聚氯乙烯软管、绑扎尼龙绳：软手套指部包缠好后，即可在线芯上套入软管。软管长度为线芯长度加 80～100mm。将其套入端剪成 45° 的斜口，用 80℃ 左右的电缆油注入管内预热后迅速将其套至指部的根部，软管上端留出一定长度，以保证能盖住接线端子的两个压坑，并向外翻。然后在软手套指部与软管重叠部分用直径为 1～1.5mm 的尼龙绳紧紧绑扎，绑扎长度不少于 30mm，绑扎时越过搭接处两端各 5mm。绑扎时，尼龙绳要用力拉紧，不能使软管转动。每匝尼龙绳间要紧密相靠，不能叠压。指部与软管搭接部分绑扎好后，接着绑扎手套根部。先拆除手套根部的临时包扎，用手从上到下紧压手套，排除手套内的空气，再在手套根部包缠一层聚氯乙烯带，在其上绑扎尼龙绳，绑扎长度为 20～30mm，且保证尼龙绳有 10mm 压在手套与铅（铝）套接触的部位上，其余部分压在内包层的斜面上。

（11）安装接线端子：剥切线芯端部绝缘层，剥切长度为接线端子的孔深加 5mm。接线端子的连接方式：一般铝芯电缆采用压接，铜芯电缆采用压接或焊接。切割线芯绝缘层时不应伤及线芯，绝缘层最里 3 层应用手撕。将选择好的端子的接管内壁和线芯表面擦拭干净，除去氧化层和油渍，将线芯插入端子接管内进行压接。

接线端子装好后，用聚氯乙烯带将裸线芯部分勒绕填实，然后翻上聚氯乙烯软管，盖住接线端子的两个压坑。再用尼龙绳扎紧软管与端子的重叠部分。

（12）包绕外包层：自线芯三岔口处起，在聚氯乙烯软管外面用黄蜡带或玻璃漆带以半叠包方式包绕 2 层加固。在线芯三岔口处的软手套外压入 2～3 个"风车"，且应勒紧、填实三岔口的空隙。然后用聚氯乙烯带和黄蜡带（或玻璃漆带）包绕成橄榄形。外包层最大直径为铅（铝）套外径加 25mm，高度为铅（铝）套外径加 90mm，如图 2-3-34 所示（图中字母含义如表 2-3-7 所示）。终端头成形后，按已定相位，用与相线绝缘纸同样颜色的聚氯乙烯带包缠各相线芯，以区别相序。外面再包缠 1～2 层透明聚氯乙烯带。

（13）安装电缆：对电缆头进行直流耐压试验和泄漏电流测定，合格后将其安装于指定位置，弯好线芯，核对相位后与设备相连接。

> **提示：** 电缆的连接与导线的连接有很多不同，特别是从剥切电缆开始应连续操作，直至完成，缩短绝缘暴露时间。

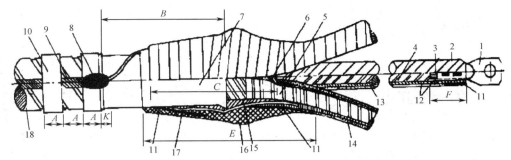

1—接线端子；2—压坑内填以环氧—聚酰胺腻子；3—导线线芯；4—塑料管；5—线芯绝缘层；6—环氧—聚酰胺腻子；
7—电缆铅套；8—接地焊接点；9—接地线；10—电缆钢带卡子；11—尼龙绳绑扎；12—聚氯乙烯带；13—黄蜡带加固层；
14—相色塑料胶粘带；15—聚氯乙烯带内包层；16—聚氯乙烯带和黄蜡带外包层；17—聚氯乙烯带软手套；18—电缆钢带

图 2-3-34 干包式电缆终端头

3）控制电缆的连接

控制电缆终端头和中间接头的做法与电力电缆基本相同，但因其承受电压低、电流小，所以制作工艺要比电力电缆简单得多。应尽量避免控制电缆出现中间接头，只有在下列情况时才可有中间接头：

（1）当敷设长度超过其制造长度时。

（2）必须延长已敷设竣工的控制电缆时。

（3）当消除使用中的电缆故障时。

控制电缆的线芯通常是铜的，其连接方法是：线芯截面积 $2.5mm^2$ 及以下，一般用绞接并搪锡的方法；线芯截面积为 $4mm^2$ 及以上时，可用连接管压接或锡焊。连接时，各线芯连接点的排列应尽量错开，用绝缘带包扎绝缘，注意防潮。

> **提示：** 控制电缆终端头可采用聚氯乙烯带包缠或聚氯乙烯套封端。应保证绝缘、密封、防潮。

（八）导线的封端

导线连接或绝缘恢复完成后，要进行导线的封端。安装好的导线最终要与电气设备相连，为了保证导线线头与电气设备接触良好并具有较强的机械性能，对于多股铝线和截面积大于 $2.5mm^2$ 的多股铜线，都必须在导线终端焊接或压接一个接线端子（俗称线鼻子），再与设备相连。这种工艺过程叫作导线的封端。

封端的方法一般有：对于截面积 $10mm^2$ 及以下的单股铜芯导线，可直接弯成圆圈。圆圈的大小应与接线螺栓相适应；弯圈的方向应与螺栓拧入的方向一致。对于截面积 $4mm^2$ 及以下的多股铜芯软线，应先搪锡，再行弯圈；也可先绞紧后弯圈再行搪锡。对于截面积 $10mm^2$ 以上的多股铜芯导线，必须在端头加装接线端子，而导线端头与接线端子可采用锡焊、钎焊或压接方式连接。

> **提示：** 导线连接的完整过程包括：导线的剥切、导线的连接、导线绝缘层的恢复和导线的封端。

2.3.4 布线

本节主要介绍两类布线：一类为室内线路布线；另一类为电气控制线路布线。

（一）室内线路布线

室内线路布线通常有暗敷线路和明敷线路两种，暗敷线路是指线路装置埋设在建筑物内或埋设在地下。明敷线路是指线路装置设在建筑面上。在一般用电环境中，明敷线路用得较为普遍，通常有瓷夹板布线、塑料护套线布线、线管布线（也可用于暗敷）、槽板布线、绝缘子布线及钢索布线等几种。

1. 槽板布线

槽板布线一般适用于正常环境室内场所的布线，也适用于预制墙板结构及无法暗敷布线的工程。

槽板由槽底、槽盖及附件组成，一般由难燃型硬质聚氯乙烯工程塑料挤压成形，产品具有多种规格，外形美观，如图 2-3-35（a）所示，可起装饰作用，布线示意图如图 2-3-35（b）所示。

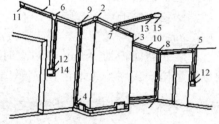

（a）塑料槽板　　　　　　　　　　　（b）槽板布线示意图

1—直线线槽；2—阳角；3—阴角；4—直转角；5—平转角；6—平三通；7—顶三通；8—左三通；9—右三通；10—连接头；11—终端头；12—开关盒插口；13—灯位盒接口；14—开关盒及盖板；15—灯位盒及盖板

图 2-3-35　塑料槽板及槽线布线

敷设槽板时，宜沿建筑物顶棚与墙壁交角处的墙上、墙角和踢脚板上口敷设。

槽板布线时的注意事项：

（1）槽底固定点间距应根据槽板规格而定，槽板宽度为 20～40mm，固定点最大间距为 0.8m；槽板宽度为 60mm，固定点最大间距为 1m；槽板宽度为 80～120mm，固定点最大间距为 0.8m。

（2）端部固定点距槽底端点不应小于 50mm。

（3）槽底和槽盖的接口应紧密接合，不留空隙并使槽底的连接处和槽盖的连接处错开至少 30mm。槽底和槽盖接头应做成斜口。槽底分支接头应做成丁字三角叉接。转弯处应保持直角，做法如图 2-3-36 所示。

（4）槽板一般不许埋入或穿过墙壁和楼板，必须穿过墙壁或楼板时，应将槽板中断，穿墙导线由瓷套管保护；用铁管或硬塑料管保护槽板。

（5）槽盖与各种附件对接时，接缝处应严密平整、无缝隙，无扭曲和翘角变形现象。

> **提示：** 槽板一端或中间不要直接安装电器，必须使用木台或类似木台的东西。

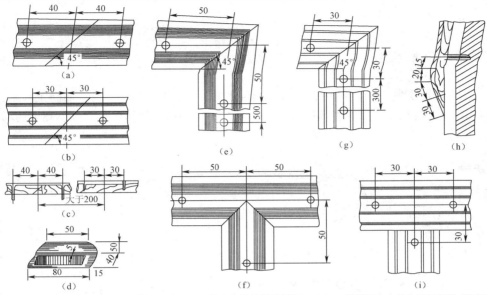

（a）槽底对接做法　（b）槽盖对接做法　（c）槽底与槽盖拼接做法　（d）二线槽板分支接头盒示意图（仰视）
（e）槽底拐角做法　（f）槽底分支接头做法　（g）槽盖拐角做法　（h）封端做法　（i）槽盖分支接头做法

图 2-3-36　槽板布线做法（长度单位：mm）

> **提示：** 塑料槽板的槽底与槽盖为卡槽固定，不应在槽盖上钉钉子。

2. 塑料护套线布线

塑料护套线具有双层塑料层，即线芯和绝缘层为内层，外面再统包一层绝缘塑料护套，如图 2-3-37 所示，具有防潮、耐腐蚀、安装方便等优点，常用的有 BVV 型、BLVV 型、BVVB 型和 BLVVB 型。塑料护套线布线主要用于住宅及办公室等建筑的室内电气照明等明敷线路，用铝片线卡（钢筋扎头）或钢钉塑料线卡（现常用）将导线直接固定于墙壁、顶棚或建筑物构件的表面。

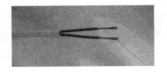

图 2-3-37　塑料护套线

1）塑料护套线的布线步骤
（1）采用钢钉塑料线卡布线：
① 画线定位：先确定线路方向，每隔 150～200mm 画出固定线卡的位置。

② 敷设导线：为使敷设平直，可在直线部分敷设时，先把塑料护套线一端固定，然后勒直并在另一端收紧塑料护套线后，也固定，固定其余点可直接将钢钉塑料线卡钉在灰浆中、砖墙或混凝土墙上卡住塑料护套线。

（2）采用铝片线卡布线：

① 画线定位。

② 凿眼并安装木榫。

③ 固定铝片线卡。

④ 敷设。为使敷设平直，可在直线部分敷设时，先把塑料护套线一端固定，然后勒直并在另一端收紧后勒平，最后把塑料护套线依次夹入铝片线卡中，如图 2-3-38 所示。

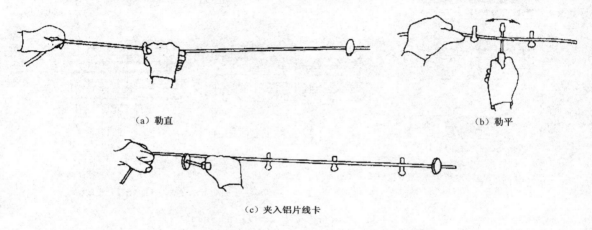

（a）勒直　　　　　　　　　　　　　　（b）勒平

（c）夹入铝片线卡

图 2-3-38　勒直、勒平及夹入铝片线卡

⑤ 铝片线卡的夹持，如图 2-3-39 所示。

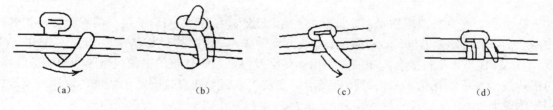

（a）　　　　　　　（b）　　　　　　　（c）　　　　　　　（d）

图 2-3-39　铝片线卡夹持的操作过程

2）塑料护套线布线的注意事项

（1）室内使用塑料护套线布线时，其截面积要求：铜芯不得小于 0.5mm^2，铝芯不得小于 2.5mm^2；室外使用塑料护套线布线时，其截面积规定：铜芯不得小于 1.0mm^2，铝芯不得小于 2.5mm^2。

（2）塑料护套线不可在线路上直接连接，可通过瓷接头、接线盒或其他电器的接线桩连接。

（3）塑料护套线转弯时，弯曲半径应不小于塑料护套线宽度的 3 倍，在不同平面上转弯时，弯曲半径应不小于塑料护套线厚度的 3 倍，转弯前后距转弯中心 50～100mm 应各用一个线卡固定，如图 2-3-40（a）所示。

（4）塑料护套线进入木台前，距木台边缘 50～100mm 处应安装一个线卡，如图 2-3-40

（b）所示。

（5）两根塑料护套线相互交叉时，交叉处要用 4 个铝片线卡固定，如图 2-3-40（c）所示。

（a）转角部分　　　　　　　　（b）进入木台　　　　　　　　（c）十字交叉

图 2-3-40　塑料护套线的转弯和交叉

提示： 塑料护套线的敷设应尽量避免交叉。

（6）户内敷设塑料护套线时，塑料护套线离地高度不应低于 0.15m，低于 0.15m 的应装保护管，如图 2-3-41（a）所示。

（7）户外敷设塑料护套线，水平敷设时，塑料护套线离地高度不应低于 2.5m，垂直敷设时，离地高度不应低于 1.3m，如图 2-3-41（b）所示。

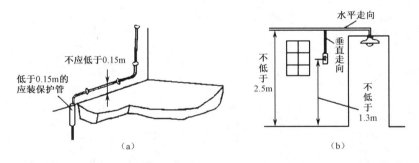

图 2-3-41　塑料护套线离地高度

提示： 塑料护套线不允许直接埋入墙内和地坪内。

3. 线管布线

把绝缘导线穿入管内敷设，称为线管布线。线管布线方法安全，可避免腐蚀性气体的侵蚀和机械损伤，更换导线也方便，目前广泛采用线管布线方式。线管布线工程的内容分为两大部分，即配管（管子敷设）和穿线。

1）线管布线的要求

线管布线有明敷和暗敷两种，适用于电压为 1kV 以下的线路，管内采用的绝缘导线其绝缘电压不得低于 500V。

线管明敷：线管敷设于墙壁、桁架以及其他明处，要求横平竖直、管路短、弯头少。

线管暗敷：线管埋设在墙内、楼板内等看不见的地方，不要求横平竖直，只要求管路短、弯头少。线管暗敷时，首先要确定好线管进入设备器具盒（箱）的位置，计算好管路敷设长度，再进行配管施工。在配合土建施工中应将管与盒（箱）按已确定的安装位置连接起来，并在管与管、盒（箱）的连接处，焊上接地跨接线，使金属外壳连成一体。线管暗敷的示意图如图 2-3-42 所示。线管布线的具体要求如下：

（1）不同电压及不同线路的导线一般不应穿于同一管内，但下列情况可以除外：

- 一台电动机的所有线路（包括操作线路）。
- 同一设备或同一流水作业设备的电力线路和无防干扰要求的控制线路。
- 无防干扰要求的各种用电设备的信号线路、测量线路和控制线路。
- 照明灯的供电线路。
- 电压相同的同类照明线路，可共管敷设，但不宜超过 10 根。工作照明与事故照明线路不得共管敷设。
- 电压为 65V 以下的线路。

> 提示：同一线路的各相导线及工作零线应穿于同一管内。

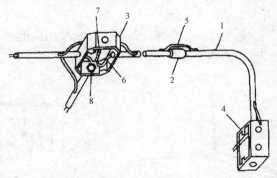

1—线管；2—管箍；3—灯位盒；4—开关盒；5—接地跨接线；6—导线；7—接地导线；8—锁紧螺母

图 2-3-42　线管暗敷示意图

（2）互为备用的线路不得共管。控制线与动力线共管时，当线路较长或弯头较多时，控制线截面积应不小于动力线截面积的 10%。

（3）金属管布线和硬塑料管布线的管路较长或有弯时，应适当加装接线盒。两个接线点之间的距离应符合以下要求：

- 对无弯的管路，不超过 30m。
- 两个接线点之间有一个弯时，不超过 20m。
- 两个接线点之间有两个弯时，不超过 15m。
- 两个接线点之间有三个弯时，不超过 8m。

（4）钢管的连接应符合下列要求：

- 采用丝扣连接时，管端套螺纹长度不应小于管接头长度的 1/2；在管接头两端应焊接地线。
- 套管连接宜用于线管暗敷，套管长度为连接管外径的 1.5～3 倍；连接管的对口处应在套管的中心，坡口应焊接牢固、严密。
- 薄壁钢管的连接必须用丝扣连接。

（5）硬塑料管的连接处应用黏合剂黏接，接口必须牢固、密封，并应符合下列要求：

- 采用插入法连接时插入深度为管内径的 1.2～1.5 倍。
- 采用套接法连接时套管长度为连接管内径的 2.5～3 倍。连接管的对口处应在套管的中心。

（6）线管与设备连接时，应将钢管敷设到设备内；如不能直接进入时，应符合下列要求：

- 在干燥房间内，可在钢管出口处加保护软管再引入设备，管口应包扎严密。
- 在室外或潮湿房间内，可在管口处装设防水弯头，由防水弯头引出的导线应套绝缘保护软管，弯成防水弧度后再引入设备。
- 管口距地面高度一般不宜低于 200mm。

（7）线管转弯时，应采用弯曲线管的方法，不宜采用成品弯管互连，以免造成管口连接处过多。

> **提示：** 在混凝土内敷设的线管，必须使用壁厚为 3mm 的线管，当线管的外径超过混凝土厚度的 1/3 时，不允许将线管埋在混凝土内，以免影响混凝土的强度。

2）线管的选择

（1）根据敷设场所选择线管：

- 潮湿和腐蚀性较弱的场所内明敷或埋地一般采用管壁较厚的焊接钢管（又称为水煤气钢管）。
- 干燥场所内明敷或暗敷一般采用管壁较薄的电线管。
- 腐蚀性较强的场所内明敷或暗敷一般采用硬塑料管。
- 防爆场所内明敷或暗敷应根据防爆规程选材。

（2）线管选择注意事项：

- 所选钢管不能有折扁、裂纹、砂眼等现象，管内应无毛刺、铁屑，不应有严重的锈蚀。
- 选择硬塑料管宜用热塑料管，优点是在常温下坚硬，有较大的机械强度，受热软化后，又便于加工。对管壁厚度的要求：明敷时不得小于 2mm；暗敷时不得小于 3mm。

> **提示：** 室内布线时，一般穿管导线的总截面积（包括绝缘层）不应超过线管内截面积的 40%。

3）下料与锯管

（1）下料：下料前应检查线管质量，有裂缝、塌陷等现象及管内有锋利杂物时均不能使用。应按两个接线盒之间为一个线段，根据线路弯曲转角情况决定用几根线管接成一个线段和确定弯曲部位，然后按需要长度锯管。一个线段内应尽可能减少连接接口。

（2）锯管：线管切割可使用钢锯、管子割刀或电动切割机，严禁使用气割。

钢管：一般都用钢锯切割。下锯时，锯要扶正，向前推动时适度施加压力，但不得用力过猛，以防止折断锯条。钢锯回拉时，应稍微抬起，减少锯条磨损。在割锯时为防止钢锯发热，须在锯口上注油。管子将要锯断时，要放慢速度，使断口平整。锯断后用半圆锉锉掉管口内侧的棱角，以免穿线时割伤导线。

硬塑料管：一般采用管子割刀切割，因为用管子割刀割断的管子切口比较整齐，割断的速度也比较快。

4）弯管

（1）弯管器的种类：

① 管弯管器。管弯管器体积小、质量轻，是弯管器中使用最简便的工具，其外形和使用方法如图 2-3-43 所示。管弯管器适用于直径 50mm 以下的线管。在使用管弯管器弯曲线管时，脚要用力踩着线管，然后逐渐移动弯管器棒，且一次弯曲的弧度不可过大，否则可能会弯裂或弯瘪线管，直至把线管弯成所需的弧度和角度。

② 手动液压弯管器。手动液压弯管器使用方便，可用于较大直径线管的弯曲，其外形如图 2-3-44 所示。手动液压弯管器不如管弯管器简便，搬运也不便。

图 2-3-43　管弯管器弯管　　　　　　　　　　图 2-3-44　手动液压弯管器

③ 滑轮弯管器。直径在 50～100mm 的线管可用滑轮弯管器进行弯管，其结构示意图如图 2-3-45 所示。

④ 电动弯管机。对于直径大于 100mm 的线管，可采用电动或液压的弯管机进行弯管。电动弯管机如图 2-3-46 所示。

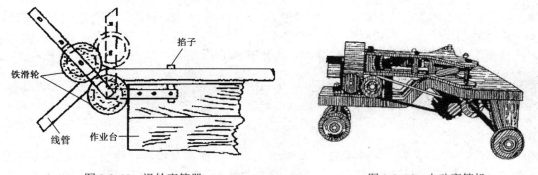

图 2-3-45　滑轮弯管器　　　　　　　　　　图 2-3-46　电动弯管机

（2）弯管的方法：

为便于线管穿线，线管的弯曲后角度一般应大于 90°，如图 2-3-47 所示。明管敷设时，线管的弯曲半径 $R \geqslant 4d$；暗管敷设时，线管的弯曲半径 $R \geqslant 6d$；夹角 $\theta \geqslant 90°$。

凡管壁较薄且直径较大的线管，弯管时，管内要灌满砂子，否则会把线管弯瘪；若要加热弯曲，管内要灌满干燥无水分的砂子，并在管两端塞上木塞，如图 2-3-48 所示。

弯曲有缝钢管时，可采用热弯法，并应将接缝处放在弯曲的侧边，作为中间层，切忌将焊缝放在弯曲处的内侧或外侧，如图 2-3-49 所示。

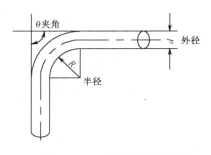

图 2-3-47　线管的弯曲角度

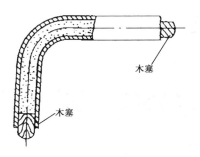

图 2-3-48　线管灌砂弯曲

硬塑料管通常也采用加热弯曲法弯曲。先将硬塑料管用电炉或喷灯加热，然后放到大坯具上弯曲成形。加热时要掌握好火候，既要使管子软化又不得烤伤、烤变色或使管壁出现凹凸；如图 2-3-50 所示。

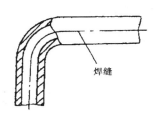

图 2-3-49　有缝钢管的弯曲

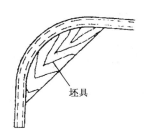

图 2-3-50　硬塑料管的弯曲

硬塑料管管径较小时，可用弹簧弯管器弯曲，弯曲也很方便，只要把弹簧弯管器插入管中，把管子弯成所需的弧度和角度，抽出弹簧弯管器即可。

5）套丝

为了使线管之间或线管与接线盒之间能连接起来，需要在线管端部进行套丝。钢管套丝时，可用套丝纹板，套丝时，应把钢管夹在管钳或虎钳上，然后用套丝纹板套出螺纹。操作时，用力要均匀，并加润滑油，以使螺纹光滑，螺纹长度等于管箍长度的 1/2 时加 1～2 牙。第一次套完后，松开板牙，再调整其距离（比第一次小一点），再套一次，当第二次快要套完时，稍微松开板牙，边转边松，使其成为锥形丝扣，套丝完成后，应用管箍试套。

> **提示：**选用板牙时必须注意管径是以内径还是外径标称的，否则可能无法使用。

6）线管的连接

（1）钢管与钢管的连接。

钢管与钢管之间的连接，无论是明管还是暗管敷设，最好采用管箍连接，尤其是埋地和防爆线管。管箍连接如图 2-3-51 所示。为了保证管接口的严密性，钢管的丝扣部分应顺螺纹方向缠上麻丝，并在麻丝上涂层白漆，再用管钳拧紧，并使两端吻合。

（2）钢管与接线盒的连接。

钢管端部与各种接线盒连接时，应采用在接线盒内用一个薄形螺母（又称锁紧螺母）夹紧钢管的方法，如图 2-3-52 所示。安装时，先在管口拧入一螺母，管口穿入接线盒后，在盒内再套拧一个螺母，然后用两把扳手，把两个螺母反向拧紧。

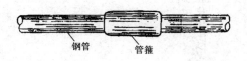

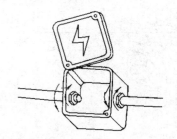

图 2-3-51　管箍连接

图 2-3-52　钢管与接线盒的连接

提示： 接线盒如要密封，则在两螺母之间各垫入密封垫圈。

暗管敷设的钢管与接线盒也可用焊接连接，管口宜超出接线盒内壁 3～5mm，且焊好后应补涂防腐漆。

当钢管与设备直接连接时，应将钢管敷设到设备的接线盒内。

（3）硬塑料管的连接。

直接插入连接法：适用于 $\Phi50mm$ 及以下的硬塑料管连接。连接前先将两根管子的管口倒角，即将连接处的外管倒内角，内管倒外角，如图 2-3-53（a）所示。然后将内、外管各自插接部位的接触面用汽油、苯或二氯乙烯等溶剂洗净，待溶剂挥发完后，将外管插接段（长度为 1.2～1.5 倍的管子直径）放在电炉或喷灯上加热至 145℃ 左右，待其呈柔软状态后，将内管插入部分涂一层胶黏剂（过氯乙烯胶），迅速插入外管，并调到两管轴心一致时迅速用湿布冷却，使管子恢复到原来的硬度，如图 2-3-53（b）所示。

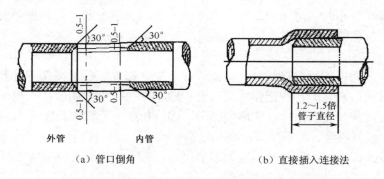

（a）管口倒角

（b）直接插入连接法

图 2-3-53　硬塑料管的直接插入连接法（长度单位：mm）

模具胀管连接法：适用于 $\Phi60mm$ 及以上的硬塑料管连接。先按照直接插入连接法的要求将外管加热至 145℃ 左右呈柔软状态，插入已加热的金属成形模具进行扩口；然后用水将外管冷却至 50℃ 左右，取出模具，在外管和内管两端的接触面涂上过氯乙烯胶；再次加热，待管子软化后进行插接，到位后用水冷却，使外管收缩并箍紧内管，此时完成连接，如图 2-3-54（a）所示。

硬塑料管在完成上述插接工序后，如果条件具备，应用相应的塑料焊条在接口处圆周上焊接一圈，使接头成为一个整体，则机械强度和防潮性能会更好。焊接完工的硬塑料管接头如图 2-3-54（b）所示。

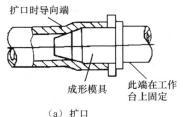

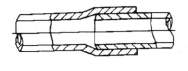

（a）扩口　　　　　　　　　　　　　　　（b）接头成品

图 2-3-54　硬塑料管的模具胀管连接法

套管连接法：两根硬塑料管的连接，可在接头部分加套管完成。套管长度为它自身内径的 2.5～3 倍，其中管径在 50mm 以下者取大值，在 50mm 以上者取小值。连接前先将同径的硬塑料管加热扩大成套管，然后把需要连接的两管端倒外角，并用汽油或酒精擦干净，待汽油或酒精挥发后，涂上黏接剂，迅速插接。插接前，仍应先使管口在大管中部对齐，并处于同一轴线上，如图 2-3-55 所示。

7）线管接地

为了安全用电，线管布线的金属线管必须可靠接地。因螺纹连接会降低导电性能，不能保证可靠接地。因此，在线管与线管、线管与配电箱及接线盒等连接处，用直径为 6～10mm 的圆钢制跨接线连接，如图 2-3-56 所示。

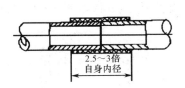

图 2-3-55　硬塑料管的套管连接法

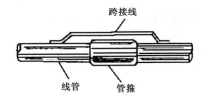

图 2-3-56　线管连接处的跨接线

提示：

（1）黑色钢管采用螺纹连接时，连接处的两端应焊接跨接线或采用专用接地线卡跨接。

（2）镀锌钢管或可挠金属电线保护管宜采用接地线卡跨接，不应采用熔焊连接。

8）线管敷设

（1）线管明敷。

① 线管明敷的顺序和工艺：

一般顺序：按施工图确定电气设备安装位置→标出管道走向的中心交叉位置→埋设紧固件→按线路敷设要求对线管进行下料、清洁、弯曲、套丝等加工→在紧固件上固定并连接线管→将线管、接线盒、灯具或其他设备连成一个整体→管中系统妥善接地。

基本工艺：线管明敷要求整齐美观、安全可靠。沿建筑物敷设要横平竖直，固定点直线距离应均匀，其固定点的最大允许距离应符合表 2-3-8 的规定。

表 2-3-8　线管直线部分固定点之间的距离

固定点间最大距离(m) 线管内径(mm) 管壁厚度(mm)	13～19	25～32	38～51	64～76
＞2.5	1.5	2.0	2.5	3.5
≤2.5	1.0	1.5	2.0	1.0

管卡距始端、终端、转角中心、接线盒或电气设备边缘 150～500mm，如图 2-3-57 所示。管卡均应安装在木结构、木榫或塑料胀管上。

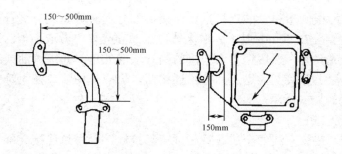

图 2-3-57　管卡固定

② 线管明敷的形式。随着建筑物结构和形状的不同，线管常用以下形式敷设。

明管进接线盒或沿墙转弯时，应在转弯处弯曲成"鸭脖子"，形状如图 2-3-58 所示。

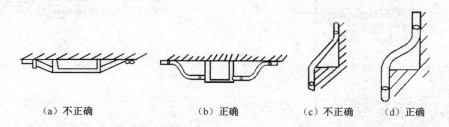

（a）不正确　　　（b）正确　　　（c）不正确　（d）正确

图 2-3-58　明管进接线盒及转弯处的弯曲

明管沿建筑物凸面棱角拐弯时，可在拐弯处加装拐角盒，以便穿线和接线，明管拐角做法如图 2-3-59 所示。

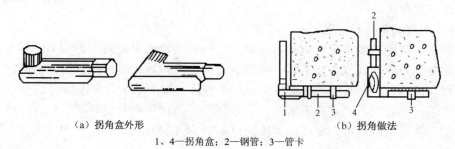

（a）拐角盒外形　　　　　　　（b）拐角做法

1、4—拐角盒；2—钢管；3—管卡

图 2-3-59　明管拐角做法

明管沿墙壁敷设时，可用管卡直接将线管固定在墙壁上或预埋的角钢支架上，如图 2-3-60 所示。

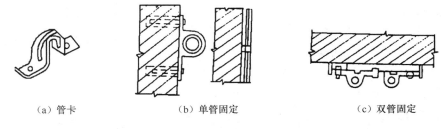

(a) 管卡　　　　　　　(b) 单管固定　　　　　　　(c) 双管固定

图 2-3-60　明管沿墙壁敷设方法

明管沿屋面梁敷设方法如图 2-3-61 所示。

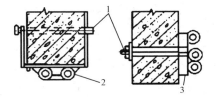

1—螺栓；2—扁铁箍；3—角钢支架

图 2-3-61　明管沿屋面梁敷设

（2）线管暗敷。

① 一般顺序：

按施工图确定接线盒、灯头盒及线管在墙体、楼板或天花板中的位置，测出线路和管道敷设长度。

加工管道，确定好接线盒、灯头盒位置，然后在管口堵上木塞或废纸，在盒内填入废纸或木屑，以防水泥沙浆或杂物进入。

将线管或连接好的接线盒等固定在混凝土模板上。

在管与管、管与盒、管与箱的接头两端焊上跨接线，使该管路系统的金属壳体连成一个可靠的连接整体。

② 暗敷工艺：

在现浇混凝土楼板内敷设线管，应在浇灌混凝土前进行。用铁丝将管子绑扎在钢筋上，也可用钉子钉在模板上，如图 2-3-62 所示。

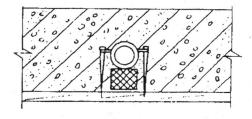

图 2-3-62　线管固定在混凝土模板上

提示： 线管暗敷时，在固定线管前，应用垫块将线管垫高 15mm 以上，使线管与混凝土模板间保持足够的距离，并防止浇灌混凝土时线管脱开。

线管在砖墙内敷设时，应在土建砌砖时预埋，否则应先在砖墙上留槽或开槽，然后在砖缝里打入木榫并用钉子固定。

在楼板内敷设钢管，由于楼板厚度的限制，钢管外径的选择应满足下列要求：

- 楼板厚 80mm，钢管外径应小于 40mm。
- 楼板厚 120mm，钢管外径不得超过 50mm。

提示： 浇混凝土前，可在灯头盒或接线盒的设计位置预埋木砖，待混凝土固化后，再取出木砖，装入接线盒或灯头盒。

9）扫管穿线

穿线就是将绝缘导线由配电箱穿到用电设备或由一个接线盒穿到另一个接线盒，穿线工作一般在土建地坪和粉刷工程结束后进行。

（1）扫管穿线步骤：

① 清扫线管。用压缩空气或在钢丝上绑以擦布，将管内杂质和水分清除。

② 选用 Φ1.2mm 的钢丝作为引线，当线管较短且弯头较少时，可把钢丝引线由线管一端送向另一端。如果线管较长或弯头较多，将钢丝从一端穿至另一端有困难时，可从线管的两端同时穿入钢丝引线，引线端弯成小钩，如图 2-3-63 所示。当钢丝引线在管中相遇时，用手转动引线使其钩在一起，然后把一根引线拉出，即可将擦布或导线牵引入管。

③ 导线穿入线管前，在线管口应先套上护圈，接着按线管长度与两端连接所需长度余量之和截取导线，削去两端导线绝缘层，同时在两端标出同一根导线的记号，然后将所有导线按图 2-3-64 所示方法与钢丝引线缠绕，一人将导线理成平行束并往线管内送，另一人在另一端慢慢抽拉钢丝引线，如图 2-3-65 所示。

图 2-3-63　线管两端穿入钢丝引线

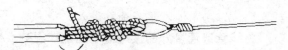

图 2-3-64　导线与引线的缠绕

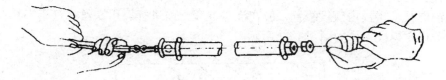

图 2-3-65　导线穿入线管的方法

（2）穿线注意事项：

① 穿管导线的绝缘强度应不低于 500 V，导线最小截面积：铜线芯 $1mm^2$，铝线芯 $2.5mm^2$。

② 同一交流回路的导线应穿在同一根线管中，以消除涡流效应。

③ 线管内导线不允许有接头，也不允许穿入绝缘层破损后经过包缠恢复绝缘的导线。

④ 穿线时应尽可能将同一回路的导线穿入同一线管内，但管内导线一般不得超过 10 根，不同电压等级或不同电能表的导线一般不得穿在同一根线管内。

⑤ 除直流回路导线和接地线外，不得在钢管内穿单根导线。

⑥ 管内导线的总截面积（包括绝缘层）不应超过线管内截面积的 40%。

⑦ 穿于垂直管路中的导线超过下列长度时，应在管口处或接线盒中将导线固定，以防下坠：导线截面积 50mm^2 及以下为 30m；导线截面积 70～90mm^2 为 20m；导线截面积 120～240mm^2 为 18m。

⑧ 导线穿入线管后，在导线的出口处，应装护线套保护导线；对于不进入箱、盒内的垂直管口，穿入导线后，应将管口进行密封处理。

> **提示**：穿管时，同一管内的导线必须同时穿入。

4. 钢索布线

在一般工业厂房或高大场所内，当屋架较高、跨度较大，而又要求灯具安装高度较低时，照明线路可采用钢索布线。所谓钢索布线就是在建筑物两端墙壁上或柱、梁之间架设一根用花篮螺栓拉紧的钢索，再将导线和灯具敷设悬挂在钢索上。导线在钢索上敷设可以采用线管布线、鼓形瓷瓶布线和塑料护套线布线等，与前述布线方式不同的是增加了钢索的架设。

钢索布线用的钢索，应优先使用镀锌钢索，钢索的单根钢丝直径应小于 0.5mm。在潮湿或有腐蚀性介质的场所，为防止钢索锈蚀，影响安全运行，应使用塑料护套。钢索布线不应使用含油芯的钢索，因为含油芯的钢索易积灰而锈蚀。布线钢索可用镀锌圆钢制成。

钢索布线所用钢索的规格应根据跨距、荷重及其机械强度来选择，但采用钢绞线时，最小截面积不宜小于 10mm^2；采用镀锌圆钢时，其直径不宜小于 10mm。钢索弛度的大小是靠花篮螺栓调整的。当钢索长度过大时（超过 50m）应在两端装设花篮螺栓，每超过 50m 应加装一个中间花篮螺栓。为减少钢索弛度（不宜大于 100mm）可增加中间吊钩，其间距不应大于 12m。

钢索在墙上的安装如图 2-3-66 所示。右侧拉环在墙上安装，应在墙体施工阶段配合土建施工预埋 DN25 钢管作为套管，左侧拉环应在混凝土梁施工中进行预埋，或按右侧做法执行。右侧拉环在穿墙体内套管后，在靠外墙的一侧垫上一块 120mm×75mm×5mm 的钢垫板，在钢垫板外再加一个垫圈，用两个螺母拧紧。

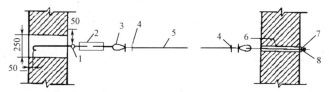

1—拉环；2—花篮螺栓；3—索具套环；4—钢索卡；5—钢索；6—套管；7—钢垫板；8—拉环

图 2-3-66　墙上安装钢索示意图（长度单位：mm）

钢索吊管布线采用扁钢吊卡将钢管或硬塑料管以及灯具吊装在钢索上。扁钢吊卡安装应垂直、平整、牢固、间距均匀，其间距要求：钢管不应大于 1500mm，硬塑料管不大于 1000mm，扁钢吊卡距灯具接线盒的最大间距要求：钢管不应大于 100mm，硬塑料管不大于 150mm，如图 2-3-67 所示。

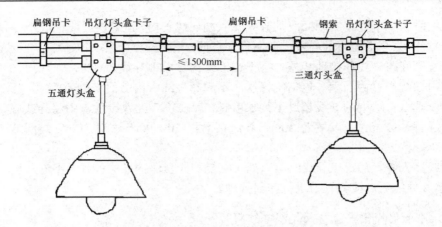

图 2-3-67　钢索吊管布线示意图

钢索吊塑料护套线布线采用铝皮线卡将塑料护套线固定在钢索上，使用塑料接线盒和接线盒固定钢板把照明灯具吊装在钢索上，如图 2-3-68 所示。

> **提示：** 线卡距灯头盒的最大距离为 100mm；线卡之间最大间距为 200mm。

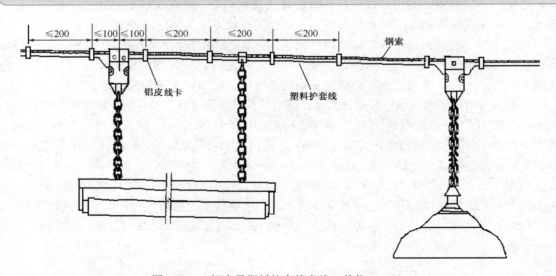

图 2-3-68　钢索吊塑料护套线布线（单位：mm）

（二）电气控制线路布线

电气控制线路布线方法与室内线路布线方法有很多共通之处，同时，电气控制线路布线也有其独特的要求。下面介绍电气控制柜布线方法（同样适用于控制箱和控制盘）。

1. 电气控制线路导线的选择

（1）柜内布线，除设计图纸另有要求外，一般均选用 1.5mm^2 截面积单根（如系多股软线，可为 1mm^2 截面积）铜芯塑料线；当导线的一端被连接到一个可动的部分时，应使用截面积为 2.5～4mm² 的多股软线。

（2）导线截面积不大于 6mm² 时，其弯曲半径应大于其外径的 3 倍。活动部分的过渡导线，应有足够的可挠性。

（3）连接电源指示灯导线截面积为 1.5mm²。

（4）进入断路器和漏电开关的单回路导线最小截面积为 1.5mm²。

（5）主电路导线最小截面积为 1.5mm²。

（6）开关跨接线路导线最小截面积为 2.5mm²。

（7）进入变压器初级绕组导线最小截面积为 1.5mm²。

（8）控制线路电源跨接线最小截面积为 1.5mm²。

（9）控制线路导线最小截面积为 1mm²。

（10）面板控制回路至底板接线最小截面积为 1mm²。

（11）电压表导线连接线截面积宜为 1.5mm²。

（12）电流互感器导线连接线截面积宜为 1.5mm²。

（13）柜内照明用线截面积宜为 1mm²。

（14）特殊情况：PLC、x41、y41 等接插件导线截面积可为 0.3mm²。

（15）传感器信号线及模拟信号线用白色导线连接，且最小截面积为 1mm²。

> **提示：** 电气控制线路布线时，在可拆卸盖板的线槽内（包括绝缘层在内的导线接头处）所有导线截面积之和不应大于线槽截面积的 75%。

2. 布线原则

（1）电气控制柜一般采用能从正面修改布线的方法，如板前线槽布线或板前明线布线，较少采用柜后布线。

（2）手工布线时（非模型、模具布线），接线应排列整齐、清晰、美观，导线应绝缘良好、无损伤，应符合平直、紧贴敷设面、走线合理、接点不得松动、便于检修等要求。

（3）走线通道应尽可能少，同一通道中的沉底导线，按主电路、控制电路分类集中，单层平行密排或成束，应紧贴敷设面。

（4）导线长度应尽可能短，可水平架空跨越，如两个元件线圈之间、主触点之间的连线等，在留有一定余量的情况下可不紧贴敷设面。

（5）同一平面的导线应高低一致或前后一致，尽量不交叉。当必须交叉时，可水平架空跨越，但走线必须合理。

（6）布线应横平竖直，变换走向应拐 90°弯。上下触点若不在同一垂直线上，不应采用斜线连接。

（7）同一元件、同一回路的不同接点的导线间距离保持一致。

（8）导线截面积不同时，将截面积大的放在下层，截面积小的放在上层。

（9）主电路多根导线布线时，应做到整体在同一水平面或同一垂直面以内。

（10）柜内同一走向的导线都要排成线束，应统一下料，一次排成，切勿逐根增添，以保持走线整齐美观。布线的走向应力求简洁明显，又必须保持横平竖直，尽量减少交叉连接。下料前要将线束敷设路径设计好，并在柜后添设固定线束用的卡子等。

（11）控制盘上同一排电器的连接线都应汇集到同一水平线束上，然后转变成垂直线束，再与下一排电器连接线所汇集的水平线束相汇集，又成为一个较粗的垂直线束，以此类推，构成了柜内的集中布线。当总线束走至端子排区域时，又按上述相反顺序逐步分散至各排端子排上。

（12）线槽外部的布线，对装在可拆卸门上的电器接线必须采用互连端子排或连接器，它们必须牢固固定在框架、控制柜或门上。从外部控制电路、信号电路进入控制柜内的导线如果超过10根，必须接端子排或连接元件过渡，但动力电路和测量电路的导线可以直接接到电器端子上。

（13）布线前，可用一根旧导线或细铁丝，按照下线顺序及柜内的电器位置，量出每一根连接导线的实际长度，切割导线（稍留部分余量）。

（14）切割后，导线必须经过平直处理。可用浸石蜡的抹布拉直导线，也可用张紧的办法使导线拉直。

（15）在平直的导线两端拴上写有导线标号的临时标志牌或正式标志头。然后按盘上电器的排列编成线束，线束可绑成圆形或长方形。

（16）编制线束时，从线束末端电器或从端子排位置开始，根据接线端子的实际接线位置，按顺序逐个向另一排编排，边排边绑扎。排线时应保持线束横平竖直。当交叉不可避免时，在穿插处，应使少数导线在多数导线上跨过，并且尽量使交叉集中在一两个较隐蔽的地方，或把较长、较整齐的线排在最外层，把交叉处遮盖起来，使之整齐美观。

（17）线束分支时，必须先卡固线束，从弯曲的里侧到外侧依次弯曲，逐根贴紧。操作时仍应保持横平竖直，弧度一致，导线相互紧靠，每一转角处都要经过绑扎卡固。导线的煨弯不允许使用尖嘴钳、钢丝钳等有锐边尖角的工具，应使用手指或弯线钳进行（弯曲半径不应小于导线外径的3倍）。

（18）常采用线槽布线的方法，将绑扎好的线束放入线槽，接至端子排的导线由线槽侧面的穿线孔眼中引出。有时，线束也可以敷设在螺旋状软塑料管内，施工较方便。

（19）用于连接电控柜进线的开关或熔座的安装要考虑进线的转弯半径。

（20）当部分仪表和二次元件安装在电控柜门上时，会遇到二次布线从固定部分到活动部分的延伸。可在电控柜的固定和活动部分距门边50～70mm处，分别设置垂直布置的端子排，将它与同侧的电器用导线连接起来；在延伸地点与端子排之间，则用截面积为2.5～4mm^{2}的绝缘软线做成柔软的跨接式布线。软导线的长度应适当留有余量，使柜门开关不被拉紧。在不经常开启的控制屏（台）及配电盘门的转接处，亦可不设置专门过渡端子排，而将软导线束在转动交接处两侧用卡子固定。

（21）柜内PLC输入电路控制线尽量不与主电路及其他电压等级电路的控制线同线槽敷设。

（22）面板、门板上的元件安装高度应符合表2-3-9规定。

表2-3-9　面板、门板上的元件安装高度

元 件 名 称	安装高度（m）
指示仪表、指示灯	0.6～2
电能计量仪表	0.6～1.8
控制开关、按钮	0.6～2
紧急操作件	0.8～1.6
端子排	0.35
接地端子	0.2

（23）引入电控柜的电缆应排列整齐、编号清晰、避免交叉，并应固定牢固，不得使所接

的端子排受到机械力。

（24）电动机电缆应独立于其他电缆走线，其最小间距为 500mm。同时应避免电动机电缆与其他电缆长距离平行走线。如果控制电缆和电源电缆交叉，应尽可能使它们按 90°交叉。同时必须用合适的夹子将电动机电缆和控制电缆的屏蔽层固定到安装板上。

（25）不能将装有显示器的操作面板安装在靠近电缆和带有线圈的设备旁边，如电源电缆、接触器、继电器、螺线管阀等，因为它们可以产生很强的磁场。

（26）信号线最好只从一侧进入电控柜，信号线的屏蔽层应双端接地。如非必要，避免使用长电缆。控制电缆最好使用屏蔽电缆。模拟信号的传输线应使用双屏蔽层的双绞线。低压数字信号线最好使用双屏蔽层的双绞线，也可以使用单屏蔽层的双绞线。模拟信号和数字信号的传输电缆应该分别屏蔽和走线。在屏蔽电缆进入电控柜的位置，其外部屏蔽部分与电控柜嵌板都要接到一个大的金属台面上。

> **注意：**24V DC 和 115/230V AC 信号线不可共用同一条电缆槽。

（27）功率部件（变压器、驱动部件、负载功率电源等）与控制部件（继电器控制部分、PLC 等）必须分开安装。功率部件与控制部件设计为一体的产品，变频器和相关的滤波器的金属外壳，都应通过小阻值电阻与电控柜连接，以减少电流的冲击。理想的情况是将模块安装到一个导电良好的黑色金属板上，并将黑色金属板安装到一个大的金属台面上。

（28）设计电控柜时要注意区域原则，即把不同的设备规划在不同的区域中。不同区域最好用金属壳或在柜体内用接地隔板隔离。

（29）端子应有序号，端子排应便于更换且接线方便。

（30）如果线路简单可不套编码套管。

（31）电控柜外部布线时，除有适当保护的电缆外，布线必须全部装在导线通道内，使导线有适当的机械保护，防止液体、铁屑和灰尘的侵入。

（32）若导线端头不能制成针形或叉形时，也要做到线头与接线端子连接紧密，接线点不得松动。接线端子板的不带电金属外壳或底板应可靠接地。

（33）通电校验前再检查一下熔体规格及整定值是否符合电路图要求。

> **提示：**
> （1）导线通道应留有余量，允许以后增加导线。导线通道必须固定可靠，内部不得有锐边和运动部件。
> （2）导线通道采用钢管时，壁厚应不小于 1mm，如用其他材料，壁厚应保证强度不低于壁厚为 1mm 的钢管。若用金属软管，必须有适当的保护。当利用设备底座作为导线通道时，不用再加预防措施，但必须能防止液体、铁屑和灰尘的侵入。

3. 线槽的安装

（1）线槽应平整、无扭曲变形，内壁应光滑、无毛刺、韧性好。

（2）线槽的连接应连续无间断。每节线槽的固定点不应少于两个，在转角、分支处和端部均应有固定点，并紧贴墙面固定。

（3）线槽接口与出线口应平直、光滑、无毛刺，连接应严密，槽盖应齐全、平整、无翘角。

（4）固定或连接线槽的螺钉或其他紧固件，紧固后，其端部应与线槽内表面光滑相接。

（5）线槽敷设应平直整齐，水平或垂直允许偏差为其长度的2‰，全长允许偏差为20mm。

（6）并列安装时，槽盖应便于开启。

（7）连接元件的铜接头过长时，应适当放宽元件与线槽间的距离。

（8）线槽与各元件之间的直线距离：接触器和热继电器的接线端子30mm，控制端子20mm、动力端子30mm、中间继电器和其他控制元件20mm、断路器和漏电断路器等元件的接线端子30mm、其他载流元件30mm。

（9）集中布置的元件的短接线不进入线槽，以方便检查和节省线槽排线空间。

（10）元件安排必须符合规定的间隔和爬电距离，并应考虑有关的维修条件。控制箱中的裸露、无电弧的带电零件与控制箱导体壁板的间隙要求：对于250V以下电压，间隙应不小于15mm；对于250～500V电压，间隙应不小于25mm。

4. 柜内导线连接

除了前面讲到的导线连接方法外，在配电柜内进行导线连接，还应注意以下事项。

（1）柜内各电器之间一般不经过接线端子而用导线直接连接，同时绝缘导线本身不应有接头。当需要随时接入试验仪器仪表时，则应经过试验型端子连接。

（2）柜内各电器与柜外设备的连接必须通过端子排。端子排与柜内电器的连接线一般由端子排的里侧（端子排竖放时）或上侧（端子排横放时）引出；端子排与柜外设备、柜后附件、小母线等的连接线（或引出线）一般由端子排的外侧（端子排竖放时）或下侧（端子排横放时）引出。

（3）每一个连接端子一般只连接两根导线，即上下侧（或里外侧）各一根。当端子的任一侧螺丝下必须压入两根导线时，两导线间必须加装一垫圈。端子任一侧螺丝下不准压入三根或更多导线（此时可增设连接型端子，将导线分散在两个或数个端子上）。

（4）当铝合金件与非铝合金件连接时，应使用绝缘衬垫隔开，防止电解腐蚀的影响。

（5）铝制构件与钢制构件连接时，应采取适当措施，避免直接接触，防止产生电解腐蚀。

（6）当元件本身自带预制导线时，应采用转接端子与柜内导线连接，尽量不使用直接对接的方法。

（7）有些端子不适合连接软导线时，可将导线头制成针形、叉形等冷压接线头。如果采用专门设计的端子，可以连接两根或多根导线，但导线的连接方式必须是各种成熟的工艺方式，如夹紧、压接、焊接、绕接等。连接时应严格按照工序要求进行。

（8）除按规定必须采用焊接方法的以外，所有导线的接头都应当采用冷压接线头。如果电气设备在正常运行期间承受很大振动，则不许采用焊接接头，而应直接采用冷压接线头。

（9）连接导线端部一般应采用专用电线接头。当设备接线柱是压板插入式时，使用扁针铜接头压接后再接入。当导线为单芯硬线则不能直接用电线接头，而应将线端做成环形接头后再接入。

（10）如进入断路器的导线截面积小于$6mm^2$，当接线端子为压板式时，先将导线进行压接铜接头处理，以防止导线散乱；如导线截面积大于$6mm^2$，应将露铜部分用细铜丝环绕绑紧后再接入压板。

（11）导线截面积不大于 10mm² 的单股铜线芯和单股铝线芯可直接与设备、器具的端子连接。

（12）截面积为 2.5mm² 及以下的多股铜线芯的线芯应先拧紧搪锡，或压接端子后再与设备、器具的端子连接。

（13）多股铝线芯和截面积大于 2.5mm² 的多股铜线芯的终端，除设备自带插接式端子外，应焊接或压接端子后再与设备、器具的端子连接。

（14）紧固件应拧紧到位，防松装置应齐全。

（15）当一根控制电缆的电缆芯需要接到电控柜的两侧端子排时，一般应在柜的一侧加设过渡端子排，然后再另敷短电缆引渡到另一侧的端子排上。

（16）外部接线不得使电器内部受到额外应力。

（17）橡胶绝缘的线芯应使用外套绝缘管保护。

> **提示：** 外露在线槽外的柜内照明用线必须用缠绕管保护。面板接线的外露部分应该用缠绕管保护。

2.3.5　照明电路

照明电路是基本控制线路之一，本节主要讲解了照明电路的基本概念，以及两种常用照明电路：白炽灯照明电路和日光灯照明电路的工作原理及安装方法。

（一）照明电路的基本概念

照明电路通常指照明灯具和采用单相电源的电气设备及其开关、电气控制电路的总称。

照明电路通常由以下几部分组成：电度表、断路器、闸刀开关、插座、导线、照明灯具。照明电路的基本构成如图 2-3-69 所示。

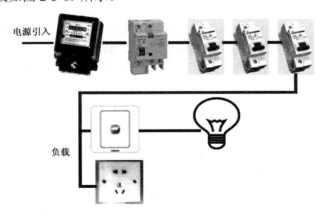

图 2-3-69　照明电路的基本构成图

1. 常用照明灯具的特点和使用场所

常用照明灯具有白炽灯、荧光灯、高压汞灯、碘钨灯等多种，它们各自的特点和使用场所如表 2-3-10 所示。

表 2-3-10　常用照明灯具的特点和使用场所

种　类	特　点	使　用　场　合
白炽灯	构造简单，使用可靠，装修方便，光效低，寿命短	各种场所
荧光灯	1. 光效较高，寿命较长 2. 附件较多，价格较高	办公室、会议室、住宅
碘钨灯	1. 光效高，构造简单，安装方便 2. 灯管表面温度较高	广场、工地、田间作业、土建工程
节能灯	1. 光效高，节能节电，安装方便 2. 价格较高	宾馆、展览馆及住宅
高压汞灯	1. 光效高，耐震，耐热 2. 功率因数低	街道、大型车站、港口、仓库、广场
高压钠灯	光效高，省电，透雾能力强	街道、港口、码头及机场
钠铊铟金属卤化物灯	1. 光效高，发光体小 2. 电压波动不大于±5%	车站、码头、广场
有色金属卤化物灯	1. 光效高，发光体小 2. 电压波动不大于±5%	宾馆、商店、建筑物外墙以及彩色立体照明的场所

2. 照明方式

照明方式有一般照明、局部照明、混合照明三种方式。

（1）一般照明是指在整个场所或场所的某部分照度基本上相同的照明，适用于工作位置密度很大而对光照方向又无特殊要求，或工艺上不适宜装设局部照明设置的场所。采用一般照明的视界范围内，具有较佳的亮度对比；可采用较大功率的灯泡，因而光效较高；照明装置数量少，投资费用较低。

（2）局部照明是指局限于工作部位的固定的或移动的照明，对于局部地点需要高照度并对照射方向有要求时宜采用局部照明。

（3）混合照明是指一般照明与局部照明共同组成的照明，适用于工作部位需要较高照度并对照射方向有特殊要求的场所。混合照明可以使工作平面、垂直和倾斜表面上，甚至工件的内腔里，获得高的照度，易于改善光色，减少装置功率和节约运行费用。

3. 照明种类

照明有工作照明和事故照明两种。

（1）工作照明是指用来保证照明场所正常工作所需的照度（适合视力条件）的照明。

（2）事故照明是指当工作照明由于电气事故而熄灭后，为了继续工作或从房间内疏散人员而设置的照明。由于工作中断或误操作可能引起爆炸、火灾、人身伤亡等严重事故或生产秩序长期混乱的场所应有事故照明，如大型的总降压变电所，其事故照明照度不应小于规定工作照明照度的10%。

4. 电气照明应注意的问题

（1）应使各种场合下的照度达到规定标准。

（2）空间亮度应合理分布。

（3）照明灯具应实用、经济、安全，便于施工和维修，其光色、灯具外形与建筑物相协调。

（二）常用照明电路

1. 白炽灯照明电路

1）白炽灯

白炽灯是利用电流流过高熔点钨丝，使其发热到白炽程度而发光的电光源。

2）白炽灯照明电路工作原理

白炽灯照明电路工作原理很简单，如图 2-3-70 所示，将灯具并联在交流 220V 电源上，灯具直接发光。

白炽灯照明电路如图 2-3-71 所示。

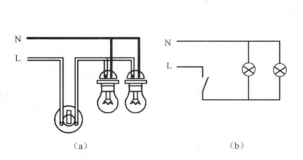

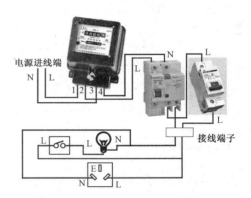

图 2-3-70 白炽灯照明电路工作原理　　　　　图 2-3-71 白炽灯照明电路

2. 日光灯照明电路

1）日光灯的组成

日光灯又叫荧光灯，由灯管、启辉器、镇流器、灯架和灯座等组成。日光灯照明电路的组成如图 2-3-72 所示。

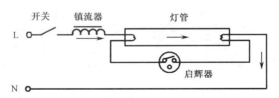

图 2-3-72 日光灯照明电路的组成

2）日光灯的构造及作用

日光灯两端各有一灯丝，灯管内充有微量的氩和稀薄的汞蒸气，灯管内壁上涂有荧光粉，两个灯丝之间的气体导电时发出紫外线，使荧光粉发出柔和的可见光。

3）日光灯照明电路工作原理

（1）启辉器的作用。

启辉器在电路中起开关作用，它由一个放电管与一个电容并联而成，电容的作用为消除对电源的电磁干扰并与镇流器形成振荡回路，增加启动脉冲电压幅度。放电管中一个电极用双金属片组成，利用氖泡放电加热，使双金属片在开闭时，引起镇流器电流突变并产生高压脉冲加到灯管两端。

（2）日光灯工作原理。

当日光灯接入电路以后，启辉器两个电极间开始辉光放电，使双金属片受热膨胀而与静触极接触，于是电源、镇流器、灯丝和启辉器构成一个闭合回路，电流使灯丝预热，当受热1～3s后，启辉器的两个电极间的辉光放电停止，随之双金属片冷却而与静触极断开，当两个电极断开的瞬间，电路中的电流突然消失，于是镇流器产生一个高压脉冲，它与电源叠加后，加到灯管两端，使灯管内的惰性气体电离而引起弧光放电，在正常发光过程中，镇流器的自感还起着稳定电路中电流的作用。

（3）镇流器的三个作用：

① 启动过程中，限制预热电流，防止预热电流过大而烧毁灯丝，同时又保证灯丝具有热电发射能力。

② 建立高压脉冲。启辉器两个电极跳开瞬间，镇流器在灯管两端建立高压脉冲，使灯管点亮。

③ 稳定工作电流，保持稳定放电。日光灯开始发光时，由于交变电流通过镇流器的线圈，线圈中产生自感电动势，它总是阻碍电流变化的，这时镇流器起着降压限流的作用，保证日光灯正常工作。

日光灯照明电路如图 2-3-73 所示。

> **提示：** 镇流器在启动时产生瞬时高压，在正常工作时起降压限流作用。

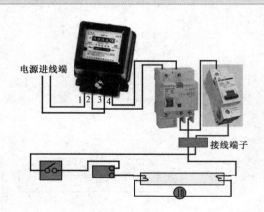

图 2-3-73　日光灯照明电路

> **提示：** 灯管开始点亮时需要一个高电压，正常发光时只允许通过不大的电流，这时灯管两端的电压低于电源电压。

4）采用电子镇流器的日光灯

日光灯的镇流器有电感镇流器和电子镇流器两种。目前，许多日光灯的镇流器都采用电子镇流器（如图 2-3-74 所示），电感镇流器逐渐被淘汰，电子镇流器具有高效节能、启动电压范围较宽、启动时间短（0.5s）、无噪声、无频闪等优点。

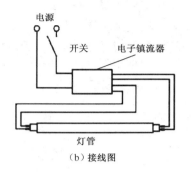

（a）采用电子镇流器的日光灯　　　　　　　　　　　（b）接线图

图 2-3-74　电子镇流器的日光灯

（三）常用照明电路的安装

1. 照明灯具安装的一般要求

室内常用照明灯具无论其安装方式如何，均应满足以下要求：

（1）灯具的安装应牢固可靠（特别是吊灯），灯具重量在 1kg 以下时，可直接用软线悬吊；重于 1kg 者应加装金属吊链；超过 3kg 时，必须将其固定在预埋的吊钩或吊挂螺栓上。吊钩和吊挂螺栓的埋设方法分别如图 2-3-75 和图 2-3-76 所示（单位：mm）。

（a）吊钩　　　　　　　（b）单螺栓　　　　　　　（c）双螺栓

图 2-3-75　现浇楼板预埋吊钩和吊挂螺栓

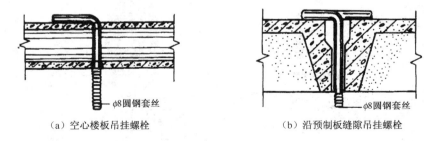

（a）空心楼板吊挂螺栓　　　　　　　　　　（b）沿预制板缝隙吊挂螺栓

图 2-3-76　预制楼板埋设吊挂螺栓

（2）灯具固定时，不应因灯具自重而使导线承受额外的张力。

（3）灯架和管内的导线不应有接头。

（4）导线分支和连接处应便于检查。

（5）导线引入灯具处不应受到拉力和存在摩擦。

（6）必须接地或接零的金属外壳，应设有专用的连接螺钉。

（7）灯具配件应齐全；灯具的各种金属构件应进行防腐处理；灯具应无机械损伤、变形、油漆剥落、灯罩破裂等缺陷。

（8）灯具使用导线的截面积随照明装置和安装场所的不同而异。

（9）采用螺口灯头时，应将相线与中心弹簧片的一端连接，零线与另一端连接，软线在吊盒内应结扣，如图 2-3-77 所示。

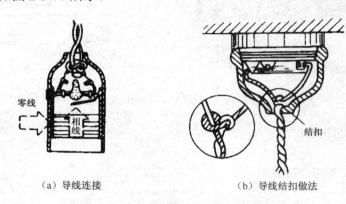

（a）导线连接   （b）导线结扣做法

图 2-3-77　螺口灯头导线连接和结扣做法

（10）安装在建筑物易燃吊顶内的灯具，以及贴近易燃材料安装的照明设备，应在灯具或设备的周围用阻燃材料隔离，并留出通风散热孔隙。

（11）固定灯具的螺钉一般不少于两个，木台直径在 75mm 以下时，可只用一个螺钉固定。

（12）采用圆钢吊挂花灯时，圆钢直径不得小于 6mm，并且不得小于灯具吊挂销钉的直径。

（13）厂房灯具距地面高度不得小于 2.5m。若小于此值，应采取保护措施。保护措施主要包括：使用安全电压；不许使用带开关的灯口；不得将导线直接焊在灯泡的接点上；当使用螺口灯头时，铜口不得外露，如图 2-3-78（a）所示。为了安全可靠，在螺口灯头上应另加保护环（也称喇叭口），如图 2-3-78（b）所示。

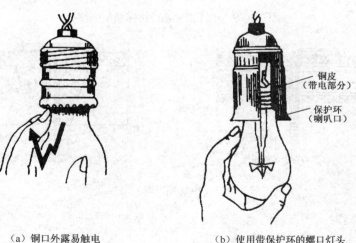

（a）铜口外露易触电   （b）使用带保护环的螺口灯头

图 2-3-78　螺口灯头触电和防护示意图

2．照明电路基本连接方式

1）电源与电度表连接

电度表接线遵循"1、3接进线，2、4接出线"的原则，即：电度表的1号、3号端子接电源进线，1号端子接相线，3号端子接零线；电度表的2号、4号端子接出线，2号端子接相线，4号端子接零线。

2）电度表与空气开关连接

电度表与双极单相空气开关的连接如图2-3-79所示。

3）开关连接

将相线接入开关，控制负载通断。单联开关与双联开关在电路中的接法如图2-3-80所示。单联开关在电路中单个使用便可控制电路的通断，双联开关在电路中要两个开关配套使用才能控制电路的通断。

4）白炽灯的连接

白炽灯接在电路中必须有相线，有零线。在接线中要注意灯座上的标号，将相线接在 L 接线端子上，将零线接在 N 接线端子上。白炽灯在电路中的接法如图2-3-81所示。

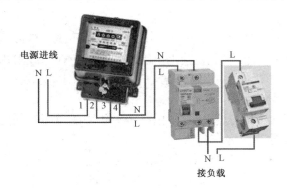

图 2-3-79　电度表与双极单相空气开关的连接

图 2-3-80　开关在电路中的接法

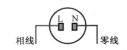

图 2-3-81　白炽灯的接法

提示： 相线进开关，零线进灯头。

5）插座的安装

插座的接线应符合下列要求：

① 单相两孔插座，面对插座的右孔或上孔与相线 L 相接，左孔或下孔与零线 N 相接；单相三孔插座，面对插座的右孔与相线 L 相接，左孔与零线 N 相接，上孔与保护地线 PE 相接。插座的接法如图2-3-82所示。

（a）单孔插座接法　　　（b）三孔插座接法

图 2-3-82　插座的接法

② 单相三孔、三相四孔及三相五孔插座的接地线或零线均应接在上孔。插座的接地端子不应与零线端子直接连接。

③ 同一场所的三相插座，其接线的相位必须一致。

3. 白炽灯的安装

安装白炽灯的关键是灯座、开关要串联，相线进开关，中性线进灯座。

白炽灯的安装通常有悬吊式、嵌顶式和壁式等几种。其中悬吊式安装又分为吊线式（软线吊灯）、吊链式（链式吊灯）和吊管式（钢管吊灯）。悬吊式安装如图 2-3-83 所示（单位：mm）。

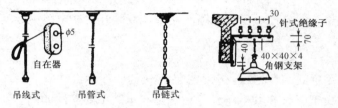

图 2-3-83　悬吊式安装

（1）吊线式：灯具重量不大于 1kg 时，可采用吊线式安装。直接由软线承重，软线应绝缘良好，且不得有接头。由于吊线盒内接线螺钉的承重力较小，因此安装时应在吊线盒内打好线结，使线结卡在盒盖的线孔处。有时还在导线上采用自在器（图 2-3-83），以便调整灯的悬挂高度。吊线式安装步骤和方法如图 2-3-84 所示。

（2）吊链式：吊链式安装方法与吊线式相同，但悬挂重量由吊链承担。吊链下端固定在灯具上，上端固定在吊线盒内或挂钩上，软导线应编在吊链内。

（3）吊管式：当灯具重量大于 3kg 时，采用吊管来悬吊灯具。吊管应选用薄壁钢管，其内径不应小于 10mm。用暗管布线安装吊管灯具时，其固定方法如图 2-3-85 所示。

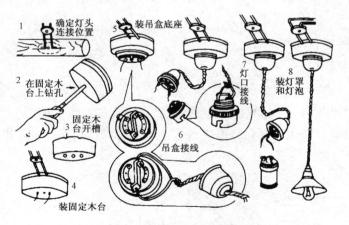

图 2-3-84　吊线式安装步骤和方法

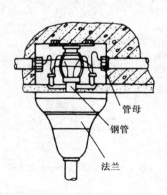

图 2-3-85　吊管式安装方法

4. 日光灯的安装

日光灯安装步骤如下：

1）接线

根据采用电子镇流器（或电感镇流器）的日光灯电路接线图，将电源线接入日光灯电路中。采用电感镇流器的日光灯电路接线方法如下：

（1）启辉器座上的两个接线端分别与两个灯座中的一个接线端连接。

（2）灯管余下的两个接线端，其中一个与电源的中性线相连，另一个与镇流器的一个出线头连接。

（3）镇流器的另一个出线头与开关的一个接线端连接。

（4）开关的另一个接线端则与电源中的一根相线相连。

与镇流器连接的导线既可通过瓷接线柱连接，也可直接连接，但要恢复绝缘。接线方法如图 2-3-86 所示。

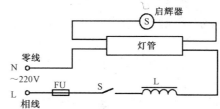

图 2-3-86　采用电感镇流器的日光灯电路接线图

> **提示：** 接线完毕，要对照电路图仔细检查，以免错接或漏接。

2）固定灯架

固定灯架分吸顶式和悬吊式两种。悬吊式又分为金属链条悬吊和钢管悬吊两种。

> **提示：** 安装前先在设计的固定点钻孔，预埋合适的紧固件，然后将灯架固定在紧固件上。

3）安装日光灯灯管

先将灯管引脚插入有弹簧一端的灯脚内并用力推入，然后将另一端对准灯脚，利用弹簧的作用力使其插入灯脚内。

4）通电试用

将启辉器旋入底座，检查无误后，即可通电试用。

2.3.6　电气元件的安装

本节先讲电气元件安装中常用的钻孔、攻丝和套丝的方法，然后叙述电气元件安装的要求及安装方法。

（一）钻孔

用钻头在工件材料上加工出孔的方法称为钻孔。用钻床钻孔时，工件装夹在钻床工作台上，固定不动；钻头装在钻床主轴上（或装在与主轴连接的钻头上），一面旋转（主运动），一面沿钻头轴线向下运动（进给运动）。

1. 钻孔设备和工具

常用钻孔设备和工具有台式钻床（简称台钻）、电钻、钻头。钻头中麻花钻是最常用的一种。

2. 钻孔的操作步骤

（1）画线冲眼：按钻孔位置尺寸，画好孔位的十字中心线，并打出小的中心样冲眼。按孔径大小画孔的圆周线，再将中心样冲眼打深。

（2）工件的夹持：钻孔时应根据孔径和工件形状、大小，采用合适的夹持方法，以保证质量和安全。

① 手握法：钻孔直径在 8mm 以下，表面平整的工件可以用手握法钻孔。有毛刺、缺口、锋口或体积过小、采用薄型材料的工件，都不准采用手握法。

② 钳夹法：有手虎钳夹持和平口钳夹持两种。手虎钳夹持适用于手握法不能把持的工件；平口钳夹持适用于钻较大孔径的工件或精度较高的钻孔。

③ 螺栓定位法：适用于钻孔孔径较大而又较长的工件。

④ 压板夹持法：适用于圆柱形工件。

（3）钻孔时的切削量：切削量指钻头在钻削过程中的切削速度、进给量和吃刀深度的总称。通常钻小孔的钻削速度可快些，进给量要小些；钻较大孔时，钻削速度要慢些，进给量适当大些；钻硬材料，钻削速度要慢些，进给量要小些；钻软材料，钻削速度要快些，进给量也要大些。

（4）钻孔操作方法：钻孔时，将钻头对准中心样冲眼进行试钻，试钻出来的浅坑应保持在中心位置，如有偏移，要及时纠正。

纠正方法：可在钻孔的同时用力将工件向偏移的反方向推移，逐步纠正。当试钻达到孔位要求后，即可压紧工件完成钻孔。钻孔时要经常退钻排屑；孔将钻穿时，进给力必须减小，以防止钻头折断，或工件随钻头转动而造成事故。

（5）钻孔时的冷却润滑：为了使钻头散热冷却，减少钻削时钻头与工件、切屑之间的摩擦，提高钻头的耐用度和改善加工孔的表面质量，钻孔时要加注足够的冷却润滑液。钻钢件时可用 3%～5%的乳化液；钻铜、铝及铸件等材料时，一般可不加，或用 5%～8%的乳化液连续加注。

3. 钻孔安全知识

（1）操作钻床时不可戴手套，袖口要扎紧，必须戴工作帽。

（2）工件必须夹紧，孔将钻穿时，要尽量减小进给力。

（3）开动钻床前，应检查是否有钻头钥匙或斜铁插在钻轴上。

（4）钻孔时不可用手、棉纱擦拭或嘴吹等方法清除切屑，要用毛刷或绑钩清除，并尽可能在停车时清除。

（5）头不准与旋转的主轴靠得太近，停车时应让主轴自然停止。严禁用手捏刹钻头。严禁在开车状态下装拆工件或清洁钻床。

（二）攻丝和套丝

用丝锥在孔中切削出内螺纹称为攻丝，用板牙在圆杆上切削出外螺纹称为套丝。

1. 攻丝

1）攻丝工具

丝锥是加工内螺纹的工具，绞手是用来夹持丝锥的工具。

2）攻丝的方法

（1）攻丝前应确定底孔直径，底孔直径应比丝锥螺纹小径略大，还要根据工件材料性质来考虑，可用下列经验公式计算。

钢和塑性较大的材料：　　　　　$D \approx d - t$

铸铁等脆性材料：　　　　　　　$D \approx d - 1.05t$

式中：D——底孔直径（mm）；

$\quad\quad\quad d$——螺纹大径（mm）；

$\quad\quad\quad t$——螺距（mm）。

（2）攻丝操作方法：

① 画线，钻底孔，底孔孔口应倒角，通孔应两端倒角，便于丝锥切入，并可防止孔口的螺纹崩裂。

② 攻丝前工件夹持位置要正确，尽量使螺纹孔中心线置于水平或垂直位置，便于攻丝时掌握丝锥是否垂直于工件平面。

③ 先用头锥起攻，丝锥一定要和工件垂直，可一手按住绞手中部，用力加压；另一手配合，顺向旋转，或两手握住绞手均匀施加压力，并将丝锥顺向旋转。

④ 攻丝时必须按头锥、二锥、三锥顺序攻削，直至达到标准尺寸。对于较硬材料的攻丝，可轮换采用各丝锥，交替攻丝，以减少切削部分的负荷，防止丝锥折断。

⑤ 孔攻不通时，应在丝锥上做深度标记，并要经常退出丝锥，排除切屑。

> **提示：** 攻丝时要加注冷却润滑液。加工钢件时用机油，加工铸件时可加煤油。

2. 套丝

1）套丝工具

板牙是加工外螺纹的工具，板牙绞手用于安装板牙，与板牙配合使用。套丝工具外形及应用如图 2-3-87 所示。

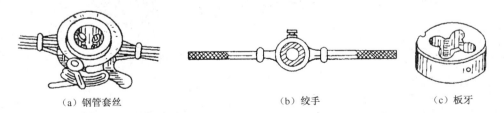

（a）钢管套丝　　　　　　　　　（b）绞手　　　　　　　　　（c）板牙

图 2-3-87　套丝工具外形及应用

2）套丝的操作方法

（1）将圆柱体（或圆柱管）端部倒成 15°～20° 的锥体，且锥体的小端直径略小于螺纹小径，使切出的螺纹起端避免出错锋口；否则，螺纹起端容易发生卷边而影响拧入螺母。

（2）工件用手虎钳夹持，套丝部分尽可能接近钳口，夹持必须牢固可靠。

（3）开始套丝时，用一手按住绞手中部，沿工件的轴向施加压力；另一手配合顺向切进，转动要慢，压力要大，并保证板牙端面和工件轴向的垂直度，否则会出现螺纹一边深一边浅的现象，并且容易发生烂牙。当板牙旋入3～4转时，不要再施加压力，只要顺着旋转方向均匀推板牙绞手即可，注意经常倒转排屑。

（4）在钢件上套丝时，要加润滑冷却液，以提高加工螺纹的光洁度和延长板牙的寿命。一般可用机油或较浓的乳化液，要求高时可用工业植物油。

（三）电气元件安装要求及安装方法

1. 电气元件安装要求

（1）必须按布线图画线，再安装控制板上的走线槽及电气元件，要做到元件安装牢固，不得有松动。排列应整齐、匀称、合理、便于走线和更换元件。

（2）电气元件的紧固程度要适当，受力要均匀，以避免损坏元件。

（3）所有元件必须安装在便于更换、方便检测的地方。

（4）元件组装顺序从板前看，应从左到右，由上至下。

（5）同一型号产品应保证组装一致性。

（6）在不通电的情况下，校验控制板内部布线的正确性。必要时，也可进行通电校验。DIN卡轨及卡轨接线端子如图2-3-88和图2-3-89所示。

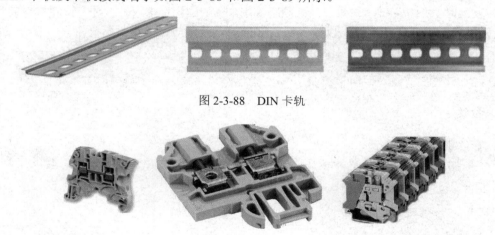

图 2-3-88　DIN 卡轨

图 2-3-89　DIN 卡轨接线端子

2. 元件的布置

（1）除了手动控制开关、信号灯和测量仪器外，柜门上不要安装任何元件。

（2）由电源电压直接供电的电器最好装在一起，使其与仅由控制电压供电的电器分开。

（3）电源开关最好装在柜内右上方，其操作手柄应装在控制箱前面和侧面。电源开关上方最好不安装其他电器，否则，应把电源开关用绝缘材料盖住，以防电击。

（4）主令操纵电气元件及整定电气元件的布置应避免由于偶然触及其手柄、按钮而误动作或使动作值变动，整定装置一般在整定完成后应以双螺母锁紧并用红漆漆封，以免移动。

（5）不同系统或不同工作电压的熔断器应分开布置，不能交错混合排列。

（6）柜内的电子元件的布置要尽量远离主电路、开关电源及变压器，不得直接放置或靠近柜内其他发热元件的对流方向。

（7）强弱电端子应分开布置；当分开布置有困难时，应设明显标志并设空端子隔开或设加强绝缘的隔板。

（8）按钮之间的距离宜为 50～80mm；按钮箱之间的距离宜为 50～100mm；当倾斜安装时，其与水平线的夹角不宜小于 30°。

（9）发热元件的布置：

① 安装发热元件时，必须使柜内所有元件的温升保持在容许极限内。对发热量很大的元件，如电动机、制动电阻等，必须隔开安装，必要时可采用风冷。

② 一般发热量大的设备安装在靠近出风口处。进风风扇一般安装在下部，出风风扇安装在电控柜上部。

③ 发热元件宜安装在散热良好的地方，两个发热元件之间的连线应采用耐热导线或裸铜线套瓷管。

④ 对于二极管、三极管、矽堆等电力半导体元件，应将其散热面或散热片的风道以垂直方向安装，以利散热。

⑤ 电阻器等电热元件一般应安装在电控柜上方，安装方向及位置应利于散热并尽量减少对其他元件的热影响。

⑥ 额定功率为 75W 及以上的管形电阻器应横装，不得竖向安装。

（10）熔断器的布置：

① 熔断器安装位置及相互间距离应便于熔体的更换。

② 有熔断指示器的熔断器，其指示器应装在便于观察的一侧。

③ 瓷质熔断器在金属底板上安装时，其底座应垫软绝缘衬垫。

④ 低压断路器与熔断器配合使用时，熔断器应安装在电源侧。

3. 元件的安装

（1）元件的安装应牢固，固定方法应是可拆卸的，并应采用标准件。

（2）电源侧进线应接在进线端，即固定触点接线端；负荷侧出线应接在出线端，即可动触点接线端。

（3）低压电器根据其不同的结构，可采用支架、金属板、绝缘板固定在墙、柱或其他建筑构件上。金属板、绝缘板应平整。当采用卡轨支撑安装时，卡轨应与低压电器匹配，并用固定夹或固定螺栓与壁板紧密固定，严禁使用变形或不合格的卡轨。

（4）安装容易因震动损坏的元件时，应在元件和安装板之间加装橡胶垫减震。

（5）对于有操作手柄的元件应将其调整到位，不得有卡阻现象。

（6）具有电磁式活动部件或借重力复位的电气元件（如各种接触器及继电器），其安装方式应严格按照产品说明书的规定，以免影响其动作的可靠性。

（7）面板上安装元件（如按钮）时，为了提高效率和减少错误，应先用铅笔直接在柜门后写出代号，再在相应位置贴上标签，最后安装元件。

（8）螺旋式熔断器的安装，其底座严禁松动，电源应接在熔芯引出的端子上。

（9）柜内电气元件（如接触器、继电器等）应按原理图上的顺序编号，牢固安装在电控柜上，并在醒目处贴上各元件相应的文字符号。

> **提示：** 低压断路器宜垂直安装，其倾斜度不应大于 5°。

4. 元件的紧固

（1）电气元件的紧固应设有防松装置，一般应放置弹簧垫圈及平垫圈。弹簧垫圈应放置于螺母一侧，平垫圈应放于紧固螺钉的两侧。如采用双螺母锁紧或其他锁紧装置时，可不设弹簧垫圈。

（2）有防震要求的电器应增加减震装置，其紧固螺栓应采取防松措施。

（3）螺栓规格应选配适当，电器的固定应牢固、平稳。

（4）采用在金属底板上搭牙紧固时，螺栓旋紧后，其搭牙部分的长度应不小于螺栓直径的 0.8 倍，以保证强度。

> **提示：** 电气元件的紧固件应镀锌或有其他可靠的金属防蚀层。

5. 接地线的安装要求

（1）确保所有设备接地良好，使用短和粗的接地线，连接到公共接地点或接地母排上。连接到变频器的任何控制设备（如 PLC）要与其共地，也要使用短和粗的导线接地。最好采用扁平导体（如金属网），因其在高频时阻抗较低。

（2）保护接地的连续性是通过有效接线来保证的。柜内任意两个金属部件通过螺钉连接时，如有绝缘层，均应采用相应规格的接地垫圈，并注意避免破坏绝缘层。

（3）对于主电路元件，一般电抗器、变压器需要接地，断路器不需要接地。

（4）柜门上的接地处要加"抓垫"，防止因为油漆的问题而接触不好，而且连接线应尽量短。

（5）如果设备运行在一个对噪声敏感的环境中，可以采用 EMC 滤波器减小辐射干扰。同时为达到最优的效果，应确保滤波器与安装板之间有良好的接触。

（6）中央接地排和 PE 导电排必须接到横梁上（金属到金属连接）。它们必须在电缆压盖处正对的位置附近。中央接地排额外还要通过另外的电缆与保护电路（接地电极）连接。屏蔽总线用于确保各个电缆的屏蔽连接可靠，它通过一个横梁实现大面积的金属到金属连接。

（7）电控柜内所有接地线线端处理后不得使用绝缘套管遮盖端部。

> **提示：** 面板和柜体的接地跨接导线不应缠入线束内。

2.3.7　电缆桥架的敷设

电缆桥架是由托盘、梯架的直线段、弯通、附件以及支架或吊架等构成，用以支撑电缆的具有连续刚性结构的系统的总称。

（一）概述

1. 电缆桥架型号

型号如图 2-3-90 所示。

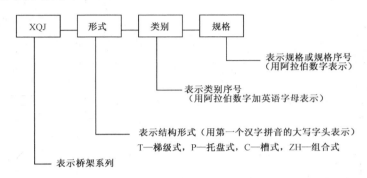

图 2-3-90　电缆桥架型号

2. 电缆桥架结构类型

电缆桥架可包含下列结构类型：

（1）（有孔）托盘式电缆桥架：由带孔眼的底板和侧边所构成的槽形部件，或由整块钢板冲孔后弯制成的部件。有孔托盘底部通风孔面积不宜大于底部总面积的 40%。

（2）槽式电缆桥架：由底板与侧边构成或由整块钢板弯制成的槽形部件。

（3）梯级式电缆桥架：由侧边与若干个横挡构成的梯形部件。其直线段横挡中心间距和梯架弯通横挡 1/2 长度处的中心间距均为 200～300mm，横挡宽度为 20～50mm。

（4）组装式电缆桥架：由适于工程现场任意组合的有孔部件，用螺栓或插接方式连接成托盘的部件。

3. 电缆桥架适用范围

电缆桥架适用于电压在 10kV 以下的电力电缆，以及控制电缆、照明电缆等在室内外架空、电缆沟、隧道中的敷设。

4. 电缆桥架结构特点

电缆桥架具有品种全、应用广、强度大、结构轻、造价低、施工简单、布线灵活、安装标准、外形美观的特点，非常便于技术改进、扩充电缆、维护检修等。

电缆桥架的安装可因地制宜：工艺管道架空敷设；楼板、梁下吊装；室内外墙壁、柱壁、隧道壁、电缆沟壁上侧装；还可以在露天立柱或支墩上安装。大型多层桥架吊装或立装时，应尽量采用工字钢立柱两侧对称敷设。

电缆桥架可水平、垂直敷设，可转角、T 字形、十字形分支敷设；还可以调高、调宽、变径。

（二）电缆桥架的选择

1. 安装层次

电缆在电缆桥架上的安装层次为：弱电流控制电缆在最上层，接着是一般控制电缆、低压动力电缆、高压动力电缆，如表 2-3-11 所示。这种排列有利于屏蔽干扰、电力电缆冷却、方便施工。

表 2-3-11　电缆桥架层次排列

层次	电缆用途	采用电缆桥架类型及型号	电缆桥架断面
上　↑　↓　下	计算机电缆	带屏蔽罩的槽式 XQJ-C 或 B 型组合式 XQJ-ZH-01B	XQJ-C　　XQJ-P
	屏蔽控制电缆	同上	XQJ-T
	一般控制电缆	托盘式 XQJ-P 或 A 型组合式 XQJ-ZH-01A	XQJ-ZH-01A
	低压动力电缆	梯级式 XQJ-T1 或托盘式 XQJ-P 或 A 型组合式 XQJ-ZH-01A	XQJ-ZH-01B
	高压动力电缆	带护罩梯级式 XQJ-T 或 A 型组合式 XQJ-ZH-01A	

2. 层间距离

各层电缆桥架层间的距离要求如下。

控制电缆：不小于 200mm；动力电缆：不小于 300mm；机械化敷设电缆：不小于 400mm。

（三）电缆桥架的安装

1. 电缆桥架的安装技术要求

（1）电缆桥架的总平面布置应力求距离最短、经济合理、运行安全，并应满足施工安装、维修和敷设电缆的要求。

（2）电缆桥架应有足够的强度，对电缆提供可靠的支撑。

（3）电缆敷设后，电缆桥架的挠度应不大于电缆桥架跨度的 1/200。当电缆桥架的跨度大于等于 6000mm 时，其挠度应不大于电缆桥架的跨度的 1/150。

（4）电缆桥架应尽可能在建筑物、构筑物（如墙、柱、梁、楼板等）上安装，与土建工程密切配合。

（5）电缆桥架与工艺管架共架安装时，电缆桥架应布置在管架的一侧。

（6）电缆桥架与各种管道平行架设时，其间距应满足下列要求：

① 电缆桥架与一般工艺管道（如压缩空气管道等）平行架设时间距不小于 400mm。

② 电缆桥架与流通腐蚀性液体管道平行架设时间距不小于 500mm。

③ 电缆桥架不宜在流通腐蚀性液体管道的下方或流通腐蚀性气体管道上方平行安装。当

无法避免时，间距应不小于 500mm，且其间应用防腐蚀隔板隔开。

④ 电缆桥架与热力管道平行架设，热力管道有保温层时间距不小于 500mm，无保温层时间距不小于 1000mm。

⑤ 电缆桥架不宜在热力管道的上方平行安装，当无法避免在热力管道上方平行安装时，间距应不小于 1000mm，其间应采取有效的隔热措施。

（7）电缆桥架与各种管道交叉时，其间距应满足下列要求：

① 电缆桥架与一般工艺管道交叉时，间距不小于 300mm。

② 电缆桥架交叉通过流通腐蚀性液体管道下方或交叉通过流通腐蚀性气体管道上方时，间距应不小于 500mm，且在交叉处用防腐蚀盖板将电缆桥架保护起来，其盖板长度应不小于 $d+2000mm$，（d 为管道外径）。

③ 电缆桥架与热力管道交叉，热力管道有保温层时，间距应不小于 500mm，无保温层时，间距应不小于 1000mm，且在交叉处应用隔热板（如石棉板）将电缆桥架保护起来，隔热板长度应不小于 2000mm。

（8）电缆桥架穿墙安装时，应根据环境条件，采用密封装置：

① 电缆桥架从正常环境穿墙进入易燃易爆环境时，墙上应安装相应的密封装置。

② 电缆桥架从室内穿墙至室外时，在墙的外侧应采取防雨措施。

③ 电缆桥架从室内穿墙至室外较高处安装时，电缆桥架应先向下倾斜延长适当距离，然后再向上架设，防止雨水顺电缆桥架流入室内。

（9）电缆桥架过伸缩沉降缝时应断开，断开距离以 100mm 左右为宜。

（10）两组电缆桥架在同一横梁上安装时，间距应不小于 50mm。

（11）敷设 10kV 及以上电缆的电缆桥架多层安装时，其层间距一般不小于 300mm。

（12）电缆桥架到楼板、梁或其他障碍物等的底部的距离应不小于 300mm。

（13）电缆桥架水平安装时，其直接板连接处不应置于跨度的 1/2 处或支撑点上。

（14）电缆桥架安装时出现的悬臂段，一般不得超过 1000mm。

（15）电缆桥架不应作为行人通道使用。

（16）若属下列情况之一，电缆桥架应加保护罩：

① 电缆桥架在户外安装时，其最上层或每一层应加保护罩。

② 电缆桥架在带孔装置下安装时，其最上层应加保护罩，如果最上层电缆桥架宽度小于下层的电缆桥架宽度时，下层电缆桥架亦加保护罩。电缆桥架垂直安装时，离所在地平面 2m 以内的电缆桥架应加保护罩。

③ 电缆桥架安装在容易受到机械损伤的地方应加保护罩。

④ 电缆桥架安装在多粉尘的场所应加保护罩。

⑤ 电缆桥架安装在有特殊要求的场所应加保护罩。

（17）电缆桥架内敷设的电缆，应用尼龙卡带、绑线或金属卡子进行固定，固定点设置位置如下：

① 水平敷设时，电缆首末两端及转弯、电缆中间接头的两端处。

② 垂直敷设时，每隔 1000～1500mm。

③ 不同标高的端部。

（18）电缆桥架的接地：

① 电缆桥架应进行可靠的接地。

② 普通场所中的电缆桥架宜单独敷设接地干线，若将电缆桥架作为接地干线时，应校验电缆桥架的截面积是否满足接地要求，同时确保托盘、梯架端部之间连接电阻不大于0.00033Ω，清除接地孔绝缘涂层；在伸缩缝或软连接处采用编织铜线连接，以及所有的连接点具有良好的电气通路（在铰链接板、多节二通等连接处应加跨接线）。

③ 安装在具有爆炸危险场所的电缆桥架，如无法与已有的接地干线连接时，必须单独敷设接地干线进行接地。沿桥架全长另敷设接地干线时，每段（包括非直线段）托盘、梯架应至少有一点与接地干线可靠连接。对于存在震动的场所，在接地部位的连接处应装弹簧垫圈。

（19）电缆桥架的支、吊架立柱固定托臂的开孔位置或焊接位置，应满足托盘、梯架多层设置时，层间中心距为 200mm/250mm/300mm/350mm 的要求。各种附件及支、吊架在满足相应载荷的条件下，其规格尺寸应配合桥架系列确定。

2. 安装注意事项

（1）XQJ 型电缆桥架装置的最大载荷、支撑间距应小于允许载荷和支撑跨距。

（2）选择电缆桥架的宽度时应留有一定的余量，以便增加电缆。

（3）当电力电缆和控制电缆较少时，可在同一电缆桥架安装，但中间要用隔板将电力电缆和控制电缆隔开敷设。

（4）电缆桥架水平敷设时，桥架之间的连接头应尽量设置在跨距的 1/4 左右处。

（5）电缆桥架装置应可靠接地。如利用桥架作为接地干线，应将每层桥架的端部用截面积为 16mm^2 的软铜线连接（并联）起来，与总接地干线连通。长距离的电缆桥架每隔 30～50m 接地一次。

（6）电缆桥架装置除要屏蔽的装保护罩外，在室外安装时应在其顶层加装保护罩，防止日晒雨淋。需要焊接安装时，焊件四周的焊缝厚度不得小于母材的厚度，焊口必须进行防腐处理。

> **提示：** 在电缆桥架内安装、敷设时，水平走向电缆每隔 2m 左右固定一次，垂直走向电缆每隔 1.5m 左右固定一次。

3. 电缆桥架的安装

1）电缆桥架支架

支架是支撑电缆桥架（简称桥架）和电缆的主要部分，由立柱、立柱底座、托臂等组成，它结构简单、重量轻、强度大、造型美观，可满足不同条件（工艺管道架上、楼板下、墙壁上、电缆沟内）和安装形式（悬吊式、侧壁式、单边、双边和多层等）的需要。

2）施工顺序

测量定位→支架、吊架制作安装→桥架安装→接地处理。

3）桥架立柱安装

（1）先安装直线段上两头的立柱，然后用钢丝拉一条直线，再依直线安装中间的各个立柱，保证各个立柱处于同一条直线上。立柱不能直接焊于预埋件上，须用带有螺栓的过渡板焊在预埋件上。

（2）桥架的立柱间距一般只与结构形式、安装方式及每一层负载有关，如表 2-3-12 所示。

表 2-3-12 桥架的立柱间距

间 距（m） 负 荷（kg） 安 装 方 式		立柱间距（m）				
		0.8	1.0	1.2	1.5	2.0
沿 墙	薄钢板异型立柱	75	60	50	40	30
	型钢立柱	180	150	120	100	75
沿顶棚吊挂	型钢立柱	100	75	60	50	30

（3）桥架横撑处于同一水平面上且与立柱垂直，每条直线段的高低偏差不得大于±5mm。

（4）桥架可靠地紧固在横撑上，并横平竖直，不得有明显的扭曲或向一边倾斜。

（5）桥架的连接：用专用的内外连接板通过圆头镀锌螺栓，由桥架内向外穿接。

（6）在建筑物沉降缝处，两沉降缝之间超过 50mm 时，应断开桥架做伸缩缝（15～20mm），如图 2-3-91 所示。

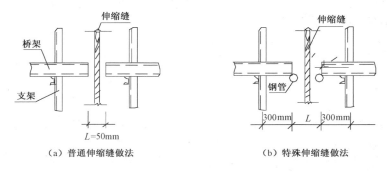

（a）普通伸缩缝做法　　　　　（b）特殊伸缩缝做法

图 2-3-91 伸缩缝做法

（7）当建筑物、构筑物有坡度变化时，桥架与建筑物、构筑物应具有相同的坡度，如图 2-3-92 所示。

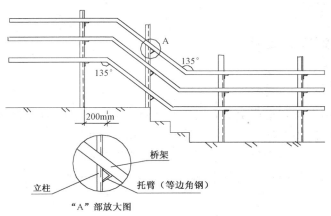

图 2-3-92 桥架安装示意图

（8）同一层桥架内安装的隔板，每隔 300～400mm 与桥架固定一次，安装后隔板与桥架边框平行，不扭曲。

（9）当要从桥架上引下电缆时，宜在桥架横撑上装设一个弧形导弧。

（10）当桥架要分支或转弯时，使用专用的三通及四通弯头等连接，严禁利用直通桥架改装而成。

（11）桥架的盖板除伸缩缝外须盖严密，接头处间隙不得大于 2mm，转弯处间隙不得大于 5mm。

（12）桥架的接地如无设计规定时，可利用镀锌桥架本身作为接地线，但连接处要用跨接线接通，桥架两端应与接地干线接通。如设计要求接地时，则用接地线沿桥架通长敷设，并每隔一定距离与桥架连接一次。

（13）桥架接地线在过伸缩缝时应留有余量，做成"Ω"形。

2.3.8　防雷接地安装

本节所讲接地安装方法适用于建筑工程的建筑物和构筑物的防雷接地、保护接地、工作接地、重复接地及屏蔽接地等。

（一）概述

1．施工准备

安装前，要进行施工准备，包括材料、主要机具及各种作业条件等方面的准备，如接地体、接地干线等材料及支架安装、防雷引下线暗敷设、防雷引下线明敷设、避雷带与均压环安装、避雷网安装、避雷针安装等作业条件。

2．工艺流程

安装接地体→安装接地干线→引下线暗敷（支架、引下线明敷）→安装避雷带或均压环→安装避雷针（避雷网）。

（二）人工接地体的安装

1．接地体的加工

接地体一般采用钢管和角钢切割而成，长度应不小于 2.5m。如采用钢管打入地下，应根据土质将其加工成一定的形状，遇松软土壤时，可切成斜面形。

为了避免打入时受力不均使管子歪斜，也可将其加工成扁尖形；遇土质很硬时，可将尖端加工成锥形，如选用角钢时，应采用不小于 40mm×40mm×4mm 的角钢，角钢的一端应加工成尖头形状。

2．挖沟

根据设计图要求，对接地体的线路进行测量弹线，在此基础上挖掘深为 0.8～1m，宽为 0.5m 的沟，沟上部稍宽，底部如有石子应清除。

3. 安装接地体

沟挖好后，应立即安装接地体和敷设接地扁钢，防止土方坍塌。先将接地体放在沟的中心线上，打入地中，一般采用大锤打入，一人扶着接地体，一人用大锤敲打接地体顶部。为了防止将钢管或角钢打裂，可将护管帽套入接地体顶端，对于角钢接地体可采用短角钢（约10cm）焊在接地角钢顶。

> **提示：** 使用大锤敲打接地体时要平稳，锤击接地体正中，不得打偏接地体，应与地面保持垂直，当接地体顶端距离地600mm时停止打入。

4. 接地体间的扁钢敷设

敷设扁钢前应将其调直，然后将扁钢放置于沟内，依次将扁钢与接地体用电焊（气焊）焊接。扁钢应侧放而不可放平，侧放时散流电阻较小。扁钢与接地体连接的位置距接地体最高点约100mm。焊接时应将扁钢拉直，焊好后清除药皮，刷沥青防腐，并将接地线引出至需要位置，留有足够的连接长度，以待使用。

5. 检验接地体

接地体连接完毕后，应及时请质检部门进行隐检，接地体材质、位置、焊接质量、接地体（线）的截面规格等均应符合设计及施工验收规范要求，经检验合格后方可进行回填，分层夯实。

> **提示：** 检验合格后，要将接地电阻测量数值填写在隐检记录上，以备验收。

（三）自然基础接地体的安装

1. 利用防水底板钢筋或深基础作为接地体

以底板钢筋为例，按设计图尺寸位置要求，标好位置，将底板钢筋搭接焊好。再将主筋底部与底板钢筋搭接焊好，并在室外地面以下将主筋焊至连接板，消除药皮，并将两根主筋用色漆做好标记以便引出和检查。应及时请质检部门进行隐检，同时做好隐检记录。

> **提示：** 利用防水底板钢筋或深基础做接地体时，与底板钢筋搭接焊接的主筋应不少于2根。

2. 利用柱形桩基及平台钢筋作为接地体

按设计图尺寸位置要求，找好桩基组数位置，把每组桩基四角钢筋搭接封焊，再与主筋（不少于2根）焊好，并在室外地面以下，预埋好接地连接板，清除药皮，并将两根主筋用色漆做好标记以便引出和检查。应及时请质检部门进行隐检，同时做好隐检记录。

（四）接地干线的敷设

1. 室外接地干线的敷设

（1）首先进行接地干线的调直、测位、打眼、煨弯，并将断接卡子及接地端子装好。

（2）敷设前按设计要求的尺寸位置先挖沟，然后将扁钢放平埋入。

> **提示：** 回填土应压实但不用打夯，接地干线末端露出地面应不超过 0.5m，以便连接地线。

2. 室内接地干线的敷设

1）预留孔与埋设支持件

按设计要求尺寸位置，预留出接地线孔，孔的直径应比敷设接地干线的厚度、宽度中的较大值大 6mm 以上。埋设支持件的方法有以下几种：

（1）施工时可按上述尺寸要求锯一段扁钢预埋在墙壁内，当混凝土还未凝固时，抽动扁钢以待凝固后易于抽出。

（2）将扁钢上包一层油毛毡或几层牛皮纸后埋设在墙壁内，预留的孔距墙壁表面 15～20mm。

（3）保护套可用厚 1mm 以上的铁皮做成方形或圆形，大小应使接地线穿入时，每边有 6mm 以上的空隙。

2）固定支持件

根据设计要求先在砖墙（或加气混凝土墙、空心砖）上确定轴线位置，然后随砌墙将预制成 50mm×50mm 的方木样板（长度自定）放入墙内，待墙砌好后将方木样板抽出，然后将支持件放入孔内，同时洒水淋湿孔洞，再用水泥沙浆将支持件埋牢，待凝固后使用。若在现浇混凝土墙上固定支持件，先根据设计图要求弹线定位、钻孔，支持件做燕尾埋入孔中，找平正，用水泥沙浆进行固定。

3）明敷接地线

当支持件埋设完毕，水泥沙浆凝固后，可敷设墙上的接地线。将接地扁钢沿墙吊起，在支持件一端用卡子将扁钢固定，经过隔墙时穿跨预留孔，接地干线连接处应焊接牢固。末端预留或连接应符合设计要求。

（五）避雷针的制作与安装

1. 避雷针的制作

按设计要求分上、中、下三节进行下料。如针尖采用钢管制作，可先将上节钢管一端锯成锯齿形，用手锤收尖后，进行焊缝磨尖，搪锡，然后将另一端与中、下二节钢管找直，焊好。

2. 避雷针的安装

先将支座钢板的底板固定在预埋的地脚螺栓上，焊上一块肋板，再将避雷针立起，找直、找正后，进行点焊，然后加以校正，焊上其他三块肋板。最后将引下线焊在底板上，清除药皮，刷防锈漆。

（六）支架的安装

（1）应尽可能随施工预埋支架或铁件。

（2）根据设计要求进行弹线及分挡定位。

（3）用手锤、錾子进行剔洞，洞的大小应里外一致。

（4）首先埋设一条直线上的两端支架，然后用铅丝拉直线埋设其他支架。在埋设前应先把洞内用水浇湿。

（5）如用混凝土支架，将混凝土支架分挡摆好。先在两端支架间拉直线，然后将其他支架用沙浆找平找直。

> **提示：** 如果女儿墙预留有预埋铁件，可将支架直接焊在铁件上，支架找直方法同前。

（七）防雷引下线的敷设

1. 暗敷设

（1）首先将所需扁钢（或圆钢）用手锤（或钢筋扳子）进行调直或拉直。

（2）将调直的引下线运到安装地点，按设计要求随建筑物引上，挂好。

（3）及时将引下线的下端与接地体焊接好，或与断接卡子连接好。随着建筑物的逐步增高，将引下线敷设于建筑物内至屋顶为止。如要接头则应进行焊接，焊接后应敲掉药皮并刷防锈漆，并请有关人员进行隐检验收，做好记录。

（4）利用主筋（直径不少于 16mm）作为引下线时，按设计要求找出全部主筋位置，用油漆标记，在距室外地坪 1.8m 处焊好测试点，随钢筋逐层串联焊接至顶层，焊接出一定长度的引下线，搭接长度不应小于 100mm，做完后请有关人员进行隐检，做好隐检记录。

（5）土建装修完毕后，将引下线在地面上 2m 的一段套上保护管，并用卡子将其固定牢固，刷上红白相间的油漆。

2. 明敷设

（1）引下线如为扁钢，可放在平板上用手锤调直；如为圆钢，可将圆钢放开，一端固定在牢固的地锚的夹具上，另一端固定在绞磨（或倒链）的夹具上，进行冷拉调直。

（2）将调直的引下线运到安装地点。

（3）将引下线用大绳提升到最高点，然后由上而下逐点固定，直至安装断接卡子处。如要接头或安装断接卡子，则应进行焊接。焊接后，清除药皮，局部调直，刷防锈漆。

（4）用镀锌螺栓将断接卡子与接地体连接牢固。

提示： 接地线地面以上 2m 段，应套上保护管，并卡固及刷红白油漆。

（八）避雷网的安装

（1）避雷网如采用扁钢，可放在平板上用手锤调直；如采用圆钢，可将圆钢放开，一端固定在牢固的地锚的夹具上，另一端固定在绞磨（或倒链）的夹具上，进行冷拉调直。

（2）将调直的避雷网运到安装地点。

（3）将避雷网用大绳提升到顶部，顺直，敷设，卡固，连接成一体，同引下线焊接。焊接处的药皮应敲掉，进行局部调直后刷防锈漆及铅油（或银粉）。

（4）建筑物屋顶上突出物，如金属旗杆、透气管、金属天沟、铁栏杆、爬梯、冷却水塔、电视天线等，这些部位的金属导体都必须与避雷网焊接成一体。顶层的烟囱应设避雷带或避雷针。

（5）在建筑物的变形缝处应做防雷跨接处理。

（6）避雷网分明网和暗网两种，网格越密，其可靠性就越好。网格的密度应视建筑物防雷等级而定，防雷等级高的建筑物可使用 10cm×10cm 的网格，防雷等级低的一般建筑物可使用 20cm×20cm 的网格，如果有特殊设计要求，应按设计要求执行。

（九）避雷带的安装

（1）避雷带可以暗敷设在建筑物表面的抹灰层内，或直接利用结构钢筋，与暗敷设的避雷网或楼板的钢筋焊接在一起，所以避雷带实际上也就是均压环。

（2）将结构圈梁里的主筋或腰筋与预先准备好的约 20cm 的连接钢筋头焊接成一体，并与主筋中引下线焊成一个整体。

（3）圈梁内各点引出钢筋头，焊完后，用圆钢（或扁钢）敷设四周，圈梁内焊接好各点，并与周围各引下线连接后形成环形。同时在建筑物外沿金属门窗、金属栏杆处甩出 30cm 长的 ϕ12mm 镀锌圆钢备用。

（4）外沿金属门窗、金属栏杆、扶手等金属部件的预埋焊接点不应少于 2 处，与避雷带预留的圆钢焊成整体。

提示： 利用建筑外表面金属扶手、栏杆作为避雷带时，拐弯处应弯成圆弧活弯，栏杆应与接地引下线可靠焊接。

（十）接地实例

（1）安装接地体：如图 2-3-93 所示。

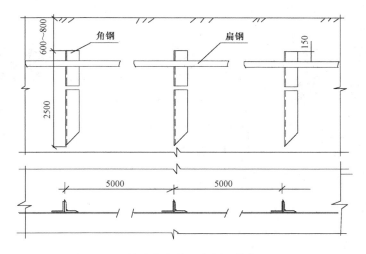

图 2-3-93　接地体安装示意图（单位：mm）

（2）电气设施的接地做法：如图 2-3-94 所示。

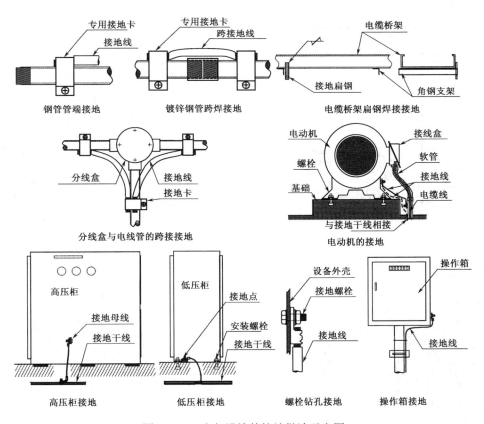

图 2-3-94　电气设施的接地做法示意图

（3）绝缘导线作为接地线的连接：如图 2-3-95 所示。

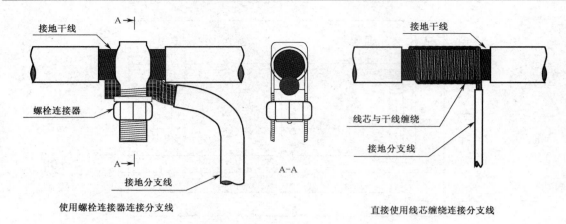

使用螺栓连接器连接分支线　　　　　　直接使用线芯缠绕连接分支线

图 2-3-95　绝缘导线作为接地线的连接

（4）变压器出线零母线和接地线安装做法：如图 2-3-96 所示。

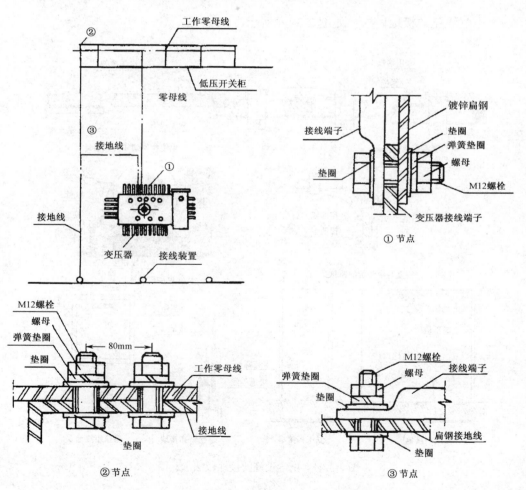

图 2-3-96　变压器出线零母线和接地线安装做法示意图

习　　题

一、填空题

（1）在安装功率表时，必须保证电流线圈与负载＿＿＿＿＿＿＿＿，而电压线圈与负载＿＿＿＿＿＿＿。

（2）万用表的基本功能是测量＿＿＿＿、＿＿＿＿＿、＿＿＿＿＿和＿＿＿＿。

（3）按万用表的显示方式分，有＿＿＿＿和＿＿＿＿两种。

（4）在对万用表进行电气调零时，如果无法使指针指到零点，则应当＿＿＿＿＿＿＿＿。

（5）一块电能表，额定电流为10A，配100/5的电流互感器，电能表走了100个字，则实际用电量为＿＿＿＿　kW·h。

（6）兆欧表又称绝缘摇表，用来测量电气设备或线路的＿＿＿＿＿＿＿电阻。

（7）功率表接线应遵守＿＿＿＿＿＿＿。

（8）一般兆欧表上有三个接线柱；L为＿＿＿接线柱，E为＿＿＿接线柱，G为＿＿＿接线柱。

（9）按剥切方式分类，导线的剥切方式可分为＿＿＿＿、＿＿＿＿、＿＿＿＿三种。

（10）导线绝缘层的剥切工具有＿＿＿＿、＿＿＿＿、＿＿＿＿三种。

（11）塑料护套线绝缘层用＿＿＿剥切，其外护层用＿＿＿或＿＿＿剥切。

（12）导线在绝缘端子上通常采用绑扎法来固定。绑扎法分为＿＿＿、＿＿＿、＿＿＿三种。

（13）电力电缆由＿＿＿＿、＿＿＿＿、＿＿＿＿三个主要部分组成。

（14）电力电缆的保护层分＿＿＿＿和＿＿＿＿两部分。

（15）导线钳压接时，压坑的数目通常情况下室内是＿＿＿＿个，室外为＿＿＿＿个。

（16）线管暗敷时，在固定线管前，应用垫块将管子垫高＿＿＿＿以上，使管子与混凝土模板间保持足够的距离，并防止浇灌混凝土时管子脱开。

（17）钢索吊塑料护套线布线采用了铝皮线卡，线卡距灯头盒的最大距离为＿＿＿＿mm；线卡之间最大间距为＿＿＿＿mm。

（18）电气控制线路布线时，在可拆卸盖板的线槽内，包括绝缘层在内的导线接头处所有导线截面积之和不应大于线槽截面积的＿＿＿＿。

（19）照明方式有＿＿＿＿、＿＿＿＿、＿＿＿＿三种。

（20）日光灯开始发光后，镇流器起着＿＿＿＿的作用，保证日光灯正常工作。

（21）开关连接时，应相线＿＿＿＿＿＿＿，零线＿＿＿＿＿＿＿。

（22）攻丝时要加注冷却润滑液。攻钢件时用＿＿＿＿，攻铸件时可加＿＿＿＿。

（23）低压断路器宜垂直安装，其倾斜度不应大于＿＿＿＿。

二、选择题

（1）用万用表测15mA的直流电流，应选用（　　）电流挡。
　　A．10mA　　　　B．25mA　　　　C．50mA　　　　D．100mA

（2）当用万用表的R×1k挡测量一个电阻时，表针指示值为3.5，则电阻为（　　）。
　　A．3.5Ω　　　　B．35Ω　　　　C．350Ω　　　　D．3500Ω

（3）100/5A 的电流表配 200/5 电流互感器，当被测电流为 100A 时，电流表的示数将为（　　）。

    A．50A　　　　　　B．100A　　　　　　C．200A　　　　　　D．400A

（4）兆欧表在不用时，其指针应停的位置为（　　）。

    A．零位　　　　　B．无穷大位置　　　C．中位置　　　　　D．任意位置

（5）兆欧表在使用结束拆线时，应（　　）。

    A．先停止摇动手柄，后拆线　　　　　B．先拆线后，才能停止摇动手柄

    C．一边拆线，一边停止摇动手柄　　　D．没有关系，怎么都可以

（6）下面不属于绝缘导线分类的是（　　）。

    A．电磁线　　　　B．电缆　　　　　　C．绝缘导线　　　　D．铜线芯

（7）下列材料中导电性能最佳的是（　　）。

    A．铜　　　　　　B．铝　　　　　　　C．银　　　　　　　D．合金

（8）剥切电缆铅（铝）套时，用电工刀沿铅（铝）套圆周切一环形深痕，再顺着电缆轴向在铅（铝）套上割切两道纵向深痕，其间距约为（　　），深度为铅（铝）套厚度的（　　）。

    A．100mm，1/3　B．10mm，1/5　　C．100mm，1/5　　D．10mm，1/3

（9）直线连接接头的绝缘恢复常采用绝缘带包缠的方法，包缠一层黄蜡带后，将黑胶带接在黄蜡带的尾端，按另一斜叠方向包缠一层黑胶带，也要每圈压叠带宽的（　　）。

    A．1/3　　　　　B．2/3　　　　　　C．1/4　　　　　　D．1/2

（10）室内布线时，一般要求穿管导线的总截面积（包括绝缘层）不应超过线管内径截面积的（　　）。

    A．10%　　　　　B．40%　　　　　　C．70%　　　　　　D．80%

（11）为便于线管穿线，管子的弯曲后角度一般应大于（　　）。

    A．30°　　　　　B．60°　　　　　　C．90°　　　　　　D．120°

（12）钢索布线时，如果钢索长度过长，则应在两端装设花篮螺栓，每超过（　　）应加装一个中间花篮螺栓。

    A．10m　　　　　B．20m　　　　　　C．50m　　　　　　D．80m

（13）电度表接线遵循（　　）端子接进线，（　　）端子接出线的原则。

    A．1，2和3，4　B．1，3和2，4　　C．2，4和1，3　　D．2，3和1，4

（14）利用防水底板钢筋或深基础作为接地体时，与底板筋焊接的主筋应不少于（　　）根。

    A．2　　　　　　B．3　　　　　　　C．4　　　　　　　D．5

（15）制作油浸纸绝缘电力电缆头时，要求施工现场的环境温度及电缆本体的温度一般应在（　　）以上，否则应采取人工加温。

    A．0℃　　　　　B．20℃　　　　　　C．30℃　　　　　　D．50℃

三、判断题

（1）电流表与负载串联，电压表与负载并联。　　　　　　　　　　　　　　（　　）

（2）电流表的阻抗较大，电压表的阻抗则较小。　　　　　　　　　　　　　（　　）

（3）万用表使用前，必须进行机械调零和电气调零。　　　　　　　　　　　（　　）

（4）测量预先不能估算的电阻时，必须选择电阻的最高量程挡。　　　　　　（　　）

（5）兆欧表在不用时，指针应指在零位。　　　　　　　　　　　　　　　　（　　）

（6）螺丝刀式试电笔可以作为螺钉旋具使用。　　　　　　　　　　　　　　（　　）

（7）电工刀刀柄是无绝缘保护的，不能用电工刀带电剥切，以免触电。　　　（　　）

（8）在进行测量时，应尽量避免使用标尺的前 1/4 段，但要保证仪表的量程大于被测量的最大值。　　　　　　　　　　　　　　　　　　　　　　　　　　　　　　　（　　）

（9）万用表的红色表笔应插入标有"＋"号的插孔内，黑色表笔应插入标有"－"号的插孔内。　　　　　　　　　　　　　　　　　　　　　　　　　　　　　　　　　　（　　）

（10）万用表测量电阻时，每转换一次挡位开关，就应重新调零一次。　　　（　　）

（11）橡皮软线的加强麻线不能剪去，应结扣加固。这些麻线不应在橡皮护套层切口根部同时剪去。　　　　　　　　　　　　　　　　　　　　　　　　　　　　　　　　（　　）

（12）铜芯导线与铝芯导线连接方法是一样的，通常都采用直接连接或压接法连接。

　　　　　　　　　　　　　　　　　　　　　　　　　　　　　　　　　　　（　　）

（13）电缆是结构较复杂的导线，电力电缆由导电线芯、屏蔽层及保护层三个主要部分组成。另外有的还有填料、绝缘层、铠装层等。　　　　　　　　　　　　　　　　（　　）

（14）对于塑料硬线绝缘层，用电工刀、钢丝钳、剥线钳都可以对其进行剥切。（　　）

（15）常用导线有铜芯导线和铝芯导线两种。铝芯导线电阻率小，导电性能好，机械强度大，价格较高。　　　　　　　　　　　　　　　　　　　　　　　　　　　　　　（　　）

（16）在三相四线制配电系统中，中性线 N 的允许载流量不应小于线路中最大不平衡负荷电流，同时应考虑谐波电流影响。以气体放电灯为主要负荷的照明供电线路，中性线截面积应不小于相线截面积。　　　　　　　　　　　　　　　　　　　　　　　　　　（　　）

（17）导线在进行连接前应清除线芯表面氧化层。　　　　　　　　　　　　（　　）

（18）导线的连接方法很多，有绞缠连接、焊接、压接、紧固螺钉和螺栓连接等，具体的连接方法应视导线的连接点而定。　　　　　　　　　　　　　　　　　　　　（　　）

（19）穿管时，同一管内的导线可以分几次穿入。　　　　　　　　　　　　（　　）

（20）启辉器在日光灯整个工作过程中都处于通电状态。　　　　　　　　　（　　）

（21）面板和柜体的接地跨接线不应缠入线束内。　　　　　　　　　　　　（　　）

（22）在电缆桥架内安装、敷设时，水平走向电缆每隔 2m 左右固定一次，垂直走向电缆每隔 1.5m 左右固定一次。　　　　　　　　　　　　　　　　　　　　　　　　　（　　）

（23）利用屋面金属扶手、栏杆作为避雷带时，拐弯处应弯成圆弧活弯，栏杆应与接地引下线可靠焊接。　　　　　　　　　　　　　　　　　　　　　　　　　　　　　（　　）

（24）电缆终端头从开始剥切到制作完成必须连续进行，一次完成，防止受潮。（　　）

（25）剥切花线绝缘层时，其后的棉纱线不能剪去，应紧扎住橡皮绝缘层，不让棉纱线向线头端部复伸。　　　　　　　　　　　　　　　　　　　　　　　　　　　　　　（　　）

四、简答题

（1）低压验电器有哪些作用？

（2）画出单相电度表直接接入法的接线方法。

（3）导线连接的完整过程包括哪几步？

（4）明敷线路常用方法有哪些？

（5）简要叙述干包式电缆终端头制作步骤。

项目三　电气绘图与识图

行业先锋：电气故障检修大师　林学斌

林学斌，男，1964年生，鞍钢股份有限公司炼钢总厂三分厂连检三作业区电气专业点检员，特级技师、全国劳动模范、全国技术能手、全国五一劳动奖章获得者、国家级技能大师工作室带头人，享受国务院政府特殊津贴。

"点检工作面对的机械设备，和天上飞的飞机、地上奔跑的列车一样，涉及人的生命安全，不允许出一点差错。做事就要做细、做实，日事日省、日事日毕，对工作时刻保持严谨认真的态度。"这是林学斌对"工匠精神"的朴实理解。

1983年，林学斌高中毕业进入了鞍钢股份有限公司，成为了炼钢总厂的一名弱电工人。仅有高中学历的他并没有停下追逐梦想的脚步，立志成为钢铁行业连铸技术领域技艺高超的技能人才，当好电气设备的"好医生"。通过坚持不懈的学习，他自学掌握了日语、英语、德语3门外语，先后获得了鞍钢职工大学工业企业电气自动化专业大专毕业证书、大连外国语学院日语自考大专毕业证书和中国计算机函授学院颁发的计算机应用专业大专毕业证书3个大专文凭，成为公认的"工人学霸"。

1992年，从外国引进的中包喷补装置在试车时出现致命问题——"喷补过程自动停止"，负责现场调试的两名日方专家，通过电话、传真向本部请教，始终没能解决问题。林学斌看在眼里，急在心上，下班回到家里，他挑灯夜战，仔细研究图纸，反复阅读程序，终于找到症结所在，通过改写程序，让问题迎刃而解。日方专家多次竖起大拇指说："中国林，大大地厉害！"。

1999年到2001年期间，钢厂连铸机先后发生黏结漏钢事故19次，给企业造成了重大经济损失，经分析，所有漏钢事故中60%～70%属于黏结漏钢。为此，厂里安排林学斌参与引进日本漏钢预报系统的谈判工作，并参与设计电气图纸，编写相关程序，同时还负责硬件设备的施工、安装和调试。预报系统安装后，林学斌对每条程序的作用是什么，每部分程序是控制哪一个功能的，整套设备软、硬件的运行等情况全都了如指掌。

林学斌不断磨砺，用极致造就不凡。参加工作三十多年来，林学斌一直坚持生产需要什么就学什么，技能缺失什么就练什么，他将连铸机的日文资料和电气图纸转化成内容多达几十万字的"手抄本""手抄图"；将计算机系统中上千条日文源代码全部转换成汉字代码，实现了对PLC系统操作界面的汉化；将多年工作经验总结编写成《电气故障处理与查找四种方法》《PLC常见故障与处理方法》等教材惠及后人。从创立"三勤、三精、三准"点检理念和"清、紧、调、控"的点检模式，到总结出"直接感知法、仪器检测法、元件类比法、设备试探法"等电气故障处理与查找方法，林学斌创造了所负责区域连续15年影响生产责任事故为零的纪录。

创新驱动发展，匠心引领未来。自 2012 年林学斌技能大师工作室成立以来，他组织带领技术人员围绕一系列生产瓶颈问题展开科技攻关、技术创新，引领技术人员在攻关解难中不断提高技能水平，带出了一支知识型、技能型、创新型团队。该团队累计完成创新成果超过670 项，创效 2.3 亿元；在国际发明展览会和全国发明展览会中，获得 2 项金奖、3 项银奖、4 项铜奖；培养出一大批炼钢、连铸、机械、电气等领域的蓝领技术人才，为擦亮"鞍钢制造"品牌注入了源源不断的创新动力和发展后劲。

林学斌从钢铁工人成长为大学客座教授，以高度的敬业爱岗精神、强烈的责任担当意识、高超的点检技术，完成了平凡工人到"大国工匠"的蜕变。他用多项技术发明填补了钢铁行业多项技术空白，累计综合创效超过 3 亿元，为炼钢连铸技术达到国际一流、国内领先水平做出了突出贡献，成为当之无愧的"设备电气故障检修攻关大师"。

 学习任务与要求

1）培训内容
（1）认识常用的电气图符号。
（2）学习电气原理图的绘制与识图。
（3）掌握电气元件布置图的绘制。
（4）掌握电气接线图的识图与绘图。

2）目标要求
（1）学员要能迅速识别常用电气图的文字符号与图形符号。
（2）学员要能读懂较复杂的电气原理图，能绘制基本的电气原理图。
（3）学员要能读懂电气元件布置图，熟悉基本设备的布置要求。
（4）学员要能根据电气原理图和电气元件布置图，读懂电气接线图。

3）应准备的资料
相关国家标准与规范。

4）预习要求
（1）查阅常见低压电器的符号规范。
（2）查阅图幅分区的国家规范。

5）重点或难点
（1）常见低压电器的文字符号及图形符号的识读。
（2）电气原理图的识读方法。
（3）电气原理图、电气元件布置图与电气接线图的差别与联系。
（4）国家标准与规范的查阅方法。

6）学习方法建议
（1）收集相关资料。
（2）学习查阅资料的方法。
（3）要学会分区识读电气原理图的方法。
（4）学习电气接线图时，务必要和电气原理图及电气元件布置图结合起来。

模块一　常用电气图符号

电气图也称电气控制系统图，绘制此类图必须根据国家标准，使用统一的文字符号、图形符号及绘制方法，以便设计人员的修改与现场技术人员、维修人员的识读。

3.1.1　文字符号

文字符号用于电气技术领域中技术文件的编制，也可以标注在图纸中电气设备、装置和元件的图形符号附近，以表示电气设备、装置和元件的名称、功能、状态和特性。文字符号分为基本文字符号和辅助文字符号。

1. 基本文字符号

基本文字符号用于表示电气设备、装置、元件等的基本名称和特性，它可分为单字母符号和双字母符号两种。

（1）单字母符号：按英文字母顺序将各种电气设备、装置和元件等划分为 23 类，每一类用一个专用单字母符号表示，如"C"表示电容器，"Q"表示电力电路的开关元件等。

（2）双字母符号：由一个表示种类的字母（在前）与另一个字母（在后）组成，如"F"表示保护元件类，"FU"表示熔断器，"FR"表示热继电器。

2. 辅助文字符号

辅助文字符号用于表示电气设备、装置和元件等的功能、状态和特征，通常由英文单词中的一两个字母构成。如"L"表示限制，"RD"表示红色等。辅助文字符号也可以放在表示种类的单字母符号之后组成双字母符号，如"SP"表示压力传感器等。辅助文字符号还可以单独使用，如"ON"表示接通，"M"表示中间线，"PE"表示保护接地等。

3. 特殊用途文字符号

在电气图中，一些特殊用途的接线端子、导线等通常采用一些专用的文字符号，这类文字符号称为特殊用途文字符号。

3.1.2　图形符号

图形符号是表示设备或概念的图形、标记等的总称。它通常用于图样或其他文件，是构成电气图的基本单元。我国规定从 1990 年 1 月 1 日起，电气图中的文字符号和图形符号必须符合最新国家标准。表 3-1-1 给出了部分常用图形符号和文字符号。若需更详细的资料，请查阅最新国家标准。

> 提示：图形符号是电工技术文件中的"象形文字"，是电气工程"语言"的"词汇"和"单词"，正确、熟练地掌握绘制和识别各种电气符号的方法是识读电气图的基本功。

1．图形符号的概念

图形符号一般由符号要素、基本符号、一般符号和限定符号四部分组成。

（1）符号要素：符号要素是一种具有确定含义的简单图形，表示元件的轮廓或外表。它必须和其他部分一起构成完整的图形符号。

（2）基本符号：基本符号用来说明电路的某些特征，而不代表单独的电器或元件。

（3）一般符号：一般符号是表示一类产品或此类产品特征的简单图形。

（4）限定符号：限定符号是用来提供附加信息的一种加在其他图形符号上的符号，可以表示电量的种类、可变性、力和运动的方向、流动方向等。限定符号一般不能单独使用。

2．部分常用元件图形符号、文字符号

部分常用元件图形符号、文字符号如表 3-1-1 所示。

表 3-1-1　部分常用元件图形符号、文字符号

类 别	名 称	图形符号	文字符号	类 别	名 称	图形符号	文字符号
开 关	单极控制开关	或	SA	位置开关	常开触点		SQ
	手动开关一般符号		SA		常闭触点		SQ
	三极控制开关		QS		复合触点		SQ
	三极隔离开关		QS	按钮	常开按钮		SB
	三极负荷开关		QS		常闭按钮		SB
	组合旋钮开关		QS		复合按钮		SB
	低压断路器		QF		急停按钮		SB
	控制器或操作开关	后　　前 2 1 0 1 2	SA		钥匙操作式按钮		SB

类　别	名　称	图形符号	文字符号	类　别	名　称	图形符号	文字符号
接触器	线圈		KM	热继电器	热元件		FR
	常开主触点		KM		常闭触点		FR
	常开辅助触点		KM	中间继电器	线圈		KA
	常闭辅助触点		KM		常开触点		KA
时间继电器	通电延时（缓吸）线圈		KT		常闭触点		KA
	断电延时（缓放）线圈		KT	电流继电器	过电流线圈	$I>$	KA
	瞬时闭合的常开触点		KT		欠电流线圈	$I<$	KA
	瞬时断开的常闭触点		KT		常开触点		KA
	延时闭合的常开触点	或	KT		常闭触点		KA
	延时断开的常闭触点	或	KT	电压继电器	过电压线圈	$U>$	KV
	延时闭合的常闭触点	或	KT		欠电压线圈	$U<$	KV
	延时断开的常开触点	或	KT		常开触点		KV

续表

类　别	名　称	图形符号	文字符号	类　别	名　称	图形符号	文字符号
电磁操作器	电磁铁的一般符号		YA	电压继电器	常闭触点		KV
	电磁吸盘		YH	电动机	三相笼形异步电动机		M
	电磁离合器		YC		三相绕线转子异步电动机		M
	电磁制动器		YB		他励直流电动机		M
	电磁阀		YV		并励直流电动机		M
非电量控制的继电器	速度继电器常开触点		KS		串励直流电动机		M
	压力继电器常开触点		KP	熔断器	熔断器		FU
发电机	发电机		G	变压器	单相变压器		TC
	直流测速发电机		TG		三相变压器		TM
灯	信号灯（指示灯）		HL	互感器	电压互感器		TV
	照明灯		EL		电流互感器		TA
接插器	插头和插座	或	X 插头 XP 插座 XS	电抗器	电抗器		L

3. 运用电气符号绘制电气图的注意事项

（1）符号尺寸大小、线条粗细依国家标准可放大或缩小，但在同一张图样中，同一符号的尺寸应保持一致，各符号之间及符号本身比例应保持不变。

（2）标准中表示的符号方位，在不改变符号含义的前提下，可根据图面布置的需要旋转，或成镜像放置，但是文字和指示方向不得改变。

（3）大多数符号都可以附加补充说明标记。

（4）对标准中没有规定的符号，可选取 GB4728《电气图常用图形符号》中给定的符号要素、一般符号和限定符号，按其中规定的原则进行组合。

> **提示：** 标准符号可以旋转，或成镜像放置，但不得改变其文字和指示方向。

模块二　电气原理图的绘图与识图

常用电气图纸尺寸一般选用 297mm×210mm、297mm×420mm、297mm×630mm、297mm×840mm 四种幅面，如有特殊需要可按 GB126—74《机械制图》国家标准选用其他尺寸。

3.2.1　电气原理图的绘制

用图形符号、文字符号、项目代号等表示电路各个电气元件之间的连接关系和工作原理的图称为电气原理图，简称原理图。电气原理图结构简单、层次分明，适用于研究和分析电路工作原理，并为寻找故障提供帮助，同时也是编制电气接线图的依据，因此在设计部门和生产现场得到广泛应用。

1. 电气原理图绘制原则

电气原理图是为了便于阅读和分析控制电路工作原理而绘制的，其主要形式是把一个电气设备的各部件以分开的形式进行绘制。其绘制原则、绘制方法及有关事项如下：

（1）所有电路元件的图形符号，均按未接通电源或没有受外力作用或非激励时的零状态（常态、自然状态）绘制。

> **提示：**
> 零状态就是没有通电或没有受外力的状态。
> ① 继电器和接触器的线圈在非激励状态。
> ② 断路器和隔离开关在断开位置。
> ③ 带零位的手动控制开关在零位状态，不带零位的手动控制开关在规定起始状态。
> ④ 机械操作开关和按钮在非工作状态或不受力状态。
> ⑤ 保护类元件处在设备正常工作状态等。

（2）主电路用粗实线绘制，控制电路和辅助、信号、指示及保护电路用细实线绘制。

（3）水平布置时，电源线垂直画，其他电路水平画，控制电路中的耗能元件（如接触器的线圈）画在电路的最右端。

垂直布置时，电源线水平画，其他电路垂直画，控制电路的耗能元件画在电路的最下端。

（4）采用展开画法：同一电器的各个部件可画在不同的地方，但必须采用相同的文字符号进行标注。同一种类的多个电气元件，可在文字符号后加上数字序号加以区分，如 KM1、KM2、KM3 等。

（5）触点的绘制：使触点动作的外力方向必须是当图形垂直布置时，垂线左侧的触点为常开触点，垂线右侧的触点为常闭触点；当图形水平布置时，水平线上方的触点为常开触点，水平线下方的触点为常闭触点，即：左开右闭，上开下闭。

（6）主电路、控制电路和辅助电路分开绘制：主电路是从电源到电动机的强电流部分，用粗线绘制在原理图左边。控制电路是弱电流部分，一般是由按钮、接触器和继电器线圈、各种电器的触点组成的逻辑电路，用细线画在原理图右边。辅助电路包括信号、照明及保护电路。

（7）控制电路的分支电路原则上按照动作的先后顺序排列，自左而右或自上而下表示操作顺序，并尽可能减少线条和避免线条交叉。

（8）存在直接电气联系的交叉导线的连接点（即导线交叉处）要用黑圆点表示。无直接电气联系的交叉导线，交叉处不能画黑圆点。

（9）原理图上应标明：各电源的电压值、极性、频率和相数；某些元件的特性；不常用的电器的操作方式和功能。

（10）在原理图的上方将图分成若干图区，并标明该区电路的用途与作用；在继电器、接触器线圈下方有触点表，以说明线圈和触点的从属关系。

2.　接线端子标记

为了便于分析及绘制，电气原理图中各元件接线端子用字母、数字和符号标记。

（1）电源引入线：一般三相交流电源引入线用 L1、L2、L3、N 标记，接地线用 PE 标记；直流系统的电源正、负极分别用 L+、L−或"+""−"标记。

（2）电动机：电动机的三相用 U、V、W 标记。有多台电动机时，M1 电动机用 U1、V1、W1 标记；M2 电动机用 U2、V2、W2 标记，以此类推。

（3）主电路：三相交流电动机所在的主电路用 U、V、W 标记，凡是被元件、触点间隔的接线端子按双下标数字顺序标记，第一个数字表示电动机的编号，第二个数字表示在该电动机回路中的顺序。例如，M1 电动机所在的主电路，用 U11、V11、W11；U12、V12、W12 标记。M2 电动机所在的主电路，用 U21、V21、W21；U22、V22、W22 标记，以此类推。

（4）控制电路和辅助电路：控制电路采用阿拉伯数字编号。标记按"等电位"原则进行，在垂直布置的电路中，编号顺序一般为自上而下、从左至右。凡是被线圈、触点等间隔的接线端点，都应标以不同的编号。"等电位"点用同一编号。

现场实际应用中，有时为了便于区分，辅助电路也可采用双数字下标，视具体情况而定。

3.　线圈触点标记

在电气原理图中，接触器、继电器的线圈与触点的从属关系应当用附图表示，即在电气原理图中相应线圈的下方，画出触点的图形符号，并在其下面注明相应触点的索引代号，未使用的触点用"X"表示。有时也可采用省去触点的表示法。

KM | KA

3	7	6		8	5
3	X	X		9	X
3				X	
				X	

图 3-2-1　线圈与触点位置索引

图 3-2-1 中，在接触器 KM 触点的位置索引中，左栏为主触点所在的图区号（有三对主触点在图区 3），中栏为辅助常开触点所在的图区号（一对常开触点在图区 7，另一对没有使用），右栏为辅助常闭触点所在的图区号（一对常闭触点在图区 6，另一对没有使用）。在中间继电器 KA 触点的位置索引中，左栏为常开触点所在的图区号（一对触点在图区 8，一对触点在图区 9，另两对未使用），右栏为常闭触点所在的图区号（一对在图区 5，一对未用）。

提示： 线圈与触点位置索引图就像分析电气原理图的 "地图"；依据线圈与触点位置索引，可以很快地找出图中元件间的关系。

4．电气原理图绘制示例

图 3-2-2 是根据上述原则绘制出的 CW6132 型普通车床电气原理图。

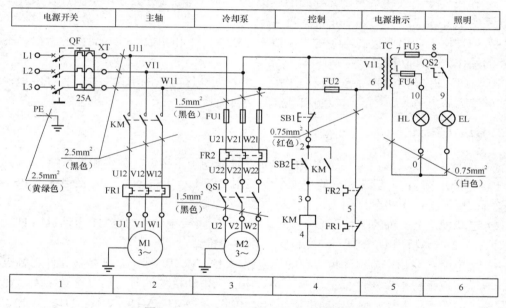

图 3-2-2　CW6132 型普通车床电气原理图

3.2.2　电气原理图的识读

识读电气原理图的基本方法可以总结为 "先机后电、先主后辅、化整为零、集零为整、统观全局、总结特点"。识读电气原理图的具体方法和步骤如下所述。

1．先机后电

首先阅读生产机械设备的有关资料，即设备基本结构、运动情况、工艺要求、流程和操作方法等。总体了解生产机械的结构及其运行情况，进而明确生产工艺过程对电气控制的基本要求，为分析电路做好前期准备。

2. 先主后辅

（1）阅读主电路：首先应该了解主电路有哪些用电设备（如电动机、电炉等），以及这些设备的用途和工作特点，并根据工艺过程，了解各用电设备之间的相互联系、采用的保护方式等。阅读主电路的具体步骤如下：

① 认清主电路用电设备：用电设备指消耗电能的用电器具或电气设备，如电动机、电弧炉、电阻炉等。识图时，首先要分析清楚有几个用电设备以及它们的类别、用途、接线方式及其他特殊要求等。以电动机为例，从类别上讲，有交流电动机和直流电动机之分；而交流电动机又分异步电动机和同步电动机；异步电动机又分鼠笼式电动机和绕线式电动机等。

② 分析用电设备的控制电器：控制电气设备的方法很多，有的直接用开关控制，有的用各种启动器控制，有的用接触器或继电器控制等。

③ 了解主电路中其他元件的作用：通常主电路中除了主用电器和控制电器（如接触器、继电器触点）外，还常用到电源开关、熔断器以及保护电器等。

④ 分析电源：主电路电源是三相 380V 还是单相 220V，主电路电源是由母线汇流排供电或配电屏供电（一般为交流电），还是由发电机供电（一般为直流电）。

（2）分析控制电路：在完全了解主电路的工作特点后，就可以根据这些特点去分析控制电路。可根据主电路中各电动机和执行电器的控制要求，逐一找出控制电路中的控制环节，将控制电路"化整为零"，按功能不同划分成若干个局部控制电路来进行分析。如果控制电路较复杂，则可先排除照明、指示等与控制关系不密切的电路，以便集中精力分析控制电路。控制电路一定要分析透彻。分析控制电路的最基本的方法是"查线读图"法。

① 分析电源：了解控制电路电源的种类，是交流还是直流。电源从什么地方接来，其电压等级为多少。控制电路电源一般从主电路的两条相线引来，其电压为 380V；也有从主电路的一条相线和中性线上接来的，电压为 220V；此外，也可以从专用隔离电源变压器接来，这种电源常用电压等级有 127V、36V 等。当辅助电路电源为直流电源时，其电压一般为 24V、12V、6V 等。

② 分析辅助电路对主电路的控制：对复杂的辅助电路，在电路图中，整个辅助电路构成一条大回路。大回路中又分成几条独立的小回路，每条小回路控制一个用电器或一个动作。当某条小回路形成闭合回路有电流流过时，在回路中的电气元件（接触器或继电器）则动作，把用电设备（如电动机）接入电源或从电源切除。

③ 研究电气元件之间的相互关系：电路中一切电气元件都不是孤立的，而是互相联系、互相制约的。例如在电路中用 A 控制 B，又用 B 去控制 C。这种互相制约的关系有时表现在同一个电路中，有时表现在不同的几个电路中，这就是控制电路中的电气联锁。

（3）分析照明、信号指示、监测、保护等各辅助电路环节。

3. 化整为零

在分析电气控制电路时，根据主电路中各电动机、电磁阀等执行电器的控制要求，逐一找出控制电路中的控制环节，将电动机控制电路按功能不同划分成若干个局部控制电路来进行分析，"化整为零"。其步骤为：

（1）从执行电器（如电动机）着手，了解主电路上有哪些控制电器的触点，根据其组合规律分析控制方式。

（2）根据主电路的控制电器主触点文字符号，在控制电路中找到有关的控制环节及环节间的相互联系，将各电动机的控制电路划分成若干个局部电路，每一台电动机的控制电路又按启动环节、制动环节、调速环节、正反向运行环节等来分析。

（3）假设按动了某操作按钮（应了解各信号元件、控制元件或执行元件的原始状态），核对电路，观察控制元件的触点是如何控制其他电气元件动作的，再看这些被带动的电气元件的触点又是如何控制执行电器或其他电气元件动作的，并随时注意控制电气元件的触点使执行电器如何运动，进而驱动被控机械如何运动，还要注意执行元件带动机械运动时，会使哪些信号元件状态发生变化。

4. 集零为整，统观全局，总结特点

进行总体检查时，经过化整为零，初步分析了每一个局部电路的工作原理以及各部分之间的控制关系后，还必须集零为整、统观全局、总结特点，检查整个控制电路，看是否有遗漏。特别要从整体角度去进一步核对和理解各控制环节之间的联系，理解电路中每个电气元件的作用，分析各局部电路之间的联锁关系及机、电、液间的配合情况。在读图过程中，特别要注意控制元件相互间的联锁与自锁关系。

> **提示：** 当看到一个较复杂的"大图"时，不必心慌，静下心来，按读图步骤一步步化整为零，再集零为整，你会发现理解和掌握整个原理图就是顺理成章、水到渠成的事。

上面所介绍的读图方法只是一般的通用方法，具体应用时应通过对具体电路的分析不断总结，才能提高识图能力。

5. 电气原理图识读示例

如图3-2-3所示为C620-1型车床的电气原理图，分析该图的组成和各部分的功能。

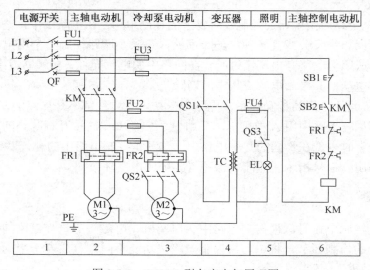

图3-2-3　C620-1型车床电气原理图

C620-1 型车床是常用的普通车床之一，M1 为主轴电动机，拖动主轴旋转，并通过进给机构实现车床的进给运动。M2 为冷却泵电动机，拖动冷却泵在车削工件时输送冷却液。电路分为主电路、控制电路、照明电路三大部分。

1）主电路

（1）电源：电源由转换开关 QS1 引入。

（2）M1 主轴电动机：M1 为小于 10kW 的小容量电动机，所以采用直接启动方式启动。由于 M1 的正反转切换由摩擦离合器改变传动链来实现，操作人员只要扳动正反转手柄，即可完成主轴电动机的正反转控制，因此，在电路中仅通过接触器 KM 的主触点控制 M1 的启动、停止。

（3）M2 冷却泵电动机：M2 容量更小，大约只有 0.125kW，因此可由转换开关 QS2 直接操纵，实现启动、停止，这样既经济，操作又方便。但是 M2 的电源由接触器 KM 的主触点控制，所以必须在 M1 启动后方可启动 M2，具有顺序联锁关系。

2）控制电路

（1）组成：由启动按钮 SB2、停止按钮 SB1、热继电器 FR1、FR2 的常闭触点和接触器 KM 的线圈组成，完成电动机的单向启停控制。

（2）M1 启动：闭合电源开关 QS1→按下启动按钮 SB2→接触器 KM 线圈通电→KM 主触点和自锁触点闭合→M1 启动并运行。

（3）M1 停止：按下停止按钮 SB1 即可。

3）照明和保护环节

（1）照明：由变压器副绕组供给 36V 安全电压，经照明开关 QS3 控制照明灯 EL。照明灯的一端接地，以防止发生变压器原、副绕组间短路时可能造成的触电事故。

（2）保护：

① 过载保护：由热继电器 FR1、FR2 实现 M1 和 M2 两台电动机的长期过载保护。

② 短路保护：由 FU2、FU3、FU4 实现对冷却泵电动机、控制电路及照明电路的短路保护。由于进入车床电气控制电路之前，配电开关内已装有熔断器作为短路保护，所以，M1 未另加熔断器作为短路保护。

③ 欠压与零压保护：当外加电源过低或突然失压，由接触器 KM 实现欠压与零压保护。

模块三 电气元件布置图

电气元件布置图，又叫电气元件位置图，简称布置图、位置图，主要用于表明电气设备上所有电气元件的实际安装位置，为电气设备的安装及维修提供资料。布置图可根据电气设备的复杂程度集中绘制或分别绘制。图中要标注尺寸，各电气元件的符号必须与原理图中相关元件的符号一致。

3.3.1 布置图绘制原则

（1）按国标规定，电气柜内电气元件必须位于维修台之上 0.4～2m。

（2）电气柜内按照用户要求制作的电气装置，最少要留出 10%的备用面积，以供装置改进或局部修改。

（3）电气柜门上，除人工控制开关、信号和测量部件外，不能安装任何其他元件。

（4）电源开关最好安装在电气柜内右上方，其操作手柄应装在电气柜前面或侧面。电源开关上方最好不安装其他电器。

（5）发热元件安装在电气柜内的上方，并注意将发热元件和感温元件隔开，以防误动作。

（6）应尽量将外形与结构尺寸相同或相近的电气元件安装在一起，既便于安装和布线处理，又使电气柜内的布置整齐美观。

（7）体积大和较重的电气元件应安装在下方。

（8）强电、弱电应分开，弱电应加屏蔽，防止的外界干扰。

（9）需要经常维护、检修、调整的电气元件的安装位置不宜过高或过低。

（10）电气元件的布置应考虑整齐、美观、对称。

（11）电气元件布置不宜过密，应留有一定间距。如用走线槽，应加大各排间距，以利于布线和维修。

> **提示：** 布置图绘制与电气柜的元件安装是相互关联的。

3.3.2　布置图示例

图 3-3-1 为 CW6132 型车床控制盘布置图，图中 FU1～FU4 为熔断器、KM 为接触器、FR 为热继电器、TC 为照明变压器、XT 为接线端子排。

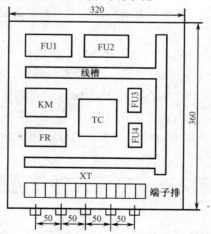

图 3-3-1　CW6132 型车床控制盘的布置图（单位：mm）

模块四　电气安装接线图

电气安装接线图用于显示电气设备各元件的实际空间位置与接线情况，主要用于电气设备的安装配线、线路检查、线路维修和故障处理，简称接线图。接线图根据电气原理图和布置图编制，与电气原理图和布置图配合使用。

3.4.1 绘图基本知识

1. 绘制原则

（1）根据实际情况，元件布局应尽量合理，连接导线应尽量方便、经济。

（2）各电气元件的图形符号和文字符号必须与电气原理图一致，与实际的安装位置一致。元件在图面上按实际尺寸以统一比例绘制。

（3）一个元件的所有带电部件画在一起，并用点画线框起来，即采用集中表示法。有时将多个电气元件用点画线框起来，表示它们是安装在同一安装底板上的。

（4）走向相同的导线用单线表示，标明导线的规格、型号、根数和穿线管的尺寸。

（5）图中元件、导线一律用细实线绘制，并标明各电气元件的接线关系和接线走向。

（6）各电气元件上凡是要接线的端子都应绘出，并予以编号，各接线端子的编号必须与电气原理图上的导线编号一致。

（7）走向相同的相邻导线可以绘成一股线。

2. 接线图示例

图 3-4-1 就是根据上述原则绘制出的 CW6132 型车床的接线图。

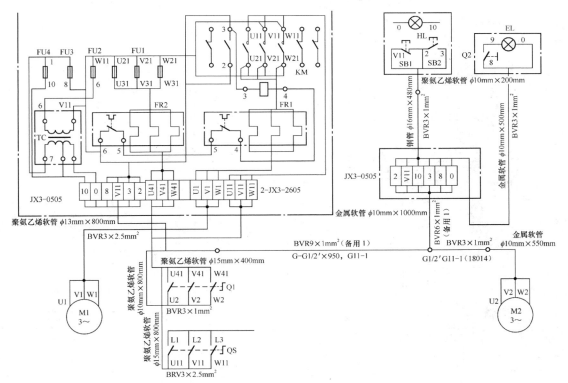

图 3-4-1 CW6132 型车床电气安装接线图

3.4.2　接线图和接线表

1．概述

（1）定义：接线图是用符号表示成套装置、设备或装置的内部、外部各种连接关系的一种简图。将简图的全部内容改用简表表示，就是接线表。接线图和接线表只是表达相同内容的两种不同形式，因而两者的功能完全相同，可以单独使用，也可以组合在一起使用。

（2）作用：接线图和接线表主要用于安装接线、线路检查、线路维修和故障处理。在实际应用中，接线图通常要和电气原理图、位置图对照使用，以确保接线无误，或者通过与电气原理图进行比较，较快寻找出故障点。

接线图中的各个项目，如基本部件、组件、设备、装置等采用简化的外形表示（如正方形、矩形、圆形或它们的组合）。必要时，也可以用图形符号表示，如两个端子间连接一个电容器或二极管等。符号旁应标注项目代号（种类代号），并与电气原理图中的标注一致。接线图中的每个端子都必须标注出端子代号，与交流相位有关的各种端子应使用专门的标记作为端子代号。此外，接线图中的连接导线与电缆一般也应标注线号或电缆号。接线图和接线表可以根据其表达的范围的不同进行分类，介绍如下。

2．实物接线图

实物接线图是按照组成电气控制电路的各种电气元件的实际位置和连接关系绘制的。它的特点是实物的位置和连接关系非常直观，不一定符合国标要求，但对初学者有一定帮助作用，如图 3-4-2 所示为双速电机控制实物接线图。

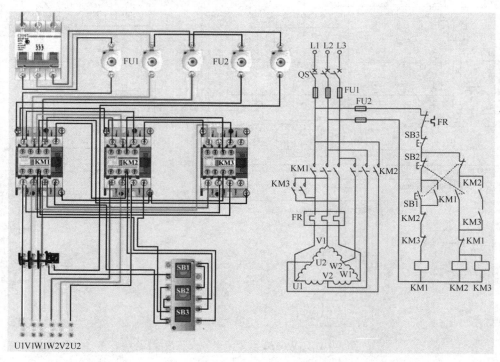

图 3-4-2　双速电机实物接线图

3. 端子接线图或端子接线表

端子接线图或端子接线表是表示成套装置或设备的端子，以及接在端子上的外部接线（必要时包括内部接线）的一种接线图或接线表。

端子接线图的图面内容比较简单，只须画出单元或设备与外部连接的端子排即可。为方便接线，端子的相对位置应与实际相符，所以端子接线图多以实际接线面的视图方式画图，因为端子接线图只画出连线（电缆）的一个连接点，所以其终端就有两种标记方式，一种是只做本端标记，另一种是只做远端标记。端子接线表的内容一般应包括线号、端子编号等，端子接线图与端子接线表应一致。端子接线图如图 3-4-3 所示。

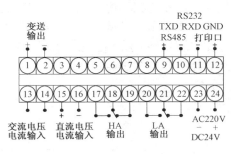

图 3-4-3　端子接线图

4. 单线接线图

单线接线图是按照电气元件的位置和连接导线走向绘制的一种图，特点是电气元件的位置关系很直观，但是连接关系不是非常直观。布线时靠线号和元件端子编号进行。没用到的端子很难确定其连接关系。绘制单线连接图时，各端子之间的导线不是一根一根地画出的，除了引线端以外的其他线采用并列走线，并列走线用一根单线表示，所以称为单线接线图。单线接线图的绘制比实物接线图简单，省时间，所用的元件符号与电气原理图中的符号一致。单线接线图与电气原理图不同之处是一个电气设备的所有触点、线圈等都绘制在一起，用实线框围起来，然后按电气原理图绘制连线关系。单线接线图如图 3-4-4 所示。

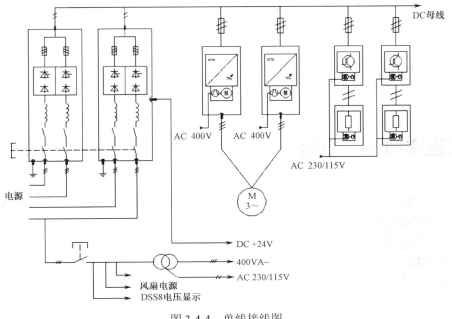

图 3-4-4　单线接线图

5. 互连接线图或互连接线表

互连接线图或互连接线表用于表示成套装置或设备内单元与单元之间的连接情况，通常不包括所涉及单元内部的连接，但可以给出与其有关的电路图的图号。互连接线图的绘图比较简单，不必强调各单元之间的相对位置。各单元要用点画线方框框起来。各单元间的连接可用单线表示（表示电缆），也可用多线表示，但应画出电缆的图形符号，同时均应加注电缆号和电缆规格（以"芯数×截面"表示）。单线可以用连续线，也可以用中断线，并局部加粗。互连接线图如图 3-4-5 所示。

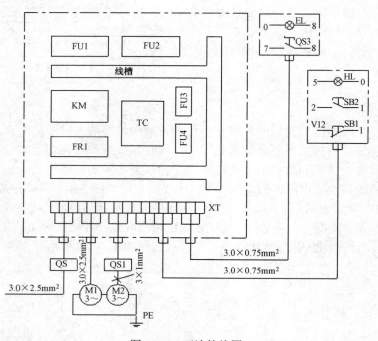

图 3-4-5　互连接线图

 ## 工程实例——套图

下面以点动按钮控制连续与点动混合正转控制电路为例，看一下包含电气原理图、布置图、接线图三个图的一整套图纸。

（1）电气原理图如图 3-4-6 所示。

（2）布置图如图 3-4-7 所示。

（3）接线图如图 3-4-8 所示。

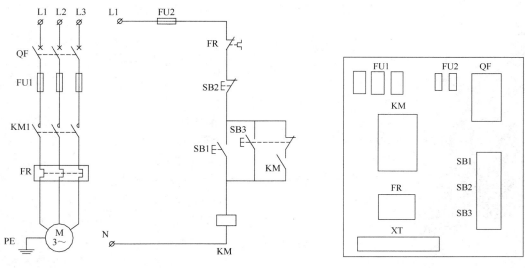

图 3-4-6　电气原理图

图 3-4-7　布置图

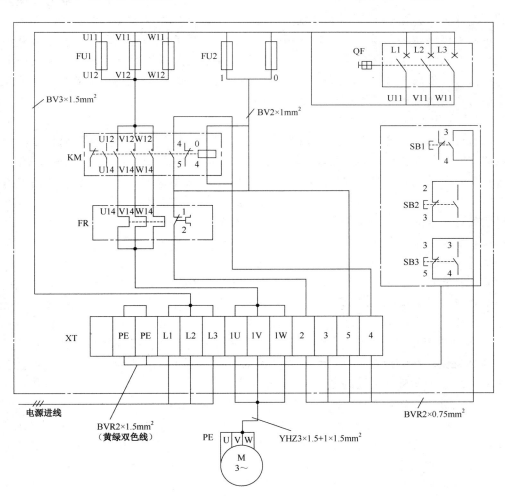

图 3-4-8　接线图

身边榜样：沙漠里的"星星" 石金星

石金星，深圳市科陆能源服务有限公司新疆区域负责人，托克逊东丰风电场场长，同时也是三个光伏电站的站长。他所带领的三个光伏电站团队被公司评为"年度优秀生产管理团队""年度优秀生产技术团队""年度优秀安全生产团队"。

与很多大学毕业生工作的格子间不同，石金星的第一份工作的办公地点是在戈壁滩。"大漠孤烟直，长河落日圆"，诗人的笔下，风光无限好。从未到过戈壁滩的人会很向往它的广阔无垠，可对于常年与戈壁为伴的人来说，就是另一番感受了。

2015年大专电气自动化专业毕业后，石金星进入深圳市科陆能源服务有限公司全资子公司哈密源和发电有限责任公司工作。由于哈密源和地处新疆戈壁滩，初入职的石金星必须下到一线，从最初级的值班员干起。虽然出生在甘肃，可对于常年在南方求学的石金星来说，生活环境依然是巨大的挑战。新疆戈壁滩昼夜温差大，夏季的板房里，白天热如蒸笼，晚上又冷如冰窖。不仅如此，戈壁滩上还经常狂风大作，被吹起的沙石敲打着板房，巨大而密集的声响仿佛要把房子掀翻一样，常常是经历了一晚上的狂风大作，第二天还得早起清理掩盖在房子上方和周围的沙石，否则时间一长就只能等着被沙石"活埋"。这样恶劣的环境让石金星心生惧惮，可即便如此，石金星依旧咬紧牙关，告诉自己"再坚持一下，一切都会好起来"。

"天将降大任于斯人也，必先苦其心志，劳其筋骨。"石金星经受住了大自然一次次残酷的磨砺。在这样恶劣的自然环境下，石金星没有放弃"生"的希望和"活"的价值，一有时间，就抓紧时间学习专业知识、管理知识，他坚信"知识改变命运"。天道酬勤，石金星没有辜负每一个日照天明，日日夜夜地"修炼"。提升自我，让他拥有了逆境翻盘、化腐朽为神奇的过人能力。

现实的磨砺总是无法预测来影去踪，就像戈壁滩上的自然灾害。五十年难遇的大洪水也被石金星赶上了。为了保住公司的电力设备，保障地区供电，他和他的团队全部奋斗在一线，只为一个目标：不让升压站进水，不让电缆沟进水。为了保全重要设备，身处灾难中的他们只能看着板房进水，篮球架被冲走，生活资源"一去不复返"。最终经过大家艰苦卓绝的共同努力，主体电力设备保住了。为了减小损失，暴雨还没完全结束，石金星和他的团队就已经开展抢修工作，检查设备，清理电缆沟，最终及时使系统投运，将损失降低到了最低限度。

就这样"坚持再坚持""拼搏再拼搏"，石金星与大自然的拉锯战迎来了胜利曙光。正因为他的卓越表现，在短短几年时间里，石金星从一个小小的值班员成长为公司的新疆区域项目经理，成为了1个风电场的场长，3个光伏电站的站长。

从职场小白，到优秀管理者，石金星用亲身经历告诉我们："与戈壁斗，其乐无穷。与现实斗，其乐无穷"。这个戈壁滩上的守望者和战斗者，迅速成长为公司里一颗耀眼的新星。

2019年1月，因项目被中核汇能有限公司收购，石金星随之一同转入了中核汇能有限公司新疆分公司，也离开了原来的专业技术岗位，承担起并购项目的项目管理和专职的经济评价等工作，一切又是新的挑战、新的机遇。这一路上，石金星扎根行业一线，与艰苦的自然环境做斗争，与不见前路的未来做斗争。抬头看路，漫天风沙，那就专注脚下，风雨兼程。石金星靠自己的坚守、勤奋、奉献和智慧，在戈壁滩上种出了人生之花。

他坚信，只有耐得住孤独与寂寞，方能最终培育出梦想的花海。我们也相信，像石金星这样的人不管在哪里，都能手握乾坤，主宰命运，成为行业翘楚！

习　题

一、填空题

（1）辅助文字符号可以单独使用，如＿＿＿＿表示闭合，＿＿＿＿表示断开。

（2）双字母符号，由一个表示种类的字母与另一个字母组成，如 FU 表示＿＿＿＿，FR 表示＿＿＿＿。

（3）查找故障时，通常用＿＿＿＿＿分析电路原理、判断故障，用＿＿＿＿确定故障部位。

（4）图形符号一般由＿＿＿＿、＿＿＿＿、＿＿＿＿、＿＿＿＿四部分组成。

（5）图形符号均按电器＿＿＿＿＿＿＿＿＿＿＿＿＿＿＿＿＿＿＿＿＿＿＿＿状态绘制。

二、选择题

（1）在电气图中，用"M"表示（　　）。

A. 电动机　　　　　　　　　　B. 发电机

C. 电池　　　　　　　　　　　D. 接触器

（2）在电气图中，用"I"表示（　　）。

A. 电阻　　　　　　　　　　　B. 电流

C. 电压　　　　　　　　　　　D. 电感

（3）在电气图中，用"G"表示（　　）。

A. 电动机　　　　　　　　　　B. 发电机

C. 电池　　　　　　　　　　　D. 继电器

（4）（　　）表示电气装置、设备或元件的连接关系，是进行配线、接线、调试不可缺少的图纸。

A. 电气系统图　　　　　　　　B. 电气接线图

C. 电气原理图　　　　　　　　D. 电气元件布置图

（5）下面哪个不是常用的电气图？（　　）

A. 电气元件布置图　　　　　　B. 单线接线图

C. 电气原理图　　　　　　　　D. 电气接线图

三、判断题

（1）图形符号方位不是强制不变的。　　　　　　　　　　　　（　　）

（2）在电气图中，图形符号一般按水平或垂直布置。　　　　　（　　）

（3）连接线不允许采用斜线。　　　　　　　　　　　　　　　（　　）

（4）连接线可以任意布置。　　　　　　　　　　　　　　　　　　（　　）

（5）图纸是表示信息的一种技术文件，必须有一定的格式和共同遵守的规定。（　　）

（6）图形符号的方位可根据图面布置的需要旋转或成镜像放置。　　　（　　）

（7）标准符号可以旋转，或成镜像放置，也可以改变其文字和指示方向。（　　）

（8）识读电气原理图应先电气后机械。　　　　　　　　　　　　　（　　）

（9）布置图中各电气元件的文字符号不一定与原理图中相关元件的符号一致。（　　）

（10）符号尺寸大小、线条粗细依国家标准可放大或缩小，但在同一张图样中，同一符号的尺寸应保持一致，各符号之间及符号本身比例应保持不变。　　　　　　（　　）

四、简答题

（1）简述主电路中接线端子标记的方法。

（2）叙述控制电路分析方法。

项目四　常用低压电器

行业先锋：矿井维修电工工匠　游弋

　　游弋，男，1970年生，河南能源化工集团某煤矿电工班班长，第十三届全国人大代表，曾获得全国劳动模范、全国技术能手、首批全国煤炭行业技能大师、全国职工职业道德标兵（个人）、河南省十大能工巧匠等荣誉称号，享受国务院政府特殊津贴。

　　创新技术超1600项，国家授权专利64项，发表专业技术论文超140篇，各类创新成果转化率达95%以上，累计创效达1.5亿元……这就是游弋带领的团队，历时十年斩获的成果。看着这些卓越的成就，你能将其与一个小山村的辍学娃联系到一起吗？

　　游弋出生于一个贫困的小村庄，原本就缺衣少食的日子，因为母亲重病更是雪上加霜。初中二年级时，母亲突然病逝，游弋不得不辍学，从此走上远赴他乡打工的漂泊之路。没有学历，不懂技术，不会技能，游弋跟着堂兄弟辗转三千多公里，到了内蒙古海拉尔一个煤矿当掘进工，在煤矿，这是最苦、最累、最危险的活儿，但21岁的游弋一干就是8年。

　　1999年初，为了离家人近一些，游弋到河南能源化工集团某煤矿工作，干的工作依然是掘进。青春年少的他勇敢地和命运抗争，带着"不会就从头学，笨鸟先飞"的精神，游弋一次次突破自我。他将工地变成了课堂，紧紧抓住每一次学习的机会，"出煤不出煤，关键看机电"，机电检修是煤矿上技术含金量比较高的活儿。每次碰到检修机器的时候，游弋就忙前忙后帮着打下手，专心致志地观察师傅的一举一动，不懂就问，瞅住机会上手就练。在学中练，在练中学，游弋进步很快。2000年，公司开办业余电工培训班，游弋逢课必上。每天下班他匆匆忙忙吃点饭，骑上自行车就跑到十多公里之外的培训学校去听课。没有座位，他就站在教室最后，趴在窗台上记笔记。只要培训班开班，不管刮风下雨，他总是准时出现在教室，专心聆听老师讲课，成为最认真勤奋的"学霸旁听生"。几年时间过去，游弋从不会开关电脑，到学会CAD制图和电脑编程画图，实现了从中级工、高级工到技师的升级跳。成为电工之后，面对企业主井成套设备从德国进口，说明书均为英文和德文的情况，游弋虚心请教、刻苦钻研，努力提升技能，利用半年多时间吃透了上百张外文电路图纸，成为企业第一个玩转洋设备的"土专家"。

　　2005年，主井提升电动机转子磁极绕组之间的叠片式连接装置频繁开裂，严重影响正常生产。游弋大胆提出用"铜编织线软连接"对德国原装叠片式连接装置进行改造的想法，并主动承担改造任务。连接装置经技术改造后，在长达十多年的运行中再未出现任何故障，至今运行状态良好。

2016 年，主井进口交流同步电动机磁极绕组需要更换，磁极绕组质量大，与磁极座要求配合精密，因此，拆装磁极绕组是一项复杂而又细致的工作，以往拆装磁极绕组时，依靠人工操纵起重机和手拉葫芦互相配合的方式进行，不但耗时费力，而且因作业空间狭小，稍有不慎就会导致磁极绕组损坏甚至造成人身伤害事故。为了彻底解决这一难题，游弋自我加压，独立设计出一套拆装专用工具，将推拉磁极绕组的移动精度控制在毫米级，施工人员由 20 人减少到 6 人，时间由 10 小时拆装 1 个磁极绕组减少到 4.5 小时拆装 2 个，拆装效率大大提高，并且彻底消除了拆装过程中潜在的安全隐患，保证了拆装安全。

从 1999 年进厂到 2019 年，游弋先后完成数十项科技创新，取得 18 项国家专利，部分成果填补国内和行业技术空白。2009 年"游弋创新工作室"成立之后，在游弋的影响带动下，工作室创新队伍从三人壮大到二百余人，工作室也三易其址，面积从最初的几十平方米扩展到六百多平方米。

命运给了游弋一个比较低的起点，他却用自己的奋斗写出了一个绝地反击的故事，这个故事关于独立、关于梦想、关于勇气、关于坚韧。"人生没有等来的精彩，只有干出来的辉煌！一路走来，我们累并快乐着！每次克服掉困难，解决完问题，我就感觉特别开心！"灿烂的笑容是游弋的"标配表情"，这与他的感恩心态有直接关系。游弋时常告诫工作室成员，要有积极心态，懂得感恩，用自己所学，实干、苦干、巧干，回报企业，为企业高质量发展尽力尽责。这，就是一位大国工匠的初心与情怀。

学习任务与要求

1）培训内容

（1）掌握低压电器的基本知识。

（2）理解常用低压电器的结构和工作原理。

（3）掌握常用低压电器的元件参数和选用方法。

（4）会排查和维修常用低压电器中元件的一般故障。

2）目标要求

（1）学员要熟悉常见低压电器的名称、用途、结构、工作原理。

（2）学员要能熟练识读和绘制常见低压电器的图形符号、文字符号。

（3）学员要会判断、检测、正确连接低压电器的导电部分及掌握使用注意事项。

（4）学员要能准确选用、调整和维修常用低压电器。

3）须准备的工具

常用电工工具、仪表及低压电器。

4）预习要求

（1）查阅相关低压电器的样本资料。

（2）阅读本书相关内容。

（3）阅读国家/行业相关规范与标准。

（4）学习相关拓展资料。

5）重点或难点

（1）常用低压电器工作原理和正确使用方法。

（2）排查和排除低压电器的常见故障。

6）学习方法建议

（1）收集相关资料。

（2）预习基础知识，重点是应用电工工具、仪表的排查和维修低压电器。

（3）拆装低压电器，了解低压电器内部结构和工作原理。

（4）练习低压电器的接线，检测和排除低压电器常见故障。

模块一　低压电器基本知识

4.1.1　低压电器的定义

低压电器是指用在交流 50Hz、1200V 以下或直流 1500V 以下的电路中，能根据外界的信号和要求，手动或自动地接通、断开电路，以实现对电路或电气设备的切换、控制、保护、检测和调节的工业电器。

低压电器作为基本控制电器，广泛应用于输电/配电系统和自动控制系统，在工农业生产、交通运输和国防工业中起着极其重要的作用。无论是低压供电系统还是控制生产过程的电力拖动控制系统均由用途不同的各类低压电器所组成。目前，低压电器正朝着小型化、模块化、组合化和高性能化的方向发展。

4.1.2　低压电器的分类

1. 按动作原理分类

（1）手动电器：这类电器的动作是由工作人员手动操纵的，如刀开关、组合开关及按钮等。

（2）自动电器：这类电器是按照操作指令或参量变化自动动作的，如接触器、继电器、熔断器和行程开关等。

2. 按用途和所控制的对象分类

（1）低压控制电器：主要指设备电气控制系统中各种控制电路和控制系统的电器，如接触器、继电器、电动机启动器等。

（2）低压配电电器：主要指低压配电系统中用于电能的输送和分配的电器，如刀开关、转换开关、熔断器、自动开关和低压断路器等。

（3）低压主令电器：主要指自动控制系统中发送动作指令的电器，如按钮、转换开关等。

（4）低压保护电器：主要指保护电源、电路及用电设备，使它们不致在短路、过载等状态下遭到损坏的电器，如熔断器、热继电器等。

（5）低压执行电器：主要指完成某种动作或传送功能的电器，如电磁铁、电磁离合器等。

3. 按工作环境分类

（1）一般用途低压电器：一般用途低压电器指用于海拔高度不超过 2000m，周围环境温度在–25℃～40℃之间，空气相对湿度为 90%，安装倾斜角不大于 5°，无易爆介质及无显著摇动和冲击震动的场合的电器。

（2）特殊用途电器：特殊用途电器是指在特殊环境和工作条件下使用的各类低压电器，通常是在一般用途低压电器的基础上派生而成的，如防爆电器、船舶电器、化工电器、热带电器、高原电器以及牵引电器等。

4.1.3 低压电器的组成

低压电器一般由感受部分和执行部分两部分组成。

1. 感受部分

感受部分感受外界的信号并做出有规律的反应。在自动切换电器中，感受部分大多由电磁机构组成，如交流接触器的感受部分由线圈、铁芯、衔铁和复位弹簧构成。在手动电器中，感受部分通常指操作手柄，如主令控制器由手柄和凸轮块组成感受部分。

2. 执行部分

执行部分根据指令要求，执行电路接通、断开等任务，如交流接触器的触点及灭弧装置。

对自动电器，还具有中间（传递）部分，它的任务是把感受和执行两部分联系起来，使它们协调一致，按一定的规律动作。

4.1.4 低压电器的主要性能指标

低压电器的性能指标主要包括额定电压、额定电流、通断能力、电气寿命和机械寿命等。

1. 额定电压

额定电压是保证电器在规定条件下能长期正常工作的电压值。有电磁机构的低压控制电器还规定了吸引线圈的额定电压。

2. 额定电流

额定电流是保证电器在规定条件下能长期正常工作的电流值。同一电器在不同的使用条件下，有不同的额定电流等级。

> 提示：低压电器只有在额定工作状态下，才会长期正常工作。

3. 通断能力

通断能力是开关电器在规定条件下，能在给定电压下接通和切断的预期电流值。通断能力与电器的额定电压、负载性质、灭弧方法等有很大关系。

4. 电气寿命

在规定的正常工作条件下，开关电器的机械部分在不需要修理或更换零件时能实现的带负载操作循环次数。

5. 机械寿命

开关电器的机械部分，在需要修理或更换机械零件前，所能承受的无载操作次数。

> **提示：** 低压电器和高压电器的分界线是"交流50Hz、1200V或直流1500V"。

模块二　低 压 开 关

4.2.1　刀开关

刀开关是低压配电电器中结构最简单、应用最广泛的电器，主要用在低压成套配电装置中，用于不频繁地手动接通和分断交、直流电路或用作隔离开关，也可以用于不频繁地接通与分断工作电流不超过额定电流的负载，如小型电动机等。

1. 刀开关的结构

刀开关的典型结构如图4-2-1所示，它主要由手柄、触刀、静插座和绝缘底板等组成。

刀开关按极数分为单极、双极和三极；按操作方式主要分为直接操作式、杠杆操作式和电动操作式；按刀开关转换方向分为单投和双投等。

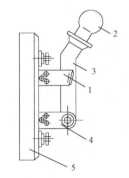

1—静插座；2—手柄；3—触刀；
4—铰链支座；5—绝缘底板

图4-2-1　刀开关典型结构

2. 常用的刀开关

目前常用的刀开关型号有HD（单投）和HS（双投）等系列，其中HD系列刀开关按现行新标准应该称HD系列刀形隔离器，而HS系列称为双投刀形转换开关。在HD系列中，HD11、HD12、HDl3、HDl4为老型号，HDl7为新型号，产品结构基本相同，功能相同。

HD、HS系列刀开关主要用于交流380V/50Hz电力网络中的电源隔离或电流转换，是电力网络中必不可少的电气元件，常用于各种低压配电柜、配电箱、照明箱中。电源接入电路后首先接刀开关，之后再接熔断器、断路器、接触器等其他电气元件，以满足各种配电柜、配电箱的功能要求，当刀开关之后的电气元件或线路出现故障，隔离电源就靠刀开关来实现，以便对设备、电气元件进行修理和更换。

HS系列刀开关主要用于转换电源，即当一路电源不能供电，需要另一路电源供电时就由它来进行转换，当转换开关处于中间位置时，可以起隔离作用。

刀开关的型号及其含义如图 4-2-2 所示：

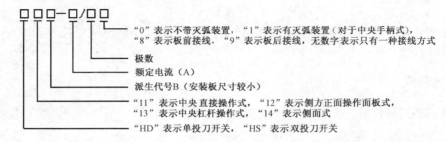

图 4-2-2　刀开关型号及含义

HD17 系列刀开关的主要技术参数如表 4-2-1 所示。

表 4-2-1　HD17 系列刀开关的主要技术参数

额定电流（A）	通断能力（A）			在 AC380V 和 60% 额定电流时，刀开关的电气寿命（次）	电动稳定性电流峰值（kA）	1s 热稳定性电流（kA）
	AC 380V cosφ=0.72～0.9	DC				
		220V	440V			
		T=0.01～0.011s				
200	200	200	100	1000	30	10
400	400	400	200	1000	40	20
600	600	600	300	500	50	25
1000	1000	1000	500	500	60	30
1500	—	—	—	—	80	40

为了使用方便和减少体积，在刀开关上安装熔丝或熔断器，组成兼有通断电路和保护作用的开关电器，如胶盖刀开关、熔断器式刀开关等。

3. 胶盖刀开关

胶盖刀开关即开启式负荷开关，适用于交流 50Hz，额定电压单相 220V、三相 380V，额定电流最高至 100A 的电路中，用于不频繁地接通和分断有负载电路与小容量电路的短路保护。其中三极开关适当降低容量后，可用于小型感应电动机手动不频繁操作的直接启动及分断，常用的有 HK1 和 HK2 系列。胶盖刀开关的型号及其含义如图 4-2-3 所示。

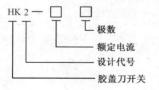

图 4-2-3　胶盖刀开关型号及含义

HK2 系列胶盖刀开关的主要技术参数列于表 4-2-2。

表 4-2-2　HK2 系列胶盖刀开关的主要技术参数

型号规格	额定电压（V）	极数	额定电流（A）	型号规格	额定电压（V）	极数	额定电流（A）
HK2-100/3	380	3	100	HK2-60/3	220	2	60
HK2-60/3	380	3	60	HK2-30/3	220	2	30

续表

型号规格	额定电压（V）	极数	额定电流（A）	型号规格	额定电压（V）	极数	额定电流（A）
HK2-30/3	380	3	30	HK2-15/3	220	2	15
HK2-15/3	380	3	15	HK2-10/3	220	2	10

4. 熔断器式刀开关

熔断器式刀开关即熔断器式隔离开关，是以熔断体或带有熔断体的载熔件作为动触点的一种隔离开关，常用的型号有 HR3、HR5、HR6 系列，主要用于额定电压 AC 660 V（45～62Hz），额定电流最高至 630A 的具有高短路电流的配电电路和电动机电路中；作为电源开关、隔离开关、应急开关，用于电路保护，但一般不作为直接启停单台电动机之用。HR5、HR6 熔断器式刀开关中的熔断器为 NT 型低压高分断型熔断器，是引进德国 AEG 公司制造技术生产的产品。

HR5、HR6 系列若配用有熔断撞击器的熔断体，当某极熔断体熔断时，撞击器便会弹出，使辅助开关发出信号，从而实现断相保护。

熔断器式刀开关的型号及其含义如图 4-2-4 所示：

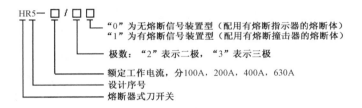

图 4-2-4 熔断器式刀开关型号及含义

HR5 系列熔断器式刀开关的主要技术参数列于表 4-2-3。

表 4-2-3 HR5 系列熔断器式刀开关的主要技术参数

额定工作电压（V）	380		660	
额定电流（A）	100	200	400	630
熔体额定电流（A）	4～160	80～250	125～400	315～630
熔断体号	0	1	2	3

另外，还有封闭式负荷开关（即铁壳开关），常用系列为 HH3、HH4，适用于额定工作电压 380V、额定工作电流不高于 400A、频率 50Hz 的交流电路中，可用于手动不频繁地接通、分断有负载的电路，并有过载和短路保护作用。

5. 刀开关的选用及图形、文字符号

刀开关的额定电压应等于或大于电路额定电压，刀开关额定电流应等于（在开放或通风良好的场合）或稍大于（在封闭的开关柜内或散热条件较差的工作场合，一般选 1.15 倍）电路工作电流。在开关柜内使用还应考虑操作方式，如杠杆操作机构、旋转式操作机构等。当用刀开关控制电动机时，刀开关额定电流要大于电动机额定电流的 3 倍。

刀开关的图形符号及文字符号如图 4-2-5 所示。

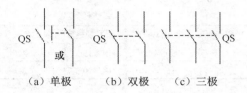

（a）单极　　（b）双极　　（c）三极

图 4-2-5　刀开关的图形符号及文字符号

提示：刀开关没有灭弧装置，因此不能带负荷断开或闭合刀开关。

4.2.2　组合开关

组合开关又称转换开关，也是一种刀开关。不过组合开关的刀片（动触片）是转动式的，比刀开关轻巧而且组合性强，能组成各种不同的电路。

组合开关有单极、双极和三极之分，由若干个动触点及静触点分别装在数层绝缘件内组成，动触点随手柄旋转而变更其通断位置。顶盖部分由滑板、凸轮、扭簧及手柄等零件构成操作机构。由于该机构采用了扭簧储能结构从而能快速闭合及分断开关，使开关闭合和分断的速度与手动操作无关，提高了产品的通断能力。其结构示意图如图 4-2-6 所示。静止时虽然组合开关中各触点位置不同，但当手柄转动 90°时，三对动、静触点均闭合，接通电路。

常用的组合开关有 HZ5、HZl0 和 HZW（3LB、3ST1）等系列。其中 HZW 系列主要用于三相异步电动机带负荷启动、转向以及主电路和辅助电路转换，可全面代替 HZl0、HZ12、LW5、LW6、HZ5-S 等产品。

HZW 系列组合开关采用组合式结构，由定位系统、限位系统、接触系统及面板手柄等组成。接触系统采用桥式双断点结构。绝缘基座分为 1～10 节共 10 种，定位系统采用棘爪式结构，可获得 360°旋转范围内 90°、60°、45°、30°定位，相应实现 4 位、6 位、8位、12 位的开关状态。

组合开关的型号及其含义如图 4-2-7 所示。

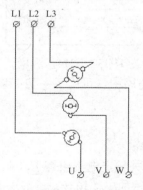

图 4-2-6　组合开关结构示意图

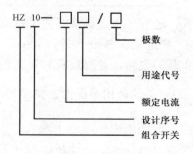

图 4-2-7　组合开关型号及含义

HZl0 系列组合开关的主要技术参数列于表 4-2-4。

表 4-2-4　HZl0 系列组合开关主要技术参数

型　号	用　途	AC（A）		DC（A）		次　数
		接通	断开	接通	断开	
HZ10-10（1/2/3 极）	用于配电电器	10	10	10		10000
HZ10-25（2/3 极）		25	25	25		15000
HZ10-60（2/3 极）	控制交流电动机	60	60	60		5000
HZ10-10（3 极）		60	10			5000
HZ10-25（3 极）		150	25			

部分组合开关的图形符号和文字符号如图 4-2-8 所示。

（a）单极　　　　　　　　　　（b）三极

图 4-2-8　部分组合开关的图形符号和文字符号

4.2.3　低压断路器

低压断路器又叫自动空气开关，可简称断路器，是低压配电网络和电力拖动系统中常用的一种配电电器，它集控制和多种保护功能于一体，在正常情况下可用于不频繁地接通和断开电路以及控制电动机的运行。

低压断路器有操作安全、安装使用方便、动作值可调、分断能力较高、兼顾多种保护、动作后不需要更换元件等优点，因此得到广泛应用，常用的型号有 DZ5 系列和 DZ10 系列等；低压断路器还可分为 D 系列和 C 系列，D 系列不带漏电保护，C 系列带漏电保护。

> **提示：**当电路中发生短路、过载和失压等故障时，低压断路器能自动切断故障电路，保护电路和电气设备。

1. 低压断路器的工作原理

低压断路器主要由触点系统、操作机构和保护元件三部分组成。主触点由耐弧合金制成，采用灭弧栅片灭弧。操作机构较复杂，其通断可用操作手柄操作，也可用电磁机构操作，发生故障时自动脱扣，触点通断瞬时动作与手柄操作速度无关。其工作原理如图 4-2-9 所示。

断路器的主触点 1 是靠操作机构手动或电动合闸的，并由自动脱扣机构 2 将主触点锁在合闸位置上。如果电路发生故障，自动脱扣机构在有关脱扣器的推动下动作，使钩子脱开，于是主触点在弹簧的作用下迅速分断。过电流脱扣器 3 的线圈和热脱扣器 4 的线圈与主电路串联，欠电压脱扣器 5 的线圈与主电路并联。当电路发生短路或严重过载时，过电流脱扣器的衔铁被吸合，使自动脱扣机构动作；当电路过载时，热脱扣器的热元件产生的热量增加，使双金属片向上弯曲，推动自动脱扣机构动作；当电路失压时，欠电压脱扣器的衔铁释放，也使自动脱扣机构动作。分励脱扣器 6 则作为远距离分断电路使用，根据操作人员的命令或其他信号使线圈通电，从而使低压断路器跳闸。低压断路器根据不同用途可配备不同的脱扣器。

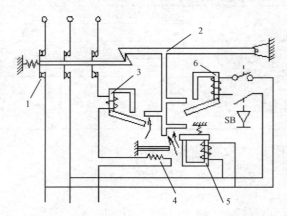

1—主触点；2—自动脱扣机构；3—过电流脱扣器；4—热脱扣器；5—欠电压脱扣器；6—分励脱扣器

图 4-2-9　低压断路器工作原理图

2．低压断路器的主要技术参数

（1）额定电压：额定电压在数值上取决于电网的额定电压等级，我国电网额定电压标准规定为 AC220V、380V、660V 及 1140V，DC220V、440V 等。应该指出，同一低压断路器可以在几种额定工作电压下使用，但相应的通断能力并不相同。

（2）额定电流：低压断路器的额定电流就是过电流脱扣器的额定电流，一般是指低压断路器的额定持续电流。

（3）通断能力：指低压断路器在规定的条件下（电压、频率及交流电路的功率因数或直流电路的时间常数一定），能在给定的电压下接通和分断的最大电流值，也称为额定短路通断能力。

（4）分断时间：指切断故障电流所需的时间，它包括固有的断开时间和燃弧时间。

3．低压断路器典型产品介绍

低压断路器按其结构特点可分为框架式低压断路器和塑料外壳式低压断路器两大类。

1）框架式低压断路器

框架式低压断路器又叫万能式低压断路器，主要用于 40～100kW 电动机的不频繁全压启动，并起短路、过载、失压保护作用。其操作方式有手动、杠杆、电磁铁和电动机操作四种。额定电压一般为 380V，额定电流为 200～4000A。常见的框架式低压断路器有 DW10 系列等。

（1）DW10 系列低压断路器：本系列产品额定电压为交流 380V 和直流 440V，额定电流为 200～4000A，非选择型（即无短路短延时），由于其技术指标较低，现已逐渐被淘汰。

（2）DW15 系列低压断路器：它是 DW10 系列的更新换代产品，其额定电压为交流 380V，额定电流为 200～4000A，极限分断能力比 DW10 系列大一倍。它分选择型和非选择型两种产品，选择型的采用半导体脱扣器。在 DW15 系列低压断路器的结构基础上，适当改变触点的结构，则制成 DWX15 系列限流式低压断路器，它具有快速断开和限制短路电流上升的特点，因此特别适用于可能产生特大短路电流的电路中。在正常情况下，它也可用于电路的不频繁通断及电动机的不频繁启动。

2）塑料外壳式低压断路器

塑料外壳式低压断路器又称装置式低压断路器或塑壳式低压断路器。一般用作配电电路的保护开关，以及电动机和照明电路的控制开关等。

塑料外壳式低压断路器有一绝缘塑料外壳，触点系统、灭弧室及脱扣器等均安装于外壳内，而手柄露在正面壳外，可手动或电动分合闸。它也有较强的分断能力和动稳定性以及比较完善的选择性保护功能。我国目前生产的塑料外壳式低压断路器有 DZ5、DZ10、DZX10、DZ12、DZ15、DZX19、DZ20 及 DZl08 等系列产品，DZl08 为引进德国西门子公司 3VE 系列塑料外壳式低压断路器技术而生产的产品。

塑料外壳式低压断路器型号意义如图 4-2-10 所示：

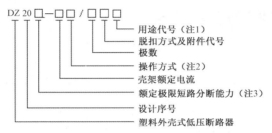

注：（1）配电无代号：保护电动机用"2"表示。

（2）手柄直接操作无代号；电动机操作用"P"表示；转动手柄用"Z"表示。

（3）按额定极限短路分断能力高低分为：Y——一般型；G——最高型；S——四极型；J——较高型；C——经济型。

图 4-2-10　塑料外壳式低压断路器型号意义

DZ20 系列塑料外壳式低压断路器的主要技术参数列于表 4-2-5。

表 4-2-5　DZ20 系列塑料外壳式低压断路器主要技术参数

型　　号	额定电压（V）	壳架额定电流（A）	断路器额定电流 I_N（A）	瞬时脱扣器整定电流倍数
DZ20Y-100	～380	100	16、20、25、32、40、50、63、80、100	配电用 $10I_N$，保护电动机用 $12I_N$
DZ20J-100				
DZ20G-100				
DZ20Y-225		225	100、125、160、180、200、225	配电用 $5I_N$、$10I_N$，保护电动机用 $12I_N$
DZ20J-225				
DZ20G-225				
DZ20Y-400		400	250、315、350、400	配电用 $10I_N$，保护电动机用 $12I_N$
DZ20J-400				
DZ20G-400				配电用 $5I_N$、$10I_N$
DZ20Y-630	～220	630	400、500、630	
DZ20J-630				

低压断路器的图形符号及文字符号如图 4-2-11 所示。

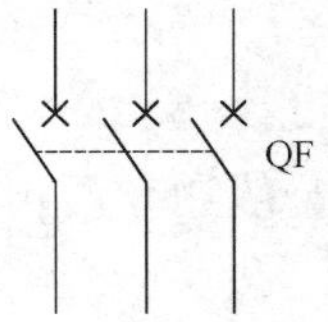

图 4-2-11　低压断路器的
图形符号及文字符号

4. 低压断路器的选择

（1）低压断路器的额定工作电压应大于或等于电路或设备的额定工作电压。

（2）低压断路器主电路额定工作电流应大于或等于负载工作电流。

（3）低压断路器的过载脱扣整定电流应等于负载工作电流。

（4）低压断路器的额定通断能力值应大于或等于电路的最大短路电流。

（5）低压断路器的欠电压脱扣器额定电压应等于主电路额定电压。

（6）低压断路器的类型应根据电路的额定电流及保护的要求来选用。

5. 低压断路器的常见故障及处理方法

低压断路器的常见故障及处理方法如表 4-2-6 所示。

表 4-2-6　低压断路器的常见故障及处理方法

故 障 现 象	故 障 原 因	处 理 方 法
不能合闸	（1）欠电压脱扣器无电压或线圈损坏 （2）储能弹簧损坏 （3）反作用弹簧力过大 （4）机构不能复位再扣	（1）检查施加电压或更换线圈 （2）（3）重新调整 （4）调整再扣接触面
电流达到整定值，低压断路器不动作	（1）热脱扣器双金属片损坏 （2）电磁脱扣器的衔铁与铁芯距离太大或电磁线圈损坏 （3）主触点熔焊	（1）更换双金属片 （2）调整衔铁与铁芯的距离或更换低压断路器 （3）检查原因并更换主触点
启动电动机时低压断路器立即分断	（1）电磁脱扣器瞬时整定值过小 （2）电磁脱扣器某些零件损坏	（1）调高整定值至规定值 （2）更换电磁脱扣器
低压断路器闭合后经一段时间自行分断	热脱扣器整定值过小	（1）调高整定值至规定值
低压断路器温升过高	（1）触点压力过小 （2）触点表面过分磨损或接触不良 （3）导电零件连接螺钉松动	（1）调整触点压力，或更换弹簧 （2）更换触点或修整接触面 （3）重新拧紧

提示：表 4-2-6 只是列举了低压断路器的一些常见故障及处理方法，实际应用中还应根据具体情况来处理。

模块三　主 令 电 器

4.3.1　按钮开关

按钮开关简称按钮，属于主令电器，是一种短时接通或断开小电流电路的手动低压控制电器，常用于控制电路中发出启动、停止、正转或反转等指令，通过控制继电器、接触器等动作，从而控制主电路的通断。按下按钮帽，其常开触点闭合，常闭触点断开；松开按钮帽，在复位弹簧的作用下，触点复位。按钮触点允许通过的电流很小，一般不超过 5A，不能直接控制主电路的通断。按钮通常有常开按钮、常闭按钮、复合按钮和带灯按钮等。选用按钮应根据它的作用，从触点数、颜色和形状等方面综合考虑，安装时要根据控制工艺要求，合理布局，整齐排列。

按钮由按钮帽、复位弹簧、触点和外壳等组成，通常做成复合式，即具有常开触点和常闭触点，其结构示意图如图 4-3-1 所示。

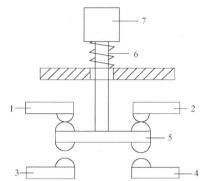

1、2—常闭（静）触点；3、4—常开（静）触点；5—动触点；6—复位弹簧；7—按钮帽

图 4-3-1 按钮结构示意图

按钮的图形符号和文字符号如图 4-3-2 所示。

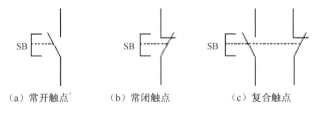

（a）常开触点   （b）常闭触点   （c）复合触点

图 4-3-2 按钮的图形符号和文字符号

常见的按钮有如下种类：

1. 按结构形式分

（1）旋钮式按钮：用手动旋钮进行操作的按钮。
（2）指示灯式按钮：按钮内装入信号灯显示信号的按钮。
（3）紧急式按钮：装有蘑菇形按钮帽，以示紧急情况的按钮。

2. 按接触点分

（1）动合按钮：外力未作用时（手未按下），触点是断开的，外力作用时，触点闭合，但外力消失后，在复位弹簧作用下自动恢复到原来的断开状态。动合按钮的触点为常开触点。
（2）动断按钮：外力未作用时（手未按下），触点是闭合的，外力作用时，触点断开，但外力消失后，在复位弹簧作用下自动恢复到原来的闭合状态。动断按钮的触点为常闭触点。

（3）复合按钮：既有动合按钮，又有动断按钮的按钮组，称为复合按钮。按下复合按钮时，所有的触点都改变状态，即动合触点要闭合，动断触点要断开。但是，这两对触点的变化是有先后次序的，按下按钮时，动断触点先断开，动合触点后闭合；松开按钮时，动合触点先复位（断开），动断触点后复位（闭合）。

常见的按钮有 LA 系列和 LAY1 系列。LA 系列按钮的额定电压为交流 500V、直流 440V，额定电流为 5A；LAY1 系列按钮的额定电压为交流 380V、直流 220V，额定电流为 5A。按钮帽有红、绿、黄、白等颜色，一般红色用作停止按钮，绿色用作启动按钮。按钮主要根据所需要的触点数、使用场合及颜色来选择。按钮颜色的含义如表 4-3-1 所示。

表 4-3-1　按钮颜色的含义

颜　色	颜色含义	典　型　应　用
红	急情出现时动作	急停
	停止或断开	① 总停 ② 停止一台或几台电动机 ③ 停止机床的一部分 ④ 停止循环（如果操作者在循环期间按此按钮，机床在有关循环完成后停止） ⑤ 断开开关装置 ⑥ 兼有停止作用的复位
黄	干预	排除反常情况或避免不希望的变化，例如，当循环尚未完成，让机床部件返回到循环起始点，可按黄色按钮，以实现超越预选的其他功能
绿	启动或接通	① 总启动 ② 启动一台或几台电动机 ③ 启动机床的一部分 ④ 启动辅助功能 ⑤ 闭合开关装置 ⑥ 接通控制电路
蓝	红黄绿三种颜色未包含的任何特定含义	① 红、黄、绿含义未括的特殊情况 ② 复位
黑、灰、白	无专门指定功能	除"停止"功能外，可用于任何功能，如黑色用于点动，白色用于控制与工作循环无直接关系的辅助功能

提示： 在选择和安装按钮时，要注意其颜色，尤其是紧急状态使用的按钮不能用错。

按钮的型号及含义如图 4-3-3 所示。

主令电器　LA□□-□□□ □　结构
按钮
设计序号　　　　　常闭触点数
　　　　　　　　　常开触点数

注：不同结构的按钮，分别用不同的字母表示：如 K—开启式；S—防水式；H—保护式；F—防腐式；J—紧急式；X—旋钮式；Y—钥匙式；D—带指示灯式；DJ—紧急用带指示灯式

图 4-3-3　按钮的型号及含义

4.3.2　行程开关

行程开关又称限位开关或位置开关，其作用和原理与按钮相同，只是其触点的动作不是靠手动操作，而是利用生产机械某些运动部件的碰撞完成的。行程开关触点通过的电流一般也不超过 5A。

行程开关有多种构造形式，常用的有按钮式（直动式）、滚轮式（旋转式）。其中滚轮式又有单滚轮式和双滚轮式两种。它们的外形及其常开触点和常闭触点的符号如图 4-3-4 所示。

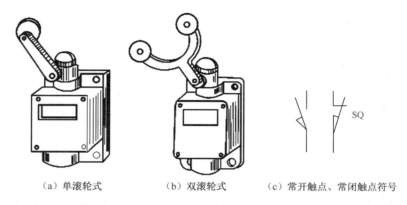

（a）单滚轮式　　　　（b）双滚轮式　　　（c）常开触点、常闭触点符号

图 4-3-4　单滚轮式、双滚轮式行程开关的外形及其常开触点、常闭触点的符号

行程开关按其结构可分为直动式（如 LX1、JLXK1 系列）、滚轮式（如 LX2、JLXK2 系列）和微动式（如 LXW-11、JLXK1-11 系列）3 种。

直动式行程开关的外形及结构原理如图 4-3-5 所示，它的动作原理与按钮相同。但其触点的分合速度取决于生产机械的运行速度，不宜用于触发速度低于 0.4m/min 的机械。

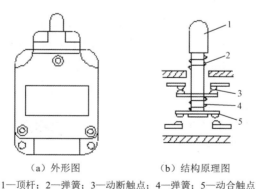

（a）外形图　　　　　（b）结构原理图
1—顶杆；2—弹簧；3—动断触点；4—弹簧；5—动合触点

图 4-3-5　直动式行程开关

滚轮式行程开关的结构如图 4-3-6 所示。当滚轮 1 受到向左的外力作用时，上转臂 2 向左下方转动，推杆 4 向右转动，并压缩右弹簧 8，同时下面的小滚轮 5 也很快沿着擒纵杆 6 迅速转动，因而使动触点迅速地与右边的静触点分开，并与左边的静触点闭合。这样就减少了电弧对触点的损坏，并保证了动作的可靠性。这类行程开关适合于低速运动的机械。滚轮式行程开关又分为单滚轮式（自动复位）和双滚轮式（羊角式，非自动复位），由于双滚轮式行

程开关具有两个稳态位置，有"记忆"作用，在某些情况下可使控制电路简化。

微动式行程开关的结构如图 4-3-7 所示。它是行程非常小的瞬时动作开关，其特点是操作力小且操作行程短，常用于机械、纺织、轻工、电子仪器等各种机械设备和家用电器中，用于限位保护和联锁。微动开关可看成尺寸甚小而又非常灵敏的微动式行程开关。

> **提示：** 行程开关是利用行程控制原则来实现生产机械电气自动化的重要电器。

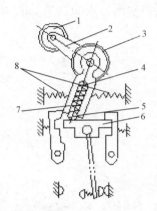

1—滚轮；2—上转臂；3—盘形弹簧；4—推杆；5—小滚轮；

6—擒纵杆；7—压缩弹簧；8—左右弹簧

图 4-3-6　滚轮式行程开关的结构

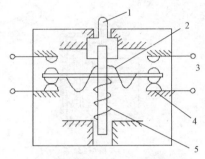

1—推杆；2—弹簧；3—动合触点；

4—动断触点；5—压缩弹簧

图 4-3-7　微动式行程开关的结构

4.3.3　万能转换开关

万能转换开关是一种控制多回路的多挡式主令电器，一般可用于多种配电装置的远距离控制，也可作为电压表、电流表的换相测量开关，还可用于小容量电动机的启动、制动、调速及正反向转换的控制，由于其触点挡数多、换接线路多、用途广泛，故有"万能"之称。

万能转换开关主要由操作机构、面板、手柄及数个触点座等部件组成，用螺栓组装成为整体。触点座可有 1～10 层，每层均可装 3 对触点，并由其中的凸轮进行控制。由于每层凸轮可做成不同的形状，因此当手柄转到不同位置时，通过凸轮的作用，可使各对触点按需要的规律接通和分断。万能转换开关的外形及触点通断情况如图 4-3-8 所示。

万能转换开关在电气原理图中的通断表示方法以及各位置的触点通断表如图 4-3-9 所示，其文字符号为 SA。图中每根竖的点画线表示手柄位置，点画线上的黑点"●"表示手柄在该位置时，上面这一路触点接通。

常见的万能转换开关的型号为 LW5 系列和 LW6 系列。选用万能转换开关时，可从以下几方面入手：首先，若用于控制电动机，则应预先知道电动机的内部接线方式，根据内部接线方式、接线指示牌以及所需要的万能转换开关触点通断表，画出电动机的接线图，只要电动机的接线图与万能转换开关的实际接法相符即可。其次，需要考虑额定电流是否满足要求。若用于控制其他电路时，则只需要考虑额定电流、额定电压和触点对数。

提示：万能转换开关一定要配合其触点通断表来使用。

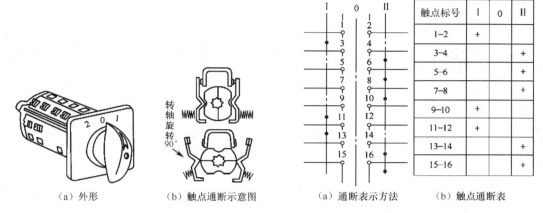

触点标号	I	0	II
1—2	+		
3—4			+
5—6			+
7—8			+
9—10	+		
11—12	+		
13—14			+
15—16			+

（a）外形　　　　（b）触点通断示意图

图 4-3-8　万能转换开关外形及触点通断示意图

（a）通断表示方法　　　（b）触点通断表

图 4-3-9　万能转换开关通断表示方法及触点通断表

4.3.4　主令控制器

主令控制器是用来频繁地按顺序操作多个控制电路的主令电器，用于在控制系统中发布命令，通过接触器来实现对电动机的启动、制动、调速和反转等，其外形及结构如图 4-3-10 所示，图中 1 与 7 表示固定于方形转轴上的凸轮块；2 是固定触点的接线柱，由它连接操作回路；3 是固定触点，由桥式动触点 4 来闭合与分断；桥式动触点 4 固定于能绕轴 6 转动的支杆 5 上。

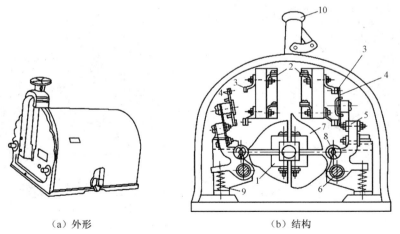

（a）外形　　　　　　　　　（b）结构

1、7—固定于方形转轴上的凸轮块；2—接线柱；3—固定触点；4—桥式动触点；
5—支杆；6—轴；8—小轮；9—弹簧；10—手柄

图 4-3-10　主令控制器外形及结构

主令控制器的动作原理：当转动手柄 10 使凸轮块 7 转动时，推压小轮 8，使支杆 5 绕轴

6 转动，桥式动触点 4 与固定触点 3 分断，将被操作回路断开。相反，当转动手柄 10 使小轮 8 位于凸轮块 7 的凹槽处，由于弹簧 9 的作用，使桥式动触点 4 与固定触点 3 闭合，接通被操作电路。触点闭合与分断的顺序由凸轮块的形状决定。

主令控制器的选用主要根据额定电流和所要控制电路的数目来选择。

提示： 在电路图中，主令控制器触点的图形符号以及操作手柄在不同位置时的触点分合状态的表示方法与万能转换开关类似。

模块四　熔　断　器

熔断器是最常用的短路保护电器。常用的低压熔断器有插入式、螺旋式、无填料封闭管式、有填料封闭管式等几种。

1. 插入式熔断器

插入式熔断器主要用于 380V 三相电路和 220V 单相电路的短路保护，其结构如图 4-4-1 所示，主要由瓷座、瓷盖、静触点、动触点、熔丝等组成，瓷座中部有一个空腔，与瓷盖的凸出部分组成灭弧室。

2. 螺旋式熔断器

螺旋式熔断器用于交流 380V、电流 200A 以内的电路和用电设备的短路保护，其外形和结构如图 4-4-2 所示，主要由瓷帽、熔断管（熔芯）、瓷套、上下接线端及底座等组成。熔断管内除装有熔丝外，还填有灭弧的石英砂。

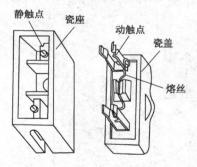

图 4-4-1　插入式熔断器的结构

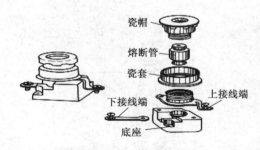

图 4-4-2　螺旋式熔断器的结构

在装接使用时，电源线应接在下接线端，负载线应接在上接线端，这样在更换熔断管时（旋出瓷帽），金属螺纹壳的上接线端便不会带电，保证维修者安全。它多用于机床配线中的短路保护。

3. 无填料封闭管式熔断器

无填料封闭管式熔断器用于交流 380V、额定电流 1000A 以内的低压电路及成套配电设备的短路保护，其外形及结构如图 4-4-3 所示，主要由熔断管、夹座组成。熔断管内装有熔体，当大电流通过时，熔体在狭窄处被熔断，钢纸管在熔体熔断所产生的电弧的高温作用下，分解出大量气体增大管内压力，起到灭弧作用。

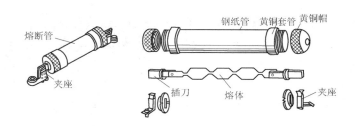

图 4-4-3　无填料封闭管式熔断器的外形及结构

4. 有填料封闭管式熔断器

有填料封闭管式熔断器主要用于交流 380V、额定电流 1000A 以内的高短路电流的电力网络和配电装置中，作为电动机、变压器及其他设备电路的短路保护电器，它主要由熔断管、插刀、熔断指示器、底座等部分组成，如图 4-4-4 所示。熔断管内填满直径为 0.5～1.0mm 的石英砂，以加强灭弧功能。

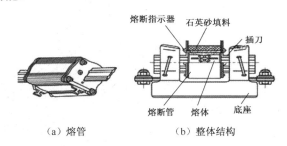

（a）熔管　　　　（b）整体结构

图 4-4-4　填料封闭管式熔断器

5. 熔断器的主要技术参数

1）额定电压

从灭弧角度出发，熔断器所在电路工作电压的最高限额为额定电压。如果电路的实际电压超过熔断器的额定电压，一旦熔体熔断，则有可能发生电弧不能及时熄灭的现象。

2）额定电流

熔断器的额定电流实际上是指熔体的额定电流，是由熔断器长期工作所允许的温升决定的电流值。配用的熔体的额定电流应小于或等于熔断器的额定电流。RL 系列熔断器技术数据如表 4-4-1 所示。

表 4-4-1　RL 系列熔断器技术数据

型号	熔断器额定电流（A）	可装熔体的额定电流（A）	型号	熔断器额定电流（A）	可装熔体的额定电流（A）
RL15	15	2、4、6、10、15	RL100	100	60、80、100
RL60	60	20、25、30、35、40、50、60	RL200	200	100、125、150、200

3）熔体的额定电流

熔体的额定电流指熔体长期通过此电流而不熔断的最大电流。生产厂家生产不同规格（额定电流）的熔体供用户选择使用。

4）极限分断能力

极限分断能力指熔断器所能分断的最大短路电流值。极限分断能力的大小与熔断器的灭弧能力有关，而与熔断器的额定电流值无关。熔断器的极限分断能力必须大于电路中可能出现的最大短路电流值。

> 提示：熔断器一般作为电路的短路保护元件。

6. 熔断器的选用

选择熔断器时主要要考虑熔断器的种类、额定电压、额定电流和熔体的额定电流等。

1）熔断器类型的选择

对于容量小的电动机和照明支线，常采用熔断器作为过载及短路保护，因此熔体的规格可适当低些；对于较大容量的电动机和照明干线，则应着重考虑短路保护和分断能力，通常选用具有较高分断能力的熔断器；当短路电流很大时，宜采用具有限流作用的熔断器。

2）熔断器额定电压的选择

熔断器额定电压一般应等于或大于电气设备的额定电压。

3）熔体的额定电流的选择

（1）对于负载平稳无冲击的照明电路等，熔体额定电流应略大于或等于负载电路中的额定电流。即

$$I_{re} \geqslant I_e$$

式中：I_{re}——熔体的额定电流；

I_e——负载电路的额定电流。

（2）对于单台长期工作的电动机，熔体额定电流可按最大启动电流选取，也可按下式选取。

$$I_{re} \geqslant (1.5 \sim 2.5) I_e$$

式中：I_{re}——熔体的额定电流；

I_e——电动机的额定电流。

如果电动机频繁启动，式中系数可适当加大至 $3 \sim 3.5$，具体应根据实际情况而定。

（3）对于多台长期工作的电动机（供电干线）的熔断器，熔体的额定电流应满足下列关系。

$$I_{re} \geqslant （1.5 \sim 2.5） I_{emax} + \sum I_e$$

式中：I_{emax}——多台电动机中容量最大的那台电动机的额定电流；

$\sum I_e$——其余电动机额定电流之和。

当熔体额定电流确定后，根据熔断器额定电流大于或等于熔体额定电流来确定熔断器额

定电流。熔断器的类型的选择主要依据就是负载的保护特性和短路电流的大小。

（4）熔断器级间的配合：为防止发生越级熔断，上、下级（即供电干、支线）的熔断器之间应有良好的配合。选用时，应使上级（供电干线）熔断器的熔体额定电流比下级（供电支线）的大1～2个级差。

7. 熔断器常见故障及维修

熔断器的常见故障及处理方法如表4-4-2所示。

表4-4-2　熔断器的常见故障及处理方法

故　障　现　象	可　能　原　因	处　理　方　法
电路接通瞬间，熔体熔断	（1）熔体额定电流等级选择过小 （2）负载侧短路或接地 （3）熔体安装时受机械损坏	（1）更换熔体 （2）排除负载故障 （3）更换熔体
熔体未见熔断，但电路不通	熔体或接线座接触不良	重新接线

提示：不得随意更改熔断器熔体的大小或用其他材料的金属来代替熔体。

模块五　交流接触器

4.5.1　交流接触器的结构及工作原理

接触器是一种通用性很强的自动式开关电器，是电力拖动和自动控制系统中一种重要的低压电器。它可以频繁地接通和断开交、直流主电路和大容量控制电路，具有欠压释放保护和零压保护功能。接触器按通过其触点的电流种类不同可分为交流接触器和直流接触器。交流、直流接触器的工作原理基本相同。交流接触器由电磁系统、触点系统和灭弧装置等组成，其外形、结构及符号如图4-5-1所示。交流接触器的文字符号为KM。交流接触器的电磁线圈接通电源时，线圈中电流产生磁场，使静铁芯产生足以克服弹簧反作用力的吸力，将动铁芯向下吸合，使常开主触点和常开辅助触点闭合，常闭辅助触点断开。主触点将主电路接通，辅助触点则接通或分断与之相连的控制电路；线圈断电时，静铁芯吸力消失，动铁芯在反作用弹簧力的作用下复位，各触点也随之复位。交流接触器的铁芯和衔铁由E形硅钢片叠压而成，防止产生电涡流和过热，铁芯上还装有短路环（防止震动和噪声）。接触器的触点分为主触点和辅助触点两种，主触点通常有三对，用于通断主电路，辅助触点又分为常开辅助触点和常闭辅助触点，用在控制电路中，起电气自锁和互锁等作用。当接触器的动静触点分开时，会产生空气放电，即"电弧"，由于电弧的温度高达3000℃或更高，会导致触点被严重烧灼，缩短电器寿命，给电气设备的运行安全和人身安全等都会造成极大的威胁，因此，我们必须采取有效方法，尽可能地消灭电弧。

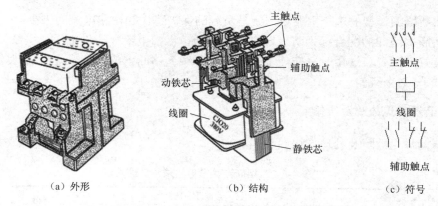

图 4-5-1　交流接触器的外形、结构及符号

（一）电磁系统

电磁系统由线圈、静铁芯、动铁芯（衔铁）等组成，其作用是操纵触点的闭合与断开。

为了减少接触器吸合时产生的震动和噪声，在铁芯上装有一个短路铜环（又称减振环），如图 4-5-2 所示。

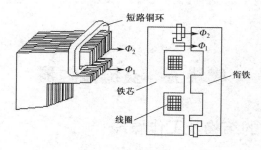

图 4-5-2　短路铜环

短路铜环相当于变压器的一个副绕组，当线圈通入交流电时，线圈中电流 I_1 产生磁通 Φ_1，短路铜环中产生感应电流 I_2，形成磁通 Φ_2，由于 I_1 与 I_2 的相位不同，故 Φ_1 与 Φ_2 的相位也不同，即 Φ_1 与 Φ_2 不同时为零。这样，在磁通 Φ_1 过零时，Φ_2 不为零而产生吸力，吸住衔铁，使衔铁始终被铁芯吸牢，震动和噪声显著减小。

（二）触点系统

触点系统中的触点按功能不同分为主触点和辅助触点。主触点用于接通和分断电流较大的主电路，体积较大，一般由三对常开触点组成；辅助触点用于接通和分断小电流的控制电路，体积较小，有常开和常闭两种触点。触点根据形状的不同，分为桥式触点和指形触点，其形状分别如图 4-5-3 所示。

（三）灭弧装置

交流接触器在分断大电流或高电压电路时，其动、静触点间的气体在强电场作用下产生放电，形成电弧。常用的灭弧方法有下面几种：

（1）电动力灭弧：利用触点分断时本身的电动力将电弧拉长，使电弧热量在拉长的过程中冷却而迅速熄灭，其原理如图 4-5-4 所示。

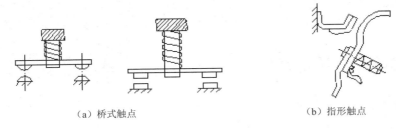

（a）桥式触点　　　　　　（b）指形触点

图 4-5-3　触点的分类

（2）双断口灭弧：将整个电弧分成两段，同时利用上述电动力将电弧迅速熄灭。它适用于桥式触点，其原理如图 4-5-5 所示。

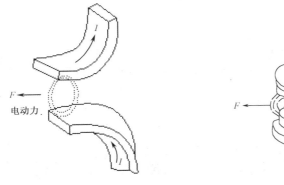

图 4-5-4　电动力灭弧

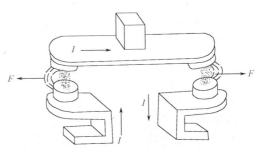

图 4-5-5　双断口灭弧

（3）纵缝灭弧：采用一个纵缝灭弧装置来完成灭弧任务，如图 4-5-6 所示。

（4）栅片灭弧：栅片灭弧装置如图 4-5-7 所示，主要由灭弧栅和灭弧罩组成。

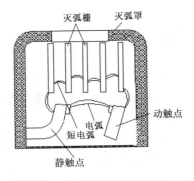

图 4-5-6　纵缝灭弧装置图

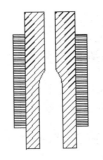

图 4-5-7　栅片灭弧装置

（四）其他部件

其他部件主要有反作用弹簧、复位弹簧、缓冲弹簧、触点压力弹簧、传动机构、接线柱、外壳等。

> 提示：接触器适用于频繁操作，并具有低压释放的保护性能，以及工作可靠、寿命长和体积小等优点。

4.5.2 接触器基本技术参数

1. 额定电压

额定电压指主触点上的额定电压。其电压等级为：
交流接触器：220V、380V、500V；
直流接触器：220V、440V、660V。

2. 额定电流

额定电流指主触点的额定电流。其电流等级为：
交流接触器：10A、15A、25A、40A、60A、150A、250A、400A、600A…最高可达 2500A；
直流接触器：25A、40A、60A、100A、150A、250A、400A、600A。

3. 线圈的额定电压

线圈额定电压的电压等级为：
交流接触器的线圈：36V、110V、127V、220V、380V；
直流接触器的线圈：24V、48V、110V、220V、440V。

4. 额定操作频率

额定操作频率即每小时通断次数。交流接触器的此项指标可高达每小时 6000 次，直流接触器的此项指标可达每小时 1200 次。

4.5.3 接触器的选用

1. 接触器类型选择

接触器的类型应根据负载电流的类型（交流负载还是直流负载）和负载的大小（轻负载、一般负载还是重负载）来选择。

2. 主触点额定电流的选择

接触器的额定电流应大于或等于被控电路的额定电流。对于电动机负载可根据下列经验公式计算：

$$I_{NC} \geqslant P_{NM}/(1 \sim 1.4)U_{NM}$$

式中：I_{NC}——接触器主触点额定电流（A）；

P_{NM}——电动机的额定功率（W）；

U_{NM}——电动机的额定电压（V）。

若接触器控制的电动机启动、制动或正反转频繁，一般将接触器主触点的额定电流降一级使用。

3. 额定电压的选择

接触器主触点的额定电压应大于或等于负载电路的电压。

4. 线圈额定电压的选择

线圈额定电压不一定等于主触点的额定电压，当电路简单，使用电器少时，可直接选用 380V 或 220V 的电压，若电路复杂，使用电器超过 5 个，可用 24V、48V 或 110V 电压（1964 年国标规定为 36V、110V 或 127V）。吸引线圈允许在线圈额定电压的 80%～105% 范围内使用。

5. 接触器的触点数量、种类选择

接触器触点数量和种类应满足主电路和控制电路的要求。各种类型的接触器触点数目不同。交流接触器的主触点有三对（常开触点），一般有四对辅助触点（两对常开、两对常闭），最多可达到六对（三对常开、三对常闭）。直流接触器主触点一般有两对（常开触点）；辅助触点有四对（两对常开、两对常闭）。接触器的型号意义如图 4-5-8 所示。

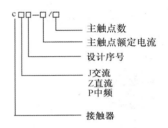

图 4-5-8　接触器型号意义

> **提示：** 在电气原理图中，接触器主触点一般在主电路中，控制电动机的运行，接触器的线圈、辅助触点一般在控制电路中，一般利用按钮等主令电器控制其线圈是否通电，再利用线圈是否通电，来控制其主触点和辅助触点，以控制电动机的启动、运行、制动等。

4.5.4　接触器的安装方法

安装接触器前应检查线圈的额定电压等技术数据是否与实际相符，然后将铁芯极面上的防锈油脂或锈垢用汽油擦净，以免多次使用后铁芯被油垢粘住，造成接触器断电时不能释放触点；接触器安装时，一般应垂直安装，其倾斜角度不得超过 5°，否则会影响接触器的动作特性。安装有散热孔的接触器时，应将散热孔朝向上方，以利于线圈散热；使线圈观察孔朝向下方，防止在使用中异物落入对电磁系统造成卡阻；安装与接线时，注意不要把杂物失落到接触器内，以免引起卡阻而烧毁线圈，同时应将螺钉拧紧，以防震动松脱。

4.5.5　接触器维护及常见故障处理

接触器的触点应定期清扫并保持整洁，但不得涂油，当触点表面因电弧作用形成金属小珠时，应及时铲除，但银及银合金触点表面产生的氧化膜，由于接触电阻很小，可不必修复。

触点过热的主要原因有接触压力不足，表面接触不良，表面被电弧灼伤等，造成触点接

触电阻过大。

触点磨损有两种原因，一是电气磨损，由于电弧的高温使触点上的金属氧化和蒸发所致；二是机械磨损，由于触点闭合时的撞击，触点表面相对滑动摩擦所致。

线圈断电后触点不能复位，其原因有触点被电弧熔焊在一起，铁芯剩磁太多，复位弹簧弹力不足，活动部分被卡住等。

衔铁震动有噪声的主要原因有短路铜环损坏或脱落，衔铁歪斜，铁芯端面有锈或尘垢，使动、静铁芯接触不良，复位弹簧弹力太大，活动部分卡滞，使衔铁不能完全吸合等。

线圈过热或烧毁的主要原因有线圈匝间短路，衔铁吸合后有间隙，操作频繁，超过允许操作频率，外加电压高于线圈额定电压等。

> 提示：
> （1）直流接触器和交流接触器的工作原理及选用方法类似。
> （2）在使用低压交流接触器时，一定要注意其线圈额定电压的等级。

模块六　继　电　器

继电器主要用于控制与保护电路中的信号转换。继电器具有输入电路（又称感应元件）和输出电路（又称执行元件），当感应元件中的输入量（如电流、电压、温度、压力信号等）变化到某一定值时继电器动作，执行元件便接通或断开控制电路。

继电器种类繁多，常用的有电流继电器、电压继电器、中间继电器、时间继电器、热继电器，以及温度、压力、计数、频率继电器等。

电压、电流继电器和中间继电器属于电磁式继电器，其结构、工作原理与接触器相似，由电磁系统、触点系统和释放弹簧等组成。由于继电器用于控制电路，流过触点的电流小，故不需要灭弧装置。

> 提示：继电器和接触器的工作原理类似，主要区别在于，接触器的主触点可以通过大电流，而继电器的触点只能通过小电流。所以，继电器只能用于控制电路中。

电磁式继电器的图形和文字符号如图 4-6-1 所示。

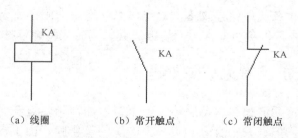

（a）线圈　　　　　（b）常开触点　　　　　（c）常闭触点

图 4-6-1　电磁式继电器的图形和文字符号

4.6.1　电流继电器

根据输入（线圈）电流大小而动作的继电器称为电流继电器，电流继电器按用途不同还可分为过电流继电器和欠电流继电器。其相关符号如图 4-6-2、图 4-6-3 所示。过电流继电器的作用是当电路发生短路及过电流时立即将电路切断。当过电流继电器线圈通过的电流小于整定电流时，继电器不动作；只有超过整定电流时，继电器才动作。欠电流继电器的作用是当电路电流过低时立即将电路切断。当欠电流继电器线圈通过的电流大于或等于整定电流时，继电器吸合；只有电流低于整定电流时，继电器才释放。欠电流继电器一般是自动复位的。

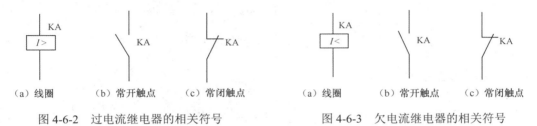

图 4-6-2　过电流继电器的相关符号　　　　　图 4-6-3　欠电流继电器的相关符号

4.6.2　电压继电器

电压继电器是根据输入电压大小而动作的继电器。电压继电器按用途不同还可分为过电压继电器、欠电压继电器（含零电压继电器）。其相关符号如图 4-6-4 所示。过电压继电器是当电压大于其过电压整定值时动作的电压继电器，主要用于对电路或设备的过电压保护。欠电压继电器是当电压小于其电压整定值时动作的电压继电器，主要用于对电路或设备的欠电压保护。零电压继电器是欠电压继电器的一种特殊形式，是当继电器的端电压降至或接近零时才动作的电压继电器。

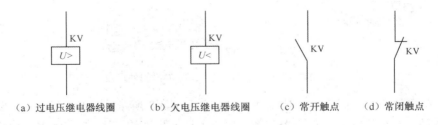

图 4-6-4　电压继电器的相关符号

4.6.3　中间继电器

中间继电器实质上是电压继电器的一种，它的触点数多，触点电流容量大，动作灵敏。中间继电器的主要用途是当其他继电器的触点数或触点容量不够时，可借助中间继电器来增加它们的触点数或触点容量，从而起到中间转换的作用。中间继电器的结构及工作原理与接触器基本相同，因而中间继电器又称为接触器式继电器。但中间继电器的触点对数多，且没有主辅之分，各对触点允许通过的电流大小相同，多数为 5A。因此，对于工作电流小于 5A 的电气控制电路，可用中间继电器代替接触器实施控制。

常用的中间继电器有 JZ7 系列。以 JZ7-92 为例，有 9 对常开触点，2 对常闭触点。中间继电器的相关符号如图 4-6-5 所示。

（a）线圈　　　　　　　（b）常开触点　　　　　（c）常闭触点

图 4-6-5　中间继电器的相关符号

4.6.4　时间继电器

本节主要介绍空气阻尼式时间继电器，它主要由电磁机构、工作触点及气室三部分组成，其延时是靠阻尼作用来实现的。时间继电器按其控制原理分为通电延时和断电延时两种类型。如图 4-6-6 所示为 JS7-A 型空气阻尼式时间继电器的外形及结构图。

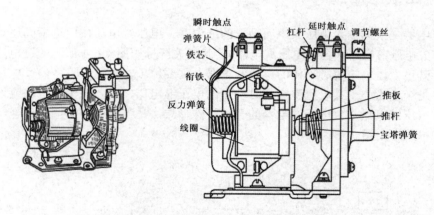

图 4-6-6　JS7-A 型空气阻尼式时间继电器的外形及结构图

JS7-A 型空气阻尼式时间继电器工作原理图如图 4-6-7 所示。线圈 1 通电后，将衔铁 4 吸下，于是顶杆 6 与衔铁 4 间出现一个空隙。当与顶杆 6 相连的活塞 12 在弹簧 7 作用下由上向下移动时，在橡皮膜 9 上面形成空气稀薄的空间（气室），空气由进气孔 11 逐渐进入气室，活塞 12 因受到空气的阻力，不能迅速下降。当降到一定位置时，杠杆 15 使延时触点 14 动作（常开触点闭合，常闭触点断开）。线圈 1 断电时，弹簧 8 使衔铁 4 和活塞 12 等复位，空气经橡皮膜 9 与顶杆 6 之间推开的气隙迅速排出，触点瞬时复位。

断电延时型时间继电器与通电延时型时间继电器的工作原理与结构均相似，只是将其电磁机构翻转 180°安装。

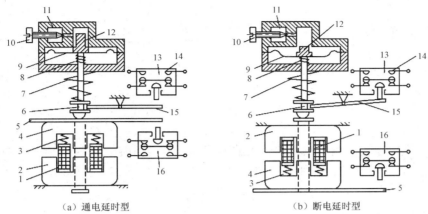

（a）通电延时型　　　　　　　　　　（b）断电延时型

1—线圈；2—静铁芯；3、7、8弹簧；4—衔铁；5—推板；6—顶杆；9—橡皮膜；
10—螺钉；11—进气孔；12—活塞；13、16—微动开关；14—延时触点；15—杠杆

图 4-6-7　JS7-A 型空气阻尼式时间继电器工作原理图

> **提示：**时间继电器是利用时间控制原则，按一定时间间隔改变电路接线方式，以自动完成电动机的各种控制要求的重要电器。

　　空气阻尼式时间继电器的延时时间有 0.4～180s 和 0.4～90s 两种，具有延时范围较宽、结构简单、工作可靠、价格低廉、寿命长等优点，是机床交流控制电路中常用的时间继电器。时间继电器的图形符号如图 4-6-8 所示，文字符号为 KT。

> **提示：**时间继电器图形符号中，半圈符号向左或向下，表示通电延时；向右或向上，表示断电延时。

　　图 4-6-8 中，（d）图为通电延时闭合触点：通电时，延时闭合；断电时，瞬时断开。（e）图为通电延时断开触点：通电时，延时断开；断电时，瞬时闭合。（f）图为通电瞬时闭合触点：通电时，瞬时闭合；断电时，延时断开。（g）图为通电瞬时断开触点：通电时，瞬时断开；断电时，延时闭合。

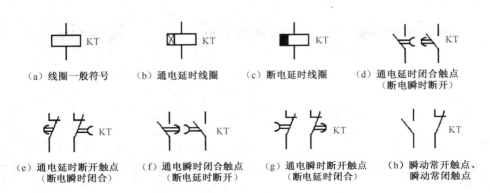

（a）线圈一般符号　　（b）通电延时线圈　　（c）断电延时线圈　　（d）通电延时闭合触点
（断电瞬时断开）

（e）通电延时断开触点　　（f）通电瞬时闭合触点　　（g）通电瞬时断开触点　　（h）瞬动常开触点、
（断电瞬时闭合）　　　（断电延时断开）　　　（断电延时闭合）　　　瞬动常闭触点

图 4-6-8　时间继电器的图形符号

4.6.5 热继电器

热继电器是专门用来对连续运行的电动机进行过载及断相保护，以防止电动机过热而烧毁的保护电器。

1. 结构

常用的热继电器有由两个热元件组成的两相热继电器和由三个热元件组成的三相热继电器两种形式。两相热继电器主要由热元件、双金属片、动作机构、触点系统、电流整定装置、复位机构和温度补偿元件等组成，如图4-6-9所示。

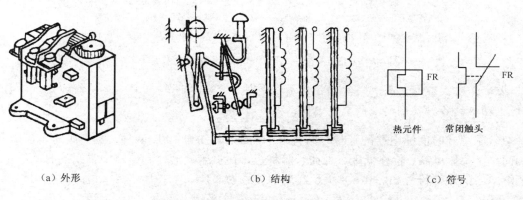

（a）外形　　　　　（b）结构　　　　　（c）符号

图4-6-9　两相热继电器

热元件是热继电器接收过载信号的部分，它由双金属片及绕在双金属片外面的电阻丝组成。

双金属片由两种热膨胀系数不同的金属片复合而成，如铁—镍—铬合金和铁—镍合金。电阻丝用康铜和镍铬合金等材料制成，使用时串联在被保护的电路中。当电流通过热元件时，热元件对双金属片进行加热，使双金属片受热弯曲。热元件对双金属片加热的方式有三种：直接加热、间接加热和复式加热，如图4-6-10所示。

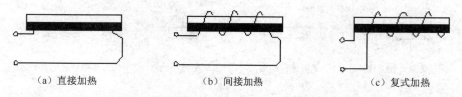

（a）直接加热　　　　　（b）间接加热　　　　　（c）复式加热

图4-6-10　热继电器双金属片加热方式示意图

触点系统：触点系统一般配有一组切换触点，可形成一个动合触点和一个动断触点。

动作机构：动作机构由导板、补偿双金属片、推杆、杠杆及拉簧等组成，用来补偿环境温度的影响。

复位机构：热继电器动作后的复位有手动复位和自动复位两种，手动复位的功能由复位机构来完成，自动复位功能由双金属片冷却自动完成，但需要一定的时间。

电流整定装置：电流整定装置由旋钮和偏心轮组成，用来调节整定电流的数值。热继电器的整定电流是指使热继电器长期不启动的最大电流值（超过此值就要启动）。

2. 工作原理

由热继电器结构可知，它主要由双金属片、热元件、动作机构、触点系统、电流整定装置及复位系统等组成。双金属片作为温度检测元件，由两种膨胀系数不同的金属片压焊而成，它被热元件加热后，因两层金属片膨胀系数不同而弯曲。

将热继电器的三相热元件分别串联在电动机三相主电路中，当电动机正常运行时，热元件产生的热量不会使触点系统动作；当电动机过载时，流过热元件的电流加大，经过一定的时间，热元件产生的热量使双金属片的弯曲程度超过一定值，通过导板推动热继电器的触点动作（常开触点闭合，常闭触点断开），断开主电路，保护电动机。通常将热继电器串联在接触器线圈电路的常闭触点来切断线圈电流，使电动机主电路断电。故障排除后，按手动复位按钮，热继电器触点复位，可以重新接通控制电路，如图 4-6-11 所示。

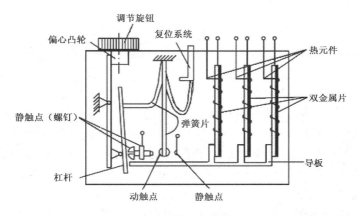

图 4-6-11　三相热继电器的工作原理示意图

> **提示：** 热继电器常作为电路的过载保护电器使用。

3. 热继电器的主要参数

额定电流：指热继电器中可以安装的热元件的最大整定电流值。

整定电流：指能够长期通过热元件而不致引起热继电器动作的最大电流值。通常热继电器的整定电流是按电动机的额定电流整定的。对于采用某一热元件的热继电器，可手动调节整定电流旋钮，通过偏心凸轮机构调整双金属片与导板的距离，能在一定范围内调节其电流的整定值，使热继电器更好地保护电动机。

4. 热继电器的选用

热继电器种类的选择：应根据被保护电动机的连接形式进行选择。当电动机为星形连接时，选用两相或三相热继电器均可，当电动机为三角形连接时，应选用三相差分放大热继电器进行保护。主要根据电动机的额定电流来确定其型号和使用范围。

额定电压的选择：要求额定电压大于或等于触点所在电路的额定电压。额定电流的选择：

要求额定电流大于或等于被保护电动机的额定电流。

热元件的选择：一般要求其电流规格小于或等于热继电器的额定电流。

热继电器的整定电流要根据电动机的额定电流、工作方式等而定，一般情况下可按电动机额定电流值选择。

对过载能力较差的电动机，可将热元件整定电流值调整到电动机额定电流的 0.6～0.8 倍。对启动时间较长，拖动冲击性负载或不允许停车的电动机，热元件的整定电流应调节到电动机额定电流的 1.1～1.15 倍。

对于重复短时工作的电动机（如起重电动机等），由于电动机不断重复升温，热继电器双金属片的温升跟不上电动机绕组的温升变化，因而电动机将得不到可靠保护，故不宜采用双金属片式热继电器进行过载保护。

热继电器的主要产品型号有 JR20、JRS1、JR0、JR10、JR14 和 JR15 等系列，引进产品有 T 系列、3μA 系列和 LR1-D 系列等。

5. 热继电器的安装

安装接线时，应清除触点表面污垢，以避免因电路不通或接触电阻加大而影响热继电器的动作特性。

如电动机启动时间过长或操作次数过于频繁，则有可能使热继电器误动作或烧坏热继电器，因此这种情况一般不用热继电器进行过载保护，如仍要采用，则应在热元件两端并联一副接触器或继电器的常闭触点，待电动机启动完毕，使常闭触点断开后，再将热继电器投入工作。

热继电器周围介质的温度，原则上应和电动机周围介质的温度相同，否则，势必要破坏已调整好的配合情况。当热继电器与其他电器安装在一起时，应将它安装在其他电器的下方，以免其动作特性受到其他电器发热的影响。

热继电器出线端的连接导线不宜过细，如连接导线过细，轴向导热慢，则热继电器可能提前动作，反之，连接导线太粗，轴向导热快，热继电器可能滞后动作。在电动机启动或短时过载时，由于热元件的热惯性，热继电器不能立即动作，从而保证了电动机的正常工作。如果过载时间过长，超过一定时间（由整定电流的大小决定），则热继电器的触点动作，切断电路，起到保护电动机的作用。

> **提示：** 热继电器有热惯性，大电流出现时它不能立即动作，不能用作短路保护。

4.6.6 速度继电器

速度继电器根据电磁感应原理制成，用于转速的检测，如用在三相交流感应电动机反接制动转速过零时自动切除反相序电源，速度继电器结构原理图如图 4-6-12 所示。

速度继电器主要由转子、定子（笼形绕组）和触点三部分组成。转子由一块永久磁铁制成，与电动机同轴相连，用以接收转动信号。当转子（磁铁）旋转时，定子切割转子磁场产生感应电动势，形成环内电流，此电流与磁铁磁场相作用，产生电磁转矩，定子在此力矩的作用下带动摆杆，克服弹簧力而顺转子转动的方向摆动，并拨动触点，改变其通断状态（在摆杆左、右各设一组切换触点，分别在速度继电器正转和反转时发生作用）。当调节弹簧弹力时，可使速度继电器在不同转速时切换触点，改变通断状态。

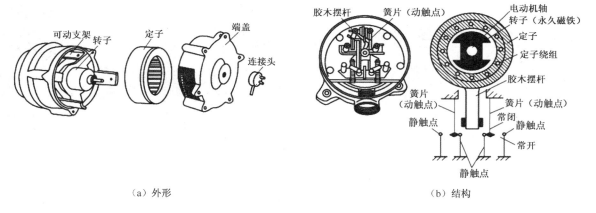

（a）外形　　　　　　　　　　　　　　　　　（b）结构

图 4-6-12　速度继电器结构原理图

> **提示：** 速度继电器是利用速度控制原则控制电动机的工作状态的重要电器。

速度继电器的动作转速一般不低于 120r/min，复位转速约在 100r/min 以下，工作时允许的转速高达 1000～3900r/min。常用的速度继电器型号有 JY1 型和 JFZ0 型。

速度继电器的相关符号如图 4-6-13 所示。

（a）转子　　　　　　（b）常开触点　　　　　　（c）常闭触点

图 4-6-13　速度继电器的相关符号

> **提示：** 速度继电器进行正转和反转切换时，触点的动作主要用来反映电动机转向和速度的变化。

接触器和继电器的比较如表 4-6-1 所示。

表 4-6-1　接触器和继电器的比较

		接　触　器	继　电　器
相同点		触点用来控制电路的通断	
不同点	控制场合	用来控制大电流电路： （1）负载主电路 （2）大容量控制电路	（1）用于控制电路中（小电流控制） （2）不能直接带负载 （3）不设灭弧装置
	输入信号	在一定电压信号下动作	（1）对各种物理量做出反应 （2）作为保护电器
	功能	大电流的开关电器	（1）反映控制信号 （2）进行信号的传递：转换或放大 （3）控制触点数量较多

工程实例——接触器故障检修案例

案例1：一台CJ10-20型交流接触器，通电后没有反应，不能动作。

故障原因：电磁机构中，线圈通电后会产生磁场。在磁场的作用下，固定铁芯与衔铁之间产生吸力，带动触点动作。接触器通电不动作，原因可能是线圈断线、电源没有成功接入电路、机械部分卡死等。

检修步骤：

（1）检查外电源是否有电。

（2）检查接触器线圈两端电压是否正常。

（3）拆下接触器电源引线，检查线圈电阻，接触器线圈电阻为无穷大，则推断出线圈断线。

（4）打开接触器底盖，取出铁芯，检查线圈，发现线圈引线从线端根部簧片处折断，其余部分完好。

（5）将簧片重新焊上，装好接触器，通电试验，结果正常。

案例2：一台CJ10-20型交流接触器，通电后线圈内不时有火花冒出，伴随冒火现象，接触器跳动。

故障原因：有火花冒出，说明接触器线圈电路在通电时有断路或短路现象；而接触器跳动，说明线圈通电过程中有间断现象。据此判断，故障应该在电气回路。

检修步骤：

（1）拆开接触器，取出铁芯，检查线圈电路，发现线圈引线与端头簧片之间的连接已断裂。只是由于引线本身的弹力，使断头仍与引线端头相连。在接触器动作时，受到震动才造成线圈电路时断时连，并在断头处产生火花。

（2）取出线圈与簧片，焊接完好。

（3）重新组装接触器，通电试验，结果正常。

案例3：一台内燃机启动器，通电后能工作，但输出电压只有25V，达不到正常时的36V。

故障原因：这是一台由可控硅控制的启动器（即直流电源），可能有多种原因造成输出电压较低：

（1）整流部分发生故障。

（2）外电源电压较低。

（3）变压器发生故障。

检修时根据先易后难的原则，按以下步骤进行：

（1）先检查电源进线，三相之间电压均为380V，正常。

（2）再检查熔断器后面的电源电压，三相之间也为380V，正常。

（3）接下来检查变压器输入电压，除U、V相之间为380V，其余相间电压均不正常，偏低较多。

（4）检查接触器主触点，各主触点均有不同程度的烧蚀现象，其中，有的触点已烧坏，不能接通。

（5）更换接触器，故障排除。

身边榜样：电气设备好医生　刘志成

刘志成，东方汽轮机有限公司（简称"东汽公司"）维修电工，高级技师，荣获全国电工行业青年岗位技术能手、四川省技术能手、德阳市首批首席技师、德阳市杰出高技能人才等称号。

2002年，刘志成中专毕业，怀着对未来美好的期待与憧憬，进入东方电气集团东汽公司，成为了一名普通电工。青春年少的刘志成，聪明、机敏，敢想敢为，在当时那个激情燃烧的岁月，刘志成坚信：路无尽头，学无止境。

"实践是检验真理的唯一标准。"入职之后，刘志成坚持理论结合实践，将学校所学专业知识灵活运用到每一个项目中，"抓铁有痕，踏石有印"。每一个项目实施，他都当成一次成长机会，通过不断学习、总结，他积淀了丰富的理论知识和经验。在工作中，他以三十二字方针严格要求自己："尊师重道，爱岗敬业，积极主动，团队协作，明确目标，珍惜时间，循序渐进，持之以恒"。

通过不懈努力，2005年，刘志成晋升为维修电工技师；2009年，他晋升为高级电工技师。

多年的工作经历，让刘志成从一名刚毕业的学生成长为一名具有精湛技能的电气设备"好医生"，其间产生了太多太多关于勇气、关于梦想、关于坚持的励志故事。

天津某生产厂家的一台风电数控钻孔切割设备经常发生故障，几乎每天都只能运行1小时左右，剩下的时间全花在维修上。他们找到了刘志成，请他帮忙维修。刘志成从该公司远程发来的现场资料中发现，该设备布局极不合理，各种线缆的布放杂乱无章。接到维修整改任务后，以刘志成为首的东汽公司电工团队经过仔细研究，展开方案制定、物料准备工作，还自制了一些工具、卡套等。赶到天津现场后，他们花了一周多时间重新布局，改造、维修设备，最终解决了问题。

东汽公司第一台风电变桨驱动实验平台的安装、调试，也由刘志成带队完成。这套全新设备送过来时，由于对设备结构全然不了解，说明书又全是英文，刘志成带领团队经过连续几天的研究、琢磨，才最终制定出一套完美的安装方案。通过不断讨论，团队最终验证了该方案的可行性。就这样，一块"难啃的骨头"硬生生地被他拿下了，而这套方案后来也被广泛推广应用到公司其他变桨驱动实验平台的装调工作中。

刘志成擅长大中型电气设备的安装、改造、施工技术研究。由他提出的设备安装改造方案及施工工艺流程，也被广泛推广运用于公司所有电气设备的批量化改造，为公司带来了可观的经济效益，得到了领导、同事们的高度评价。

更值得一提的是，刘志成对光栅尺和西门子伺服电动机编码器的检测、维修方面的研究，填补了东汽公司在这部分技术上的空白，打破了西门子等公司在这些关键性技术上的垄断，为企业创造了数百万元经济效益。

"无论遇到什么问题，都要去大胆尝试，放手去做，多观察，多研究，多总结，胆大同时心细。"这是刘志成总结的成功经验。

刘志成将这些年来在工作中总结出的一些经验和成果，形成规范的作业流程指导说明书，并毫不保留地传授给工友和弟子。刘志成笑着说："若是自私地将自己所学到的东西攥在手里，让公司离不开自己，项目离不开自己，凡事都得自己亲自出马解决，那不是要把自己累死了？"

全国电工行业青年岗位技术能手、四川省技术能手、德阳市首批首席技师、德阳市杰出高技能人才、东汽公司十大青年岗位能手……荣誉面前，刘志成仍然保持着工匠的质朴。

刘志成的经历完美诠释了当代青年工匠的成长历程——这是一条充满梦想，充满汗水，充满耕耘与收获的道路，它注定不易，也终究不凡。我们相信未来会有更多的年轻人在各行业承载工匠精神不断地前行，去响应新时代伟大"复兴梦"的召唤。

习　题

一、填空题

（1）当接触器线圈通电时，接触器_____和_____闭合，_____断开。

（2）低压电器和高压电器的分界线是_____。

（3）_____是最常用的短路保护电器。

（4）接触器的触点分为主触点和辅助触点两种，主触点通常有三对，用于_____，辅助触点又分为常开辅助触点和常闭辅助触点，用在控制电路中。

（5）接触器的触点磨损有两个原因，一是_____，由于电弧的高温使触点上的金属氧化和蒸发所致；二是_____，由于触点闭合时的撞击，触点表面相对滑动摩擦所致。

（6）当欠电流继电器线圈通过的电流_____整定电流时，继电器吸合；只有电流_____整定电流时，继电器才释放。

（7）时间继电器是利用_____原则，按一定时间间隔改变电路接线方式，以自动完成电动机的各种控制要求的重要电器。

（8）热继电器常作为_____保护电器使用。

（9）_____利用速度控制原则，控制电动机的工作状态。

（10）_____的主要用途是当其他继电器的触点数或触点容量不够时，可借助它来扩大触点数或触点容量，从而起到中间转换的作用。

二、选择题

（1）低压配电系统中，用于电能的输送和分配的电器为（　　）。
  A．低压保护电器   B．低压执行电器
  C．低压主令电器   D．低压配电电器

（2）（　　）由手柄、触刀、静插座和底板组成。
  A．时间继电器   B．刀开关
  C．接触器   D．熔断器

（3）断路器的过载脱扣整定电流应（　　）负载工作电流
  A．大于   B．小于   C．等于   D．不等于

（4）按钮触点允许通过的电流很小，一般不超过（　　）。
  A．1A   B．5A   C．10A   D．20A

（5）绿色按钮一般不用于下面哪种用途？（　　）

      A．停止   B．接通控制电路

      C．启动一台或几台电动机   D．总启动

（6）熔体的额定电流应（   ）熔断器的额定电流。

      A．小于或等于   B．大于或等于   C．等于   D．小于

（7）为了减少接触器吸合时产生的震动和噪声，在铁芯上装有一个（   ）。

      A．减振环   B．线圈   C．静铁芯   D．动铁芯

（8）断电延时与通电延时型时间继电器原理与结构相似，但电磁机构翻转（   ）安装。

      A．90°   B．180°   C．270°   D．360°

（9）下面哪种是断电延时断开（常开）触点？（   ）

      A   B   C   D

（10）下面哪种是通电延时断开（常闭）触点？（   ）

      A   B   C   D

三、判断题

（1）当电路中发生短路、过载和失压等故障时，低压断路器能自动切断故障电路，保护线路和电气设备。   （   ）

（2）接触器属于主令电器。   （   ）

（3）按钮具有过载保护功能。   （   ）

（4）外力未作用时（手未按下），触点是断开的，外力作用时，触点闭合，但外力消失后，在复位弹簧作用下自动恢复到原来的断开状态的按钮称为动合按钮。   （   ）

（5）红色按钮通常表示启动或接通。   （   ）

（6）时间继电器是利用行程控制原则来实现生产机械电气自动化的重要电器。   （   ）

（7）万能转换开关一定要配合其触点通断表来使用。   （   ）

（8）熔断器额定电压一般应等于或小于电器设备的额定电压。   （   ）

（9）过电压继电器是当电压大于其过电压整定值时动作的电压继电器。欠电压继电器是当电压小于其电压整定值时动作的电压继电器。   （   ）

（10）电动机过载时，热继电器触点会立即动作，断开主电路，保护电动机。   （   ）

四、简答题

（1）为什么热继电器只能用于电动机的过载保护而不能用于短路保护？

（2）什么是接触器？接触器由哪几部分组成？各自的作用是什么？

项目五 电气控制系统的基本控制环节

行业先锋：知识型工人 邓建军

邓建军，1969年生，现任黑牡丹（集团）股份有限公司（简称"黑牡丹集团"）技术总监，荣获全国技术能手、全国五一劳动奖章、中华技能大奖、全国职工职业道德建设十佳标兵、全国道德模范提名奖、江苏省敬业奉献模范等称号、奖项。

嘈杂的厂房内，多台庞大的机器拖动着厚重的牛仔布上下起伏，站在机器旁的工人们有条不紊地操作着各自的工序。其间，邓建军不时地驻足停留，或是看看仪器上显示的数据，或是与正在操作机器的工人简单交流，数十年如一日，这个工厂他一待就是三十多年。

1988年，中专毕业的邓建军走进了当时只有9.9亩地的黑牡丹集团。由于学的专业是电气自动化，面对纺织行业技术，他感到大脑一片空白。尽管缺乏专业知识，可邓建军想："我年轻，能学，工作需要什么就学什么，绝不能向困难低头。"就这样，邓建军从零开始，一点一点地学习，无论工作多忙，每晚都要求自己必看一个半小时的技术书籍和有关资料。为了"驯服"厂里的进口机器，读懂原版技术资料，他甚至坚持自学了英语和德语，立志要在工作岗位干出一番成绩。

1989年转正后，他主要负责染色设备的维护与运行。厂里效益不错，机器设备也经常24小时连轴转，高负荷运转的机械总是出故障。邓建军回忆："我当时住在厂里宿舍，为了方便我们半夜修设备，厂里专门把电话内线拉到宿舍，凌晨两三点起来修设备是常事。"

20世纪90年代，中国工业化进程迅猛发展。技术突破成了工厂亟待解决的问题。邓建军整合团队成员特长优势，群策群力讨论技术方案，他觉得每个人的知识面不尽相同，相互之间就要取长补短，相互合作，不断优化人才配置。"你有一个苹果，我有一个苹果，交换一下每人还是只有一个苹果。但是思想彼此交换一下，每人就会有两种思想，甚至更多。"邓建军将这句经典名言付诸实践，渐渐地，团队合作越来越有默契。

1990年，邓建军历时一年，经过无数次试验和调试，对染浆联合机进行了改造，实现了连续生产。但他不止步于此，为了提高生产效率，1991年他又开始琢磨着做染浆联合机的进一步升级改造。

邓建军并不保守，遇到成熟技术和先进设备，他也会去学习和购买。在突破困难的过程中，他更加坚定了不断学习的信念，在不断摸索中也形成了系统地主动学习的方法。

1992年，厂里从国外引进了一批剑杆织机，邓建军每天蹲在机器边14小时以上，研究和维修这些机器，这些机器成了他的老师和搭档。

多年来，邓建军始终以岗位创新为己任，以岗位创效为目标，勤于向师傅学、向同事学、向书本学、向机器学、向不同领域的专家学。在学历教育方面，他不断自我加压，提升知识层次，优化知识结构。从中专、大专到本科再到工程硕士，他通过不断充电、不断钻研，超越自我。在工作实践中，他并没有止步于电气和机械等擅长的领域，而是逐渐涉及我国染整行业的色差和缩水率等工艺问题。邓建军熬过了上百个不眠之夜，将预缩率稳定控制在 2.5% 以内，优于"不高于 3%"的国际标准。从此，黑牡丹牛仔布产品蜚声国际市场。

2005 年，邓建军带领团队，用了 100 天时间，成功改进染浆联合机，降低了因停机造成的纱线损失，解决了这一世界性难题。接着，他们一口气开发出"在线染料组自动控制系统""在线染液控制系统""在线流量控制系统""自动浆液控制系统"和"染料组分析计算控制系统"五项成套技术，每一项都是业内首创，黑牡丹集团产品的染色质量从此达到世界领先水平。邓建军成了外国专家口中的"了不起的中国工人！"

邓建军说："做工匠，做技术工人，没有什么太好的法子，也没有什么速成办法，就是靠踏踏实实的积累。"

工作 30 年来，邓建军带领团队共参与技改项目 400 余项，成功填补了近 500 个技改空白。经过协同努力，团队获得 9 项国家发明专利，10 项实用新型专利，多项国家级、省级高新技术成果和省部级科研成果。

桃李不言，下自成蹊。近年来，邓建军致力于培育技术新力量，心怀大爱，先后参与全纺行业劳模技术援疆、与江苏省各地劳模到泗阳等地结对帮扶，心系企业发展，为当地企业破解经营和技术等方面难题、培训技术人员等，继续为国家、为社会贡献自己的光和热。

学习任务与要求

1）培训内容
（1）掌握电动机控制的一般原则及保护环节。
（2）学习电气控制电路的装调方法。
（3）掌握三相异步电动机的全压启动及降压启动电路。
（4）理解三相异步电动机的调速及制动控制电路。

2）目标要求
（1）学员要理解三相异步电动机的一般使用原则，掌握保护环节的作用与用法。
（2）学员要掌握电气控制电路的安装与调试步骤。
（3）学员要熟练掌握三相异步电动机启动、调速、制动的控制原理。
（4）学员要能运用经典电路实现电动机常用控制要求。

3）须准备的资料
（1）低压电器相关资料。
（2）三相异步电动机控制相关资料。

4）预习要求
（1）查阅电动机参数的含义与要求。
（2）查阅电动机接线的相关知识。

5）重点或难点

（1）常见低压电器的工作原理及电气符号。

（2）典型控制环节的电气原理。

（3）电气控制柜元件安装接线和调试规范。

（4）安全规范。

6）学习方法建议

（1）收集相关资料。

（2）学习查阅资料的方法。

（3）对于电气原理图要学会分区识读。

（4）学习电气接线图时，务必要和电气原理图及位置图结合起来。

模块一　电动机控制的一般原则及保护环节

5.1.1　电动机控制的一般原则

生产机械的电气控制电路都是根据生产工艺过程的控制要求设计的，而生产工艺过程必然伴随着一些物理量的变化，如行程、时间、速度、电流等。这就需要某些电器能准确地测量和反映这些物理量的变化，并根据这些物理量的变化对电动机实现自动控制。电动机控制的一般原则有行程控制原则、时间控制原则、速度控制原则和电流控制原则。

1．行程控制原则

根据生产机械运动部件的行程或位置，利用位置开关来控制电动机的工作状态称为行程控制原则。行程控制原则是生产机械电气自动化中应用最多和工作原理最简单的一种方式，如工作台的自动往返就是按行程控制原则来控制的。

2．时间控制原则

利用时间继电器，按一定时间间隔来控制电动机的工作状态称为时间控制原则，如电动机的降压启动、制动及变速过程中，利用时间继电器按一定时间间隔改变电路的接线方式，以自动完成电动机的各种控制要求。换接时间的控制信号由时间继电器发出，换接时间的长短则根据生产工艺要求或者电动机的启动、制动和变速过程的持续时间来确定，如Y-△降压启动控制电路就是按时间原则来控制的。

3．速度控制原则

根据电动机的速度变化，利用速度继电器等电器控制电动机的工作状态称为速度控制原则。反映速度变化的电器有多种。直接测量速度的电器有速度继电器、小型测速发电机。间接测量电动机速度的方法分两类：对于直流电动机用其感应电动势来测量，通过电压继电器来控制；对于三相绕线式异步电动机可用转子频率来测量，通过频率继电器来控制，如反接制动就是利用速度继电器来进行速度测量和控制的。

4. 电流控制原则

根据电动机主电路电流的大小，利用电流继电器来控制电动机的工作状态称为电流控制原则，如机床横梁夹紧机构的自动控制电路就是按行程控制原则和电流控制原则来控制的。

5.1.2 电气控制电路常用保护环节

电动机在运行的过程中，除了按照生产机械的工艺要求完成各种正常运转外，还必须在电路出现短路、过载、过流、欠压、失压及失磁等现象时，能自动切断电源，让电动机停止转动，以防止电气设备和机械设备的损坏，保证操作人员的人身安全。为此，在生产机械的电气控制电路中，采取了对电动机的各种保护措施。电动机的保护通常有短路保护、过载保护、过流保护、欠压保护、失压保护及失磁保护等。

1. 短路保护

当电动机绕组和导线的绝缘损坏时，或者控制电器及电路损坏，发生故障时，电路将出现短路现象，产生很大的短路电流，短路电流会引起电气设备绝缘损坏或产生强大的电动力，使电气设备损坏，因此，在发生短路故障时，必须迅速切断电源。

常用的短路保护电器是熔断器和自动空气断路器。熔断器的熔体与被保护的电路串联，当电路正常工作时，熔断器的熔体不起作用，相当于一根导线，熔体上压降很小，可忽略不计。当出现短路时，很大的短路电流流过熔体，使熔体立即熔断，切断电动机电源，电动机停转，熔断器适用于准确度和自动化程度较差的系统中。自动空气断路器具有短路、过载和欠压保护，能三相同时切断，用于要求较高的场合。

2. 过载保护

当电动机负载过大，启动操作频繁或缺相运行时，会使电动机的工作电流长时间超过其额定电流，电动机绕组过热，温升超过允许值，则会导致电动机的绝缘变差，寿命缩短，甚至损坏。因此，当电动机过载时，保护电器应切断电源，使电动机停转，避免电动机过载运行。

在主电路可用热继电器作为过载保护电器。当电动机的工作电流等于额定电流时，以及电动机短时过载或过载电流较小时，热继电器不动作；当电动机过载电流较大时，串联在主电路中的热继电器会在较短时间内启动，使串联在控制电路中的常闭触点断开，切断控制电路，控制电路失电，使主电路失电。有些热继电器动作后不能迅速复位，要等双金属片冷却后，才能复位。

过载保护不能代替短路保护。熔断器和热继电器的发热元件串联在电动机的电源电路中，主电路短路故障时，熔断器熔体熔断，切断故障相电源；过载时，热继电器利用电流热效应，使接入控制电路的常闭触点断开，接触器线圈断电，电动机电源切断，这样电路就同时具备了短路与过载两种保护。

> **提示：** 过载保护不能代替短路保护。

3. 过流保护

过流大都由于电动机的不正确启动和过大的负载转矩引起，此时的电流一般比短路电流小。电动机频繁正反转、启动、制动、重复短时工作等都会导致过流。

过流保护也要求保护装置能瞬时动作。过流保护一般采用过流继电器。当电动机过流值达到过流继电器的动作值时，过流继电器动作，使串联在控制电路中的常闭触点断开，切断控制电路，电动机电源断开，停止转动，达到过流保护的目的。

4. 欠压保护

当电网电压下降时电动机便在欠压状态下运行。由于电动机载荷没有改变，所以欠压时电动机转速下降，定子绕组中的电流增加。如果电流增加的幅度尚不足以使熔断器和热继电器动作，那么两种电器都起不到保护作用。如不采取保护措施，时间一长将会使电动机过热损坏。另外，欠压将引起一些电器释放复位，如接触器的线圈就会因电压过低，使得接触器的主触点和辅助触点复位，使电路不能正常工作，也可能导致人身伤害和设备损坏事故。因此，应避免电动机在欠压状态下运行。

实现欠压保护的电器是接触器和电磁式电压继电器。在机床电气控制电路中，只有少数电路专门装设了电磁式电压继电器起欠压保护作用；而大多数控制电路，由于接触器已兼有欠压保护功能，所以不必再加设欠压保护电器。一般当电网电压降低到额定电压的85%以下时，接触器（电磁式电压继电器）线圈产生的电磁吸力减弱到小于复位弹簧的拉力，此时动铁芯被释放，其主触点和自锁触点同时断开，切断主电路和控制电路电源，电动机停转。

5. 失压保护

失压保护又叫零压保护。生产机械在工作时，由于某种原因，电网突然停电，电源电压下降为零，电动机停转，生产机械的运动部件随之停止转动。一般情况下，操作人员不可能及时拉开电源开关，如不采取措施，当电源恢复正常时，电动机会自行启动运转，很可能造成人身伤害和设备损坏事故，并引起电网过流和电压瞬间下降。因此，必须采取失压保护措施。

在电气控制电路中，起失压保护作用的电器是接触器和中间继电器。当电网停电时，接触器和中间继电器线圈中的电流消失，电磁吸力减小为零，动铁芯释放，触点复位，切断了主电路和控制电路电源。当电网恢复供电时，若不重新按下启动按钮，则电动机就不会自行启动，实现了失压保护。

欠压和失压保护可防止电动机低压运行；避免多台电动机同时启动造成的电网电压波动；防止在电源恢复时，电动机突然启动运行而造成设备和人身事故。

> **提示：** 一般由接触器来同时实现欠压和失压保护。

6. 失磁保护（弱磁保护）

直流电动机必须在一定的磁场强度下才能正常启动运转。若在启动时，电动机的励磁电流很小，产生的磁场太弱，将会使电动机的启动电流很大；若电动机在正常运转过程中，磁场突然减弱或消失，电动机的转速将会迅速升高，甚至发生"飞车"。因此，在直流电动机的电气控制电路中要采取失磁保护。失磁保护是在电动机励磁电路中串入失磁继电器（即欠流继电器）来实现的。在电动机启动运转过程中，当励磁电流值达到失磁继电器的动作值时，继电器就吸合，使串联在控制电路中的常开触点闭合，允许电动机启动或维持正常运转；但当励磁电流减小很多或消失时，失磁继电器就释放，其常开触点断开，切断控制电路，接触器线圈断电，电动机断电停转。

模块二　电气控制电路的装调

电气控制电路安装好后，应先进行调试，调试主要分为通电前检查、空载试运行和负载运行等。

5.2.1　安装与配线

1. 元件安装

元件安装步骤及主要要求如下：

（1）清点所需元件并进行检查。

（2）按图安装元件，并贴上醒目的文字符号。

（3）各元件的安装应整齐、匀称，间距合理，便于元件的更换。

（4）紧固各元件时，要用力均匀，紧固程度适当。

2. 控制电路配线

控制电路配线步骤及主要要求如下：

（1）按接线图进行配线和套线号管。

（2）布线应横平竖直，分布均匀，变换走向时应拐直角弯。

（3）布线时严禁损伤线芯和导线绝缘层。

（4）在每根剥去绝缘层的导线两端套上线号管，所有从一个接线端子连到另一个接线端子的导线必须连续，中间无接头。

（5）导线与接线端子连接时，不得压绝缘层，也不能露铜过长。

（6）一个元件接线端子上的连接导线不得多于两根，每节接线端子板上的连接导线一般只允许连接一根。

5.2.2　通电前检查

控制电路安装好后，在通电前应进行如下项目的检查：

（1）各个元件的代号、标记是否齐全，并与原理图上的一致。

（2）各种安全保护措施是否可靠。

（3）各个电气元件安装是否正确和牢靠。

（4）各个接线端子是否连接牢固。

（5）布线是否符合要求、整齐。

（6）各个按钮、信号灯罩、光标按钮和各种电路绝缘导线的颜色是否符合要求。

（7）电动机的安装是否符合要求。

（8）保护电路导线连接是否正确、牢固可靠。外部保护导线端子、电气设备任何裸露导体零件和外壳之间的电阻是否大于 0.1Ω（正常情况下应小于 0.1Ω）。

（9）检查电气电路的绝缘电阻是否符合要求。其方法是：短接主电路、控制电路和信号电路，用 500V 兆欧表测量保护电路导线之间的绝缘电阻（正常情况下不得小于 $1M\Omega$）。当控制电路或信号电路不与主电路连接时，应分别测量主电路、保护电路、控制电路、信号电路两两之间的绝缘电阻。

（10）通电前检查接线是否正确。

① 电源各相之间是否绝缘良好。

② 主电路接线检查：不通电情况下，合上空气开关、位置开关，用人工方法（如手或螺丝刀）按下接触器主触点（模拟接触器线圈通电状态），检查电源线与电动机对应相（如 L1 与 U，L2 与 V，L3 与 W）之间是否连接良好。如果用万用表欧姆挡测得电阻接近为零，则连接良好；否则，应检查连线。

③ 主电路绝缘检查：在上述状态下，检查主电源各相与电动机无关相（如 L1 与 V、W、N）之间是否绝缘良好。

④ 控制电路接线检查：不通电情况下，断开主电路。合上控制电路开关，检查控制电路中应该接通的地方是否接通。如按下启动按钮，对应电路是否接通；松开启动按钮，对应电路是否也断开（可检查启动按钮接线）。

5.2.3　空载试运行

空载试运行应进行如下项目的检查：

（1）电源：通电前应检查所接电源是否符合要求。

（2）点动：通电后应先点动，然后验证电气设备的各个部分的工作是否正确和动作顺序是否正常。

（3）其他功能：点动运行正常后，断开主电路，调试控制电路是否满足其他各种功能。

（4）电动机：确定各项功能均满足后，应接通主电路，看电动机空载运行是否正常。

> 提示：空载试运行时，要特别注意验证急停元件的动作是否正确，如有异常情况，必须立即切断电源并查明原因。

5.2.4　带负载运行

带负载运行即使电气设备在带负载的情况下连续运行，验证电气设备所有部分运行是否正常，特别要验证电源中断和恢复时是否会危及人身安全、损坏设备。同时要确保全部元件的温升不得超过规定的允许温升和在带负载情况下验证急停元件是否仍然安全有效。

> 提示：一般空载试运行正常后，才能进行带负载运行。

模块三　三相鼠笼式异步电动机全压启动控制电路

三相鼠笼式异步电动机有三种启动方法，即在额定电压下的全压启动（又称直接启动）和经过启动设备减压后的降压启动（也称减压启动）以及软启动（实现电动机无级平滑启动）。

三相鼠笼式异步电动机全压启动时加在定子绕组上的电压为额定电压，故又称直接启动。全压启动的优点是电气设备少、电路简单、价格低廉、维修量少。但是，启动电流可达电动机额定电流的 4～7 倍，过大的启动电流会造成电网电压显著下降。一般情况下，全压启动时，启动电流在电网上引起的电压降应不超过额定电压的 10%～15%，变压器的短时过载不应超过最大允许值。容量在 7.5kW 以下的三相鼠笼式异步电动机一般均可采用全压启动。也可用下面的经验公式来估算电动机是否可以采用全压启动。

$$\frac{\text{启动电流}I_{st}}{\text{额定电流}I_N} \leqslant \frac{3}{4} + \frac{\text{电源总容量}}{4 \times \text{电动机功率}}$$

三相鼠笼式异步电动机全压启动控制电路主要包括点动控制电路、长动控制电路、正反转控制电路等。

5.3.1　单向运动控制电路

1. 点动控制电路

点动控制即按下按钮，电动机运转；松开按钮，电动机停止。点动控制多用于机床的刀架、横梁、立柱等快速移动和机床对刀等场合。

图 5-3-1 是电动机点动控制的电路图，由主电路和控制电路两部分组成。工作原理分析如下。

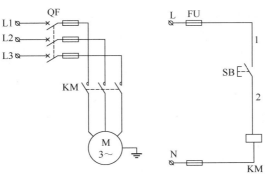

图 5-3-1　点动控制的电路图

（1）启动：合上刀开关 QF→按下启动按钮 SB→接触器 KM 线圈通电→KM 主触点闭合→电动机 M 通电直接启动。

（2）停止：松开 SB→KM 线圈断电→KM 主触点断开→M 断电停转。

提示：点动是"按下即动，松开即停"。

2. 长动控制电路

长动控制（又称连续控制）是指按下启动按钮后，电动机通电启动，松开按钮后，电动机仍继续运行，只有按下停止按钮，电动机才断电停转。

图 5-3-2 是长动控制电路图。

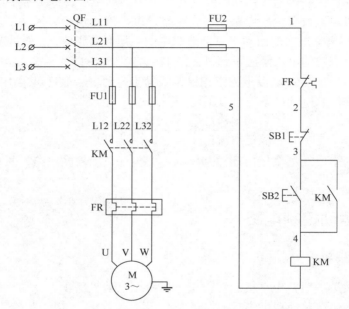

图 5-3-2　长动控制电路图

1）工作原理

（1）启动：合上刀开关 QF→按下启动按钮 SB2→接触器 KM 线圈通电→KM 辅助常开触点闭合形成自锁→KM 主触点闭合，电动机 M 通电运转，松开 SB2 时保持运转状态。

（2）停止：按下停止按钮 SB1→KM 线圈断电→KM 主触点和辅助常开触点断开→M 断电停转。

2）自锁

接触器 KM 通过自身辅助常开触点而使线圈保持通电的作用叫自锁，又称为自保，这种电路叫自锁电路，与启动按钮 SB2 并联起自锁作用的辅助常开触点叫自锁触点或自保触点。

提示：

（1）电动机要实现长动，控制电路中必须要有"自锁"环节。

（2）自锁通常用接触器的常开触点与启动按钮的常开触点并联实现。

3）电路保护功能

（1）短路保护：由熔断器 FU1、FU2 分别实现主电路和控制电路的短路保护，为扩大保护范围，熔断器应安装在电源开关后面。

（2）过载保护：当电动机出现长期过载时，熔断器 FR 串联在主电路中的热元件发热动作→FR 常闭触点断开→KM 线圈断电→M 断电停转。

（3）欠压和零压保护：当电压严重不足或电源断电时→KM 线圈断电→KM 主触点断开→M 断电停转。当电源电压恢复正常时，电动机不会自动启动，避免事故发生。

> **提示：** 后面介绍的电路通常都具有这三种保护装置，不再重复介绍。

3. 点长动控制电路

点长动控制电路中，电动机既能够连续运转，也能够点动运行。图 5-3-3 是两种常见的点长动控制电路图。

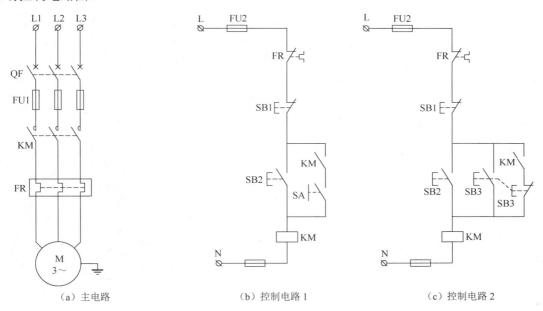

（a）主电路　　　　（b）控制电路 1　　　　（c）控制电路 2

图 5-3-3　点长动控制电路图

1）图 5-3-3（b）工作原理

（1）点动启动：合上图 5-3-3（a）中刀开关 QF→手动开关 SA 断开→按下启动按钮 SB2→接触器 KM 线圈通电→KM 主触点闭合，辅助常开触点闭合→电动机 M 通电点动运行。

（2）点动停止：松开 SB2→KM 线圈断电→KM 主触点断开→M 断电停转。

（3）长动启动：合上图 5-3-3（a）中刀开关 QF→手动开关 SA 闭合→按下启动按钮 SB2→接触器 KM 线圈通电→KM 辅助常开触点闭合并与 SA 构成自锁电路→KM 主触点闭合，电动机 M 通电运转，松开 SB2 时保持运转状态。

（4）长动停止：按下停止按钮 SB1→KM 线圈断电→KM 主触点和辅助常开触点断开→M 断电停转。

2）图 5-3-3（c）工作原理

（1）点动启动：合上图 5-3-3（a）中刀开关 QF→按下 SB3→KM 线圈通电→M 通电点动运行。按下 SB3 的同时，其常闭触点断开自锁电路，实现点动控制。

（2）点动停止：松开 SB3→KM 线圈断电→KM 主触点断开→M 断电停转。

（3）长动启动：合上图 5-3-3（a）中刀开关 QF→按下启动按钮 SB2→KM 线圈通电→KM

主触点闭合→电动机运行。同时，SB3 的常闭触点与 KM 辅助常开触点闭合，一起构成自锁电路，实现连续运行。

（4）长动停止：按下停止按钮 SB1→KM 线圈断电→KM 主触点和辅助常开触点断开→M 断电停转。

> **提示：** 实现点长动综合控制的关键是点动时要切断长动的自锁电路。

5.3.2　正反转控制电路

正反转控制也称为可逆控制，在生产中可实现生产部件向正、反两个方向运动。正反转控制电路可用于很多场合，如机床工作台电动机的前进与后退控制；万能铣床主轴的正反转控制；圈板机辊子的正反转控制；电梯、起重机的上升与下降控制等。图 5-3-4 为正反转控制电路的几种方式，它们的工作原理叙述如下。

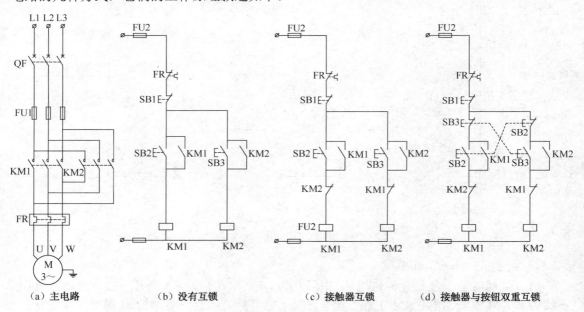

图 5-3-4　正反转控制电路的几种形式

1. 没有互锁的正反转控制电路

没有互锁的正反转控制电路如图 5-3-4（b）所示。

（1）电动机正转：合上图 5-3-4（a）中的刀开关 QF→按下正转启动按钮 SB2→KM1 线圈通电并自锁→KM1 主触点闭合→电动机正转。

（2）电动机反转：合上图 5-3-3（a）中的刀开关 QF→按下反转启动按钮 SB3→KM2 线圈通电并自锁→KM2 主触点闭合→电动机反转。

（3）电动机停止：电动机正转时，按下停止按钮 SB1→KM1 线圈断电→KM1 主触点和辅助常开触点断开→电动机断电停转。电动机反转停止原理类似。

没有互锁的正反转控制电路的主要问题是从一个转向过渡到另一个转向时，必须经过停止按钮 SB1，不能直接过渡，否则会造成相间短路，因而在生产实际中极少应用。

> **提示：** 对于三相鼠笼式异步电动机来说，只需要改变其电源相序，将主电路的三相电源线任意两相对调，即可实现正反转控制。

2. 接触器互锁的正反转控制电路

接触器互锁的正反转控制电路如图 5-3-4（c）所示。

（1）电动机正转：合上图 5-3-4（a）中的刀开关 QF→按下正转启动按钮 SB2→KM1 线圈通电→KM1 主触点闭合，辅助常开触点闭合并自锁（同时 KM1 常闭触点断开，对 KM2 实现互锁）→电动机正转。

（2）电动机反转：先合上图 5-3-4（a）中的刀开关 QF→按下反转启动按钮 SB3→KM2 线圈通电→KM2 主触点闭合，辅助常开触点闭合并自锁（同时 KM2 常闭触点断开，对 KM1 实现互锁）→电动机反转。

（3）电动机停止：电动机正转时，按下停止按钮 SB1→KM1 线圈断电→KM1 主触点和辅助常开触点断开（同时 KM1 互锁触点恢复闭合，解除对 KM2 互锁）→电动机断电停转。电动机反转停止原理类似。

（4）互锁：在正反转控制电路中，利用两个接触器的辅助常闭触点互相控制的方法叫作接触器互锁。两对起互锁作用的触点称为互锁触点。

接触器互锁的正反转控制电路解决了没有互锁的控制电路中转向直接切换的问题，优点是工作安全可靠，缺点是操作起来不便。

> **提示：** "自锁"用于实现电动机长动控制；"互锁"用于实现保护，如正转时不能反转等。利用自身的常开触点实现"自锁"；利用对方的常闭触点实现"互锁"。

3. 接触器与按钮双重互锁的正反转控制电路

接触器与按钮双重互锁（简称双重互锁）的正反转控制电路如图 5-3-4（d）所示。

（1）电动机正转：合上图 5-3-4（a）中的刀开关 QF→按下正转启动按钮 SB2（SB2 的常闭触点先断开，对 KM2 实现按钮互锁）→KM1 线圈通电→KM1 主触点闭合，辅助常开触点闭合并自锁（同时 KM1 常闭触点断开，对 KM2 实现接触器互锁）→电动机正转。

（2）电动机反转：合上图 5-3-4（a）中的刀开关 QF→按下反转启动按钮 SB3（SB3 的常闭触点先断开，对 KM1 实现按钮互锁）→KM2 线圈通电→KM2 主触点闭合，辅助常开触点闭合并自锁（同时 KM2 常闭触点断开，对 KM1 实现接触器互锁）→电动机反转。

（3）电动机停止：按下停止按钮 SB1→KM1 线圈断电→KM1 主触点和辅助常开触点断开，同时 KM1 互锁触点恢复闭合，解除对 KM2 互锁→电动机断电停转。

> **提示：**
> （1）接触器互锁正反转控制电路虽工作安全可靠但操作不方便。
> （2）按钮互锁正反转控制电路虽操作方便但容易产生电源两相短路故障。
> （3）双重互锁正反转控制电路则兼有上述两种互锁控制电路的优点，操作方便，工作安全可靠。

5.3.3 多地控制电路

能在两地或多地控制同一台电动机的控制方式叫多地控制。

大型机床为了操作方便，常常要求在两个或两个以上的地点都能进行操作。实现多地控制的控制电路如图 5-3-5（a）所示，即在各操作地点都安装一套按钮，接线的具体要求是各地启动按钮的常开触点并联连接，各地停止按钮的常闭触点串联连接。

多人操作的大型冲压设备，为了保证操作安全，要求几个操作者都发出主令信号（如全部按下启动按钮）后，设备才能启动。此时应将启动按钮的常开触点串联，如图 5-3-5（b）所示。

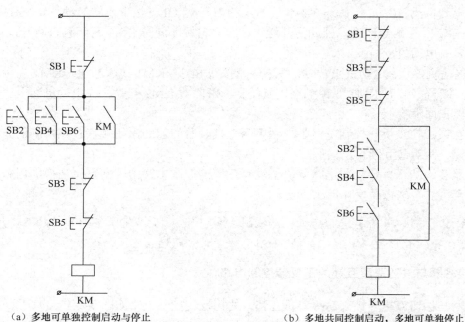

（a）多地可单独控制启动与停止　　　　　　（b）多地共同控制启动，多地可单独停止

图 5-3-5　多地控制电路

> **提示：** 实现多地控制的关键是各启动按钮常开触点并联连接，各停止按钮常闭触点串联连接。

5.3.4 顺序控制电路

实际生产中，有些设备往往要求多台电动机按一定顺序启动和停止，如磨床就要求先启动油泵电动机，再启动主拖动电动机。

> **提示：** 顺序控制可以用按钮实现，也可以用时间继电器实现。

1. 按钮控制的顺序控制电路

1）顺序启动

如图 5-3-6（b）所示电路中，M1 启动后，M2 才能启动。

（1）启动控制：

① M1 启动：按下 SB2→KM1 线圈通电并自锁→电动机 M1 运行。

② M1 启动后，M2 才能启动：M1 启动后→KM1 辅助常开触点闭合→按下 SB4→KM2 线圈通电并自锁→电动机 M2 运行。

（2）停止控制：

① 按下 SB1，同时停止：按下 SB1→KM1 线圈断电→KM1 主触点断开→M1 停止；同时 KM1 辅助常开触点断开→KM2 线圈断电→M2 停止。

② 按下 SB3，M2 单独停止：按下 SB3→KM2 线圈断电→M2 停止。这时，如果还要停止 M1，再按下 SB1。

2）顺序启动，逆序停止

如图 5-3-6（c）所示电路可以实现顺序启动，逆序停止，即 M1 启动后，M2 才能启动；M2 停止后，M1 才能停止。

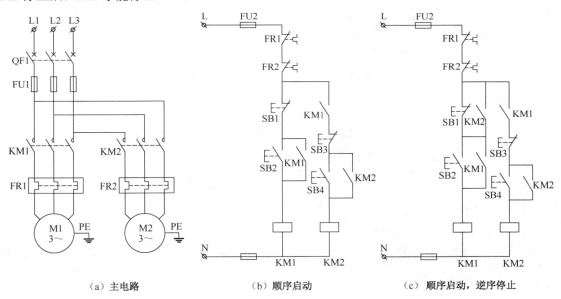

（a）主电路　　　　　　　　（b）顺序启动　　　　　　（c）顺序启动，逆序停止

图 5-3-6　按钮控制的顺序控制电路

（1）启动控制：

① M1 启动：按下 SB2→KM1 线圈通电并自锁→电动机 M1 运行。

② M1 启动后，M2 才能启动：M1 启动后→KM1 辅助常开触点闭合→按下 SB4→KM2 线圈通电→电动机 M2 运行并自锁，实现顺序启动。

（2）停止控制：

① M2 停止：按下 SB3→KM2 线圈断电→M2 停止。

② M2 停止后 M1 才能停止：M2 停止后→KM2 辅助常开触点断开→按下 SB1→KM1 线

圈断电→M1 停止。

顺序启动：如果 M1 未启动→KM1 辅助常开触点断开→KM2 线圈无法接通→电动机 M2 不能启动。

逆序停止：如果 M2 未停止→KM2 辅助常开触点闭合→按下 SB1→KM1 线圈仍然有电→电动机 M1 不会停止。

2. 时间继电器控制的顺序启动电路

图 5-3-7 为用时间继电器控制的顺序启动电路，可以实现顺序启动，同时停止（KT 为通电延时时间继电器），其工作原理如下。

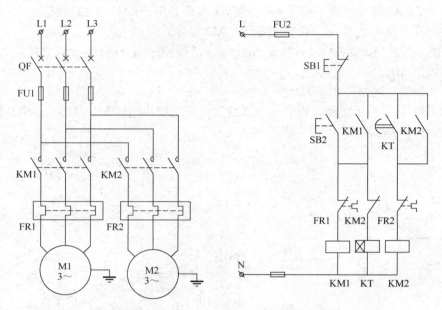

图 5-3-7 时间继电器控制的顺序启动电路

（1）启动控制：

① M1 启动：按下 SB2→KM1 线圈通电并自锁→电动机 M1 运行。

② M1 启动后，M2 才能启动：M1 启动后→KM1 辅助常开触点闭合→KT 线圈通电开始计时→延时时间到，KT 通电延时闭合（常开）触点闭合→KM2 线圈通电并自锁→电动机 M2 运行。

（2）停止控制：

按下 SB1→KM1、KM2 线圈断电→M1、M2 停止。

> 提示：时间继电器是按时间控制原则控制电路的重要元件。

5.3.5 自动往返控制电路

生产机械的运动部件如要自动往返运动，通常利用行程开关控制电动机正反转实现，如万能铣床要求工作台在一定距离内能自动往返。

图 5-3-8 为自动往返控制示意图及电路图。在机床床身左边固定左移转右移的行程开关 SQ2 和左边终端保护行程开关 SQ4；在机床床身右边固定右移转左移的行程开关 SQ1 和右边终端保护行程开关 SQ3。

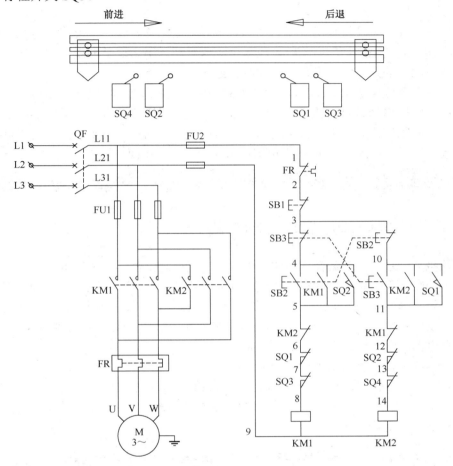

图 5-3-8　自动往返控制示意图及电路图

（1）自动往返：合上 QF→按下 SB2→KM1 线圈通电并自锁→KM1 主触点闭合→M 正转→向右前进→到达行程开关 SQ1→压下 SQ1→SQ1 辅助常闭触点先断开→KM1 线圈断电→M 停止正转→SQ1 辅助常闭触点先断开后，其辅助常开触点闭合→KM2 线圈通电→KM2 主触点闭合→M 反转→向左前进→到达行程开关 SQ2→压下 SQ2→先 KM2 线圈断电，再 KM1 线圈通电→M 停止反转→M 正转→向右前进→实现自动往返。

（2）极限保护：当 SQ1 失灵时，工作台继续右移，到达右边终端保护行程开关 SQ3，下压 SQ3 将断开正转接触器 KM1，电动机断电停车，避免运动部件因超出极限位置而发生事故。工作台左移，SQ2 失灵时，工作原理一样。极限保护又叫终端保护。

> **提示：** 自动往返控制电路中，机床床身左右各有两个行程开关，实现双重行程保护，即：一个行程开关完成正反转的转换，另一个行程开关为极限保护。

（3）行程控制：利用行程开关，对机械设备运动部件的行程位置进行的控制叫行程控制。

模块四 三相鼠笼式异步电动机降压启动控制电路

三相鼠笼式异步电动机采用全压启动时，控制电路简单、经济，但启动电流大。当电动机容量较大，不允许采用全压启动时，应采用降压启动。降压启动利用启动设备将电压适当减小后加到电动机的定子绕组上，等电动机转速升高到接近稳定转速时，再使电动机定子绕组上的电压恢复至额定值，降压启动又称为减压启动。由于电动机电磁转矩与电源电压平方成正比，所以降压启动时启动转矩将大为降低。为此，降压启动方法仅适用于电动机空载或轻载启动。三相鼠笼式异步电动机常见的降压启动方法有四种：定子串电阻（或电抗）降压启动；自耦变压器降压启动；星—三角降压启动和延边三角形降压启动。

> **提示：** 降压启动控制电路实现：电动机启动时降低电压，正常运行时电压恢复至额定值。

5.4.1 定子串电阻降压启动控制电路

在电动机启动过程中，常在三相定子电路中串联电阻来降低定子绕组上的电压，使电动机在降低了的电压下启动，以达到限制启动电流的目的，简称为定子串电阻降压启动。

（1）工作原理：如图 5-4-1 所示是两种定子串电阻降压启动控制电路，图中，SB1、SB2分别为停止按钮和启动按钮，KM1 为接通电源接触器，KM2 为短接电阻接触器，KT 为通电延时时间继电器，用于控制启动，R 为降压启动电阻。

① 图 5-4-1（a）电路工作原理如下：

合上 QF→按下启动按钮 SB2→KM1 通电并自锁→KT 通电→电动机定子串联电阻 R 进行降压启动→KT 延时时间到→KT 通电延时闭合（常开）触点闭合→KM2 通电→启动电阻短接→电动机全电压正常运行。

> **提示：** 电动机进入正常运行后，KM1、KT 始终通电工作，不但消耗了电能，而且增加了出现故障的概率。若发生时间继电器触点不动作的故障，将使电动机长期在降压状态下运行，造成电动机无法正常工作，甚至烧毁电动机。

② 图 5-4-1（b）为具有手动和自动控制功能的串电阻降压启动控制电路，它在图（a）电路基础上增设了一个选择开关 SA，其手柄有两个位置，当手柄置于 M 位时为手动控制；当手柄置于 A 位时为自动控制。一旦 KT 触点闭合不上，可将 SA 扳至 M 位置，按下升压按钮 SB3，KM2 通电，电动机便可全压工作，使电路更加安全可靠。

（2）降压原理：启动时使电动机定子绕组串联电阻，启动结束后将电阻切除。其作用是减小启动电流对电网的影响。

（3）优点：控制电路简单；启动过程平滑；不受定子绕组接法的限制。

（4）缺点：启动转矩随定子电压的下降而下降，故只适用于空载或轻载启动的场合；不经济，在启动过程中，电阻消耗能量大，不适用于经常启动的电动机。若采用电抗代替电阻，则所需设备费较贵，且设备体积大，故应用不太广泛。

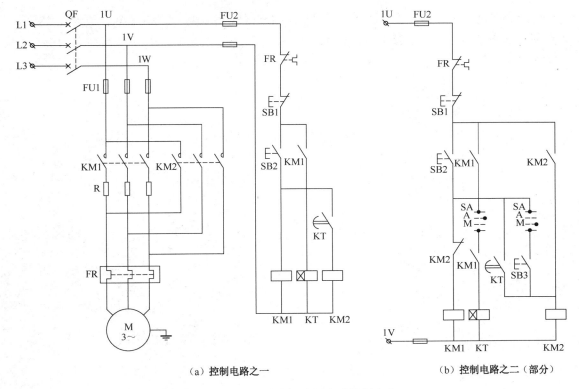

（a）控制电路之一 （b）控制电路之二（部分）

图 5-4-1 定子串电阻降压启动控制电路

> **提示：** 定子串电阻降压启动的基本思路是启动时串联接入启动电阻，启动完成后短接掉启动电阻。

5.4.2 星—三角降压启动控制电路

对于正常运行时定子绕组接成三角形的三相鼠笼式异步电动机，均可采用星—三角降压启动。启动时，定子绕组接成星形，使得每相绕组电压为正常运行时三角形连接相电压的 $1/\sqrt{3}$；待转速上升到一定程度后再将定子绕组接成三角形，电动机启动过程完成而转入全压运行。

> **提示：** 星—三角降压启动控制电路启动电流降至全压启动的 1/3，启动转矩只有额定转矩的 1/3。

（1）工作原理：如图 5-4-2 所示是星—三角降压启动控制电路，图中，SB1、SB2 分别为停止按钮和启动按钮，KM1 为电源接触器，KM3 为星形启动接触器，KM2 为三角形运行接触器，KT 为通电延时时间继电器，用于控制启动。电路工作原理如下。

合上 QF→按下 SB2→KM1 线圈通电并自锁，KM3 线圈通电，KT 线圈通电→KM1、KM3 主触点闭合→电动机 M 星形连接启动，同时时间继电器 KT 开始计时→电动机转速上升→电动机转速上升到接近额定转速→KT 计时时间到→KT 的通电延时断开（常闭）触点断开，通电延时闭合（常开）触点闭合→KM3 线圈断电，KM2 线圈通电→KM3 主触点断开，KM2 主触点闭合→电动机三角形连接运行，KM2、KM3 的常闭触点互锁。

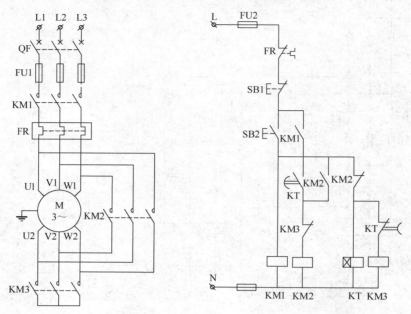

图 5-4-2　星—三角降压启动控制电路

（2）优点：设备简单、经济，启动电流小，运行可靠，体积小，检修方便。

（3）缺点：

① 启动转矩小（启动转矩只有直接启动转矩的 1/3），且启动电压不能按实际需要调节，故只适用于空载或轻载启动的场合。

② KM2 和 KM3 均为带电切换。

③ 只有一种固定的降压比。

> 提示：星—三角降压启动控制电路只适用于正常运行时定子绕组接线为三角形的三相异步电动机。

5.4.3　自耦变压器降压启动控制电路

此类电路利用自耦变压器的降压作用限制电动机启动电流。电动机启动时，自耦变压器二次侧与电动机相连，定子绕组得到的电压是自耦变压器的二次侧电压。一旦启动结束，自耦变压器便被切除，额定电压直接加在定子绕组上，这时电动机进入全压正常运行状态。通常称自耦变压器为启动补偿器。自耦变压器二次侧有 65%、73%、85%、100% 挡的电源电压抽头，可分别获得 42.3%、53.3%、72.3% 及 100% 全压启动的启动转矩。显然此方式获得的启动转矩比星—三角降压启动只有 1/3 的全压启动转矩大得多。

> **提示：** 采用星—三角降压启动时只能有一个启动电压；自耦变压器二次侧有多个抽头，采用自耦变压器降压启动时可根据需要选择合适的启动电压。

如图 5-4-3 所示是自耦变压器降压启动控制电路，图中 SB1、SB2 分别为停止按钮和启动按钮，KM1 为启动接触器，KM2 为运行接触器，KA 为中间继电器，ZOB 为自耦变压器，KT 为通电延时时间继电器，用于启动。T 是变压器，为指示灯提供电源。

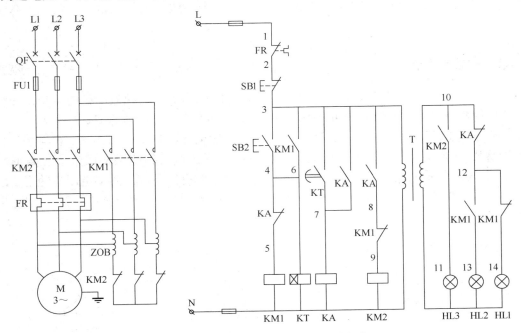

图 5-4-3　自耦变压器降压启动控制电路

（1）工作原理：合上 QF→按下 SB2→KM1、KT 线圈通电并自锁→自耦变压器接入电路，实现降压，同时 KT 开始计时→KM1 主触点闭合→M 启动→电动机转速上升→转速上升至接近额定转速→计时时间到→KT 通电延时闭合（常开）触点闭合→KA 通电并自锁→KA 常闭触点断开 KM1 线圈回路→KM1 主触点断开，其辅助常闭触点闭合（加上已闭合的 KA 常开触点）→KM2 线圈通电→KM2 主触点闭合→电动机 M 正常运行。

HL1 是上电指示灯，HL2 是启动指示灯，HL3 是运行指示灯。合上开关 QF，灯 HL1 亮；按下启动按钮 SB2 后 HL1 灭，同时 HL2 亮；正常运行时，HL2 灭，HL3 亮。

（2）降压原理：启动时，利用自耦变压器降低电压，启动结束后将自耦变压器切除，减小了启动电流对电网的影响。

（3）优点：启动电流较小；不受定子绕组接法的限制。

（4）缺点：启动设备体积大，笨重，价格高，维修不方便。

> **提示：** 启动时自耦变压器运行于过流（超过额定电流）状态下，因此，不适合用于频繁启动的电动机。

5.4.4 延边三角形降压启动控制电路

星—三角降压启动有不少优点，不足之处是启动转矩太小。

启动时，将电动机定子绕组一部分接成星形，另一部分接成三角形。待启动结束后，再转换成三角形接法，其转换过程仍按照时间控制原则来控制。如图 5-4-4 所示为延边三角形绕组接法，从图（a）可看出，绕组的形状是一个三边延长的三角形，故称为延边三角形。

> **提示：** 延边三角形降压启动综合了星形连接启动电流小、三角形连接启动转矩大的优点。

延边三角形降压启动适用于定子绕组特别设计的电动机。这种电动机的每相定子绕组有三个出线端：首端、末端和中间抽头，如图 5-4-4（a）所示。其中 1、2、3 为首端，4、5、6 为末端，7、8、9 为中间抽头。启动时，1、2、3 接电源，4 与 8、5 与 9、6 与 7 相接，把定子绕组一部分接成三角形，而另一部分接成星形，使三相绕组接成延边三角形，如图 5-1-12（b）所示。此时，绕组相电压比三角形连接时有所下降，启动电流也随之下降。启动结束后，将 1 与 6、2 与 4、3 与 5 相接，把三相绕组接成三角形全压运行，如图 5-4-4（c）所示。

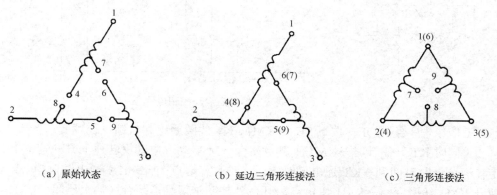

（a）原始状态　　　　　　　（b）延边三角形连接法　　　　　　（c）三角形连接法

图 5-4-4　延边三角形绕组接法

如图 5-4-5 所示为延边三角形降压启动控制电路，电路的工作原理与时间继电器控制的星—三角降压启动控制电路控制电路的原理一致，在此不再赘述。

> **提示：**
> （1）延边三角形降压启动，其启动转矩大于星—三角降压启动，不需要专门的启动设备，但需要专用电动机。
> （2）延边三角形启动的各相接线一定不能错。

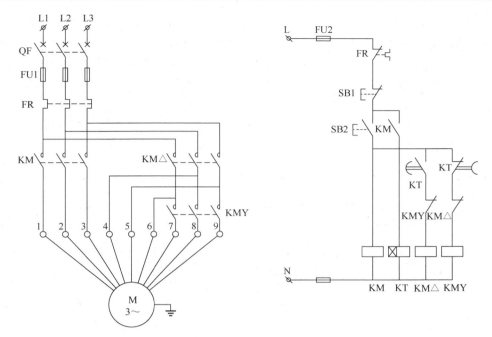

图 5-4-5　延边三角形降压启动控制电路

模块五　三相绕线式异步电动机启动控制电路

三相鼠笼式异步电动机的启动转矩小，启动电流大，因此不能满足某些生产机械需要高启动转矩低启动电流的要求。三相绕线式异步电动机与三相鼠笼式异步电动机的主要区别是转子绕组可通过电刷和集电环与启动变阻器或频敏变阻器串联，以改善电动机的机械性能，从而达到减小启动电流，增大启动转矩以及平滑调速的目的。

> **提示：** 三相绕线式异步电动机具有高启动转矩、低启动电流的特点。

5.5.1　转子绕组串电阻启动控制电路

采用三相绕线式异步电动机转子绕组串联变阻器启动（简称转子串电阻启动）时，启动前将变阻器电阻调到最大，使电阻全部接入转子电路，然后合上 QF，随着电动机转速逐渐升高，将变阻器逐级切除，最后将变阻器全部短接。转子绕组串联电阻（变阻器）后，启动时转子电流减小。

以时间控制原则控制的转子串电阻启动控制电路如图 5-5-1 所示，KT1、KT2、KT3 为通电延时时间继电器。工作原理分析如下。

（1）启动：合上刀开关 QF→按下启动按钮 SB2→接触器 KM1 线圈通电并自锁→电动机 M 通电运转，此时转子串联变阻器（最大电阻）启动。

（2）逐级切除启动电阻：电动机启动后→KM1 辅助常开触点闭合→KT1、KT2 线圈通电→KT1、KT2 开始计时→电动机转速上升→KT1 时间到→KM2 线圈通电并自锁→KM2 常闭触点断开，KT1 线圈断电；同时 KM2 常开触点闭合，切除电阻 R1→电动机转速继续上升→KT2 计时时间到→KM3 线圈通电并自锁→KM3 常开触点闭合→切除电阻 R2，同时 KT3 线圈通电，KT3 开始计时→电动机转速继续上升→KT3 计时时间到→KM4 线圈通电并自锁→切除电阻 R3→电动机全压运行。

（3）优点：平滑性好。

（4）缺点：转子串电阻启动电路比较复杂，且需要逐级切除电阻，而在每切除一段电阻瞬间，启动电流和启动转矩会突然增大，会对电气和机械部分造成冲击。

> **提示：** KT2 计时时间要长于 KT1 计时时间。

在控制电路中，KM1、KM2、KM3 各有一个常闭触点和启动按钮 SB2 串联，目的是在开始启动时，全部电阻接入电路。

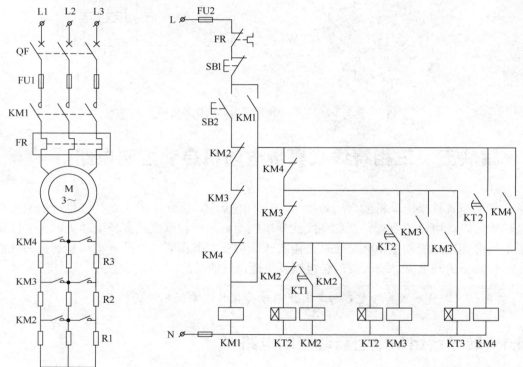

图 5-5-1　转子串电阻启动控制电路

5.5.2　转子绕组串联频敏变阻器启动控制电路

1. 频敏变阻器简介

频敏变阻器由铁芯和绕组两个主要部分组成，一般做成三柱式，每个柱上有一个绕组，通常接成星形。频敏变阻器的铁芯是用几毫米到几十毫米厚的钢板或铁板叠压而成的。

> **提示：** 频敏变阻器实际上是一个铁芯损耗非常大的三相电抗器。

频敏变阻器用于启动时，其阻抗值随着电流频率的变化而显著变化，电流频率高时，阻抗值也高，电流频率低时，阻抗值也低。频敏变阻器是较大容量的三相绕线式异步电动机较为理想的启动设备。启动时，转子电流频率最大，频敏变阻器的电阻与电抗最大，电动机可以获得较大启动转矩。启动后，随着转速的提高，转子电流频率逐渐降低，电阻和电抗都自动减小，所以电动机可以近似地得到恒转矩特性，实现电动机的无级启动。启动完毕后，频敏变阻器应被切除。

2. 工作原理

启动过程可分为自动控制和手动控制两部分，由转换开关 SA 完成切换。三相绕线式异步电动机转子绕组串联频敏变阻器启动控制电路如图 5-5-2 所示。其工作原理如下：

（1）自动控制：合上 QF→接通三相电源→将 SA 扳向"自动"→按下 SB2→KM1 线圈通电并自锁→KM1 主触点闭合→转子绕组串联频敏变阻器，定子接入三相电源开始启动→时间继电器 KT 通电并开始计时→达到整定时间→KT 通电延时闭合（常开）触点闭合→中间继电器 KA 线圈通电并自锁→KA 常开触点闭合→KM2 线圈通电→KM2 常开触点闭合→切除频敏变阻器→启动过程结束。

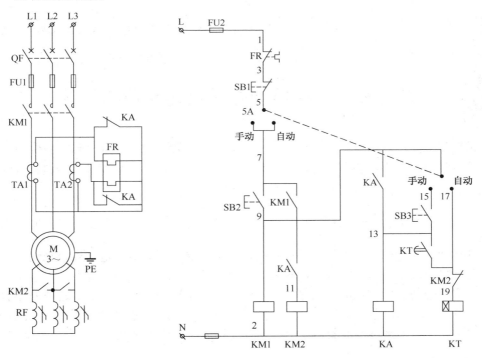

图 5-5-2　转子绕组串联频敏变阻器启动控制电路

（2）手动控制：电动机启动后→KM1 辅助常开触点闭合→KT1、KT2 线圈通电→KT1、KT2 开始计时→电动机转速上升→KT1 时间到→KT1 通电延时闭合（常开）触点闭合→KM2 线圈通电并自锁→KM2 常闭触点断开，KT1 线圈断电；同时 KM2 常开触点闭合，切除电阻 R1→电动机转速继续上升→KT2 计时时间到→KT2 通电延时闭合（常开）触点闭合→KM3 线圈通电并自锁→KM3 常开触点闭合→切除电阻 R2，同时 KT3 线圈通电开始计时→电动机转速继续上升→KT3 计时时间到→KT3 通电延时闭合（常开）触点闭合→KM4 线圈通电并自锁→切除电阻 R3→电动机全压运行。

3. 电路分析

提供过载保护的热继电器接在电流互感器二次侧，这是因为电动机容量大，为了提高热继电器的灵敏度和可靠性，故接入电流互感器的二次侧。

在启动期间，中间继电器 KA 的常闭触点将热继电器的热元件短接，是为了防止启动电流大引起热元件误动作。电动机正常运行后，KA 常闭触点断开，热元件接入电流互感器二次侧进行过载保护。

优点：

① 减小了启动电流。

② 增大了启动转矩。

③ 启动的平滑性符合转子串电阻启动要求。

④ 等效启动电阻随着转速升高自动且连续减小。

⑤ 结构简单，运行可靠，价格便宜，维护方便。

> **提示：** 实现转子绕组串联频敏变阻器启动的基本控制思路是启动时串联频敏变阻器，启动完成后切除频敏变阻器。

模块六　三相异步电动机的制动与调速

三相异步电动机断电后，由于惯性作用不会立即停转，对于要求停转时精确定位或尽可能减少减速时间的机床，如万能铣床、卧式镗床、组合机床等，必须对其电动机采取制动措施，制动的方式有机械制动和电气制动两大类。

5.6.1　机械制动控制电路

机械制动利用电磁铁操纵机械进行制动，如电磁抱闸制动器、电磁离合制动器等。机械制动主要有电磁抱闸制动、电磁离合器制动两种方式。

电磁抱闸制动利用外加的机械作用力，使电动机迅速停止转动。由于这个外加的机械作用力是靠电磁抱闸制动器紧紧抱住与电动机同轴的制动轮来产生的，所以称为电磁抱闸制动。电磁抱闸制动又分为两种，即断电电磁抱闸制动和通电电磁抱闸制动。

1. 断电电磁抱闸制动

如图 5-6-1 所示是断电电磁抱闸制动控制电路，其工作原理为：

（1）启动：合上 QF→按下启动按钮 SB2→接触器 KM1 线圈通电→KM1 主触点闭合，KM1 辅助常开触点也闭合并自锁。

① KM1 主触点闭合→电磁铁绕组接入电源→电磁铁铁芯向上移动→抬起制动闸→松开制动轮→电动机准备启动。

② KM1 辅助常开触点闭合→KM2 线圈通电→KM2 主触点闭合→电动机接入电源→电动机启动运转。

（2）停止：按下停止按钮 SB1→接触器 KM1、KM2 断电释放→电动机和电磁铁绕组均断电，制动闸在弹簧作用下紧压在制动轮上，依靠摩擦力使电动机快速停车。

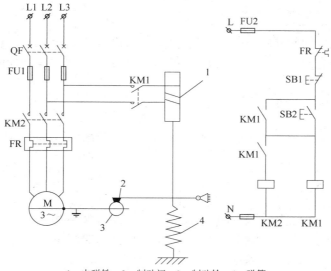

1—电磁铁；2—制动闸；3—制动轮；4—弹簧

图 5-6-1　断电电磁抱闸制动控制电路

2. 通电电磁抱闸制动

如图 5-6-2 所示是通电电磁抱闸制动控制电路，其工作原理为：

（1）启动：按下启动按钮 SB2→接触器 KM1 线圈通电并自锁→电动机启动运行。

（2）停止：按下停止按钮 SB1→接触器 KM1 线圈断电→电动机脱离电源，同时接触器 KM2 线圈通电并自锁→时间继电器 KT 线圈通电。

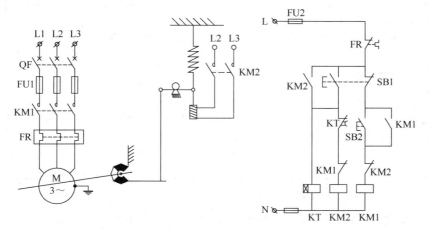

图 5-6-2　通电电磁抱闸制动控制电路

① KM2 线圈通电并自锁→KM2 主触点闭合→电磁铁线圈通电→铁芯向下移动，使制动

闸紧紧抱住制动轮→电动机处于制动状态。

② 时间继电器 KT 线圈通电→KT 开始计时→电动机转速下降→电动机转速下降至零或接近零时→KT 的通电延时断开（常闭）触点断开→KM2 和 KT 线圈断电→电磁铁绕组断电→制动闸又恢复了"松开"状态→制动过程结束。

> **提示：**
> （1）断电电磁抱闸制动控制电路正常运行时，两个接触器都带电。
> （2）通电电磁抱闸制动控制电路正常运行时，只有电动机接触器带电。

5.6.2 电气制动控制电路

电气制动使电动机产生一个与转子原来旋转方向相反的力矩来实现制动。机床常用的电气制动方式有能耗制动和反接制动。

1. 能耗制动控制电路

能耗制动指在电动机脱离三相交流电源以后，立即将直流电源接入定子绕组，利用转子感应电流与静止磁场的作用产生制动转矩，使电动机的动能转变为电能并消耗在转子上，从而达到制动的目的。当转子转速降到接近为零时，切断直流电源。如图 5-6-3 所示为能耗制动控制电路，用时间继电器自动完成制动过程。

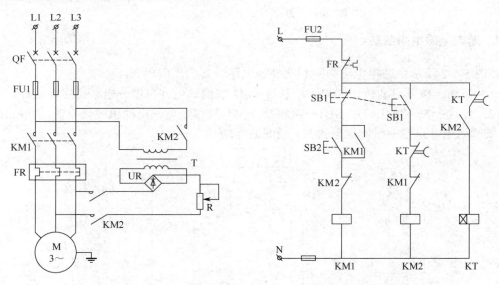

图 5-6-3 能耗制动控制电路

（1）启动：合上 QF→按下启动按钮 SB2→接触器 KM1 线圈通电并自锁→KM1 主触点闭合→电动机启动。

（2）停止：按下停止按钮 SB1→接触器 KM1 线圈断电→接触器 KM1 主触点断开→电动机脱离电源，同时 KM1 辅助常闭触点闭合→KM2、KT 线圈通电并自锁。

① KM2 主触点闭合→电动机 M 通入直流电源→开始能耗制动。

② KT 线圈通电→KT 开始计时→电动机 M 转速下降→电动机 M 转速下降至接近为零时→KT 延时时间到→KT 的通电延时断开（常闭）触点断开→KM2 线圈断电→KM2 主触点、辅助常开触点断开→电动机脱离直流电源→制动过程结束。

能耗制动作用的强弱与通入直流电的大小和电动机转速有关，在同样的转速下，电流越大制动作用越强，一般取直流电流为电动机空载电流的 3～4 倍左右，电流过大将使定子绕组过热。

能耗制动在制动时磁场静止不动，制动定位准确，制动过程平稳，不会产生有害的反转，但在低速时制动不迅速。适用于电动机容量不太大，要求制动平稳和启动频繁的场合。能耗制动必须配置一套整流设备。能耗制动可采用时间控制原则，也可采用速度控制原则。

> **提示：** 实现能耗制动的基本思路是制动时定子绕组接入直流电源，制动结束必须切除直流电源。

2. 反接制动控制电路

反接制动是改变电动机定子绕组中三相电源的相序，产生与转动方向相反的转矩而制动。

机床电路中广泛应用速度继电器来实现电动机反接制动的自动控制。速度继电器与电动机转子同轴连接，当电动机转速在 120～3000r/min 范围内时，速度继电器的常开触点闭合，当转速低于 100r/min 时，其常开触点复位断开。

如图 5-6-4 所示是电动机单向反接制动控制电路。当电动机正常运转时，速度继电器 KS 的常开触点闭合，但由于 SB1、KM2 常开触点是断开的，所以 KM2 线圈未通电。当按下停止按钮 SB1 时，其常闭触点断开使 KM1 断电，其常开触点闭合使 KM2 通电自锁，电动机串联电阻进行反接制动。当制动到电动机转子转速低于 100r/min 时，速度继电器 KS 触点断开，KM2 断电，使电动机脱离电源，制动过程结束。

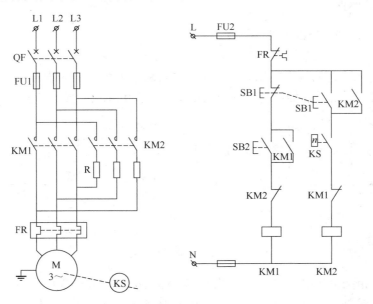

图 5-6-4　电动机单向反接制动控制电路

改变电动机电源相序的反接制动，其优点是制动效果好，其缺点是能量损耗大，为避免对电动机及机械传动系统的过大冲击，延长其使用寿命，一般在 10kW 以上电动机的定子电路中串联对称电阻或不对称电阻，以限制制动转矩和制动电流。这个电阻称为反接制动电阻。

> **提示：** 反接制动时，为了防止电动机制动时反转，必须在电动机转速接近零时，及时将反接电源切除，电动机才能真正停下来。

三相异步电动机转速计算公式为

$$n=n_s(1-s)=60f_1(1-s)/p$$

可见，调速可通过三个途径进行：

（1）改变电动机定子绕组的极对数 p，以改变定子旋转速度（又称为电动机的同步转速）n_s，即变极调速。

（2）改变电动机所接电源频率 f_1，以改变 n_s，即变频调速。

（3）改变电动机转差率 s，即变转差率调速。

前两者是三相鼠笼式异步电动机的调速方法，后者是三相绕线式异步电动机的调速方法。

> **提示：** 改变三相异步电动机转速公式中任意一个参数都可调速。

5.6.3 变极调速

变极调速仅适用于三相鼠笼式异步电动机。变极调速通过接触器触点来改变电动机定子绕组的接线方式，以获得不同的极对数来调速。变极电动机一般有双速、三速、四速之分，双速电动机定子绕组有一套绕组，而三速、四速电动机则有二套绕组。

1. 变极调速原理

1）变极前后定子绕组的接线

如图 5-6-5 所示为变极前后定子绕组的接线图，图（a）表示电动机 U 相绕组的两个线圈，每个线圈代表 U 相绕组的一半，称为半相绕组。将两个半相绕组首端与末端顺向串联，根据线圈的电流方向，用右手螺旋定则可判断出定子绕组产生 4 极磁场，$p=2$。

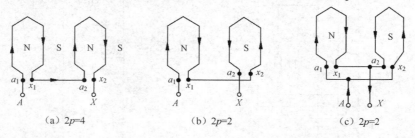

（a）$2p=4$ （b）$2p=2$ （c）$2p=2$

图 5-6-5 变极前后定子绕组的接线图

若将两个半相绕组末端连接在一起再串联（反向串联），如图 5-6-5（b）所示，或者将它们的首端与末端连在一起再并联（反向并联），如图 5-6-5（c）所示，根据线圈的电流方向，用右手螺旋定则，可判断出定子绕组产生 2 极磁场，$p=1$。

由此可见，如果将每相绕组的一个半相绕组（如 a_2-x_2 半相绕组）的电流方向改变，如图 5-6-5（b）、（c）所示，就可改变极对数。

2）双速电动机的变极方法

变极电动机定子绕组常用的连接方式有两种：一种是将星形改接成双星形，记为 Y-YY，另一种是将三角形改接为双星形，记为△-YY。如图 5-6-6 所示为双速电动机△-YY 控制接线方式。

（1）低速，△接法：U1、V1、W1 端接电源，U2、V2、W2 端开路，如图 5-6-6（a）所示。

（2）高速，YY 接法：U1、V1、W1 端短接，U2、V2、W2 端接电源，如图 5-6-6（b）所示。

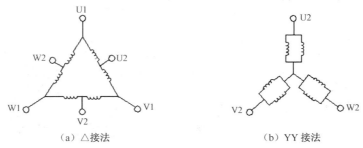

（a）△接法　　　　　　　　（b）YY 接法

图 5-6-6　双速电动机△-YY 控制接线方式

> **提示：** 双速电动机△-YY 控制接线方式可使电动机极对数减少一半。在改接绕组时，为了使电动机的转向不变，应把绕组相序改变。

2. 双速电动机变极调速△-YY 控制电路

如图 5-6-7 所示为双速电动机变极调速△-YY 控制电路图。图中，按钮 SB1 实现低速启动和运行；按钮 SB2 使 KM2、KM3 线圈通电自锁，用于实现 YY 变速启动和运行；SB3 为停止按钮；KM1 为电动机△连接接触器；KM2、KM3 为电动机 YY 连接接触器。

主电路中，KM1 主触点构成△的低速接法。KM3 用于将 U1、V1、W1 端短接，KM2 用于将 U2、V2、W2 端通入三相交流电源，构成 YY 高速接法。其工作原理如下所述。

（1）低速（△）启动：按下低速启动按钮 SB1→KM1 线圈通电并自锁→电动机 M 低速启动→电动机转速上升。

（2）高速（YY）运行：电动机转速上升到接近额定转速→按下高速（YY）按钮 SB2→KM1 线圈先断电→KM2、KM3 线圈通电并自锁→电动机 M 按 YY 接法高速运行。

（3）停止：按下停止按钮 SB3→KM2、KM3 线圈断电→电动机 M 停止。

（4）双重互锁：SB1、SB2 实现按钮互锁，KM1 与 KM2、KM3 实现接触器互锁。

3. 变极调速的优缺点及适用场合

（1）优点：具有较好的机械特性，稳定性良好；无转差损耗，效率高；采用不同的接线方式，既可实现恒转矩调速，也可实现恒功率调速；接线简单、控制方便，是一种较经济的调速方法。

（2）缺点：有级调速，级差较大，不能获得平滑调速效果。

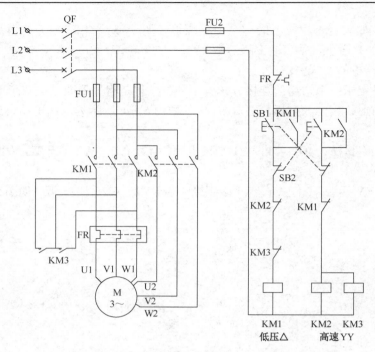

图 5-6-7   双速电动机变极调速△-YY 控制电路图

（3）变极调速的适用场合：变极调速适用于不需要无级调速的生产机械，如金属切削机床、升降机、起重设备、风机、水泵等。

> 提示：变极调速可以与调压调速、电磁转差离合器配合使用，获得较高效率的平滑调速特性。

5.6.4   三相绕线式异步电动机转子串联电阻调速控制电路

为满足起重运输机械中拖动电动机启动转矩大、启动电流小、速度可以调节的要求，常使用三相绕线式异步电动机，在转子电路中串联电阻（可以串联三相对称电阻或不对称电阻），用凸轮控制器或主令控制器直接或通过接触器来控制电动机的正反转、短接转子电路电阻，以实现调速的目的。从其机械特性曲线（如图 5-6-8 所示）可知，设转子电阻为 R_2，当转子串联对称电阻时，同步转速 n_1 和最大转矩 T_M 不变，但临界转差率 S_m 随着串联电阻的增大而增大，斜率随之增加。对于恒转矩负载，电动机的工作点随着转子电路串联电阻阻值的增加而下移（从 a 到 c），而转速则随之减小（从 n_a 减至 n_c），对于起重机械，在电动机工作于机械特性第 I 象限时，用于提升负载；第 III 象限用于下放负载位能转矩小于摩擦转矩的轻载，此时称为强力下降；第 IV 象限用于重载的低速下放，电动机工作于倒拉反接制动状态；也可以用于轻载高速下放（此时负载位能转矩大于摩擦转矩），电动机工作于反向回馈制动状态。这种调速方法简单，但调速是有级的，转子铜耗随着转速的下降而增加，经济性差。

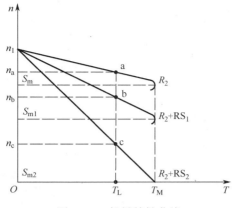

图 5-6-8 机械特性曲线

5.6.5 三相异步电动机的变频调速

从电动机转速计算公式可知，改变电源频率 f_1 即可改变电动机的转速。根据三相异步电动机的控制方式不同，变频调速可分为恒定压频比（V/F）变频调速、矢量控制（FOC）变频调速、直接转矩控制变频调速等。变频调速目前已发展成为一门独立技术，广泛应用于生产实际中，在此不再细述。

> **提示：** 三相异步电动机的变极调速和转子串电阻调速都是有级调速；变频调速可以实现无级调速。

 # 工程实例——某机械厂传送带控制电路

某机械厂有两条原料运输传送带，分别由两台电动机控制。按下启动按钮后，第一条传送带电动机 M1 先启动，经过一段时间，第二条传送带电动机 M2 自动启动。按下停止按钮，电动机 M2 先停止，再经过一段时间，电动机 M1 自动停止。

1. 电气控制电路图

两条原料运输传送带的电气控制电路图如图 5-6-9 所示。

2. 工作原理

1）启动

（1）M1 启动：按下启动按钮 SB1，接触器 KM1 和时间继电器 KT1 得电；KM1 主触点闭合，KM1 常开辅助触点闭合并自锁，M1 启动。

（2）M2 启动：M1 启动后，经过一段时间，KT1 延时时间到，其延时闭合的常开触点闭合，接触器 KM2 线圈得电，KM2 主触点闭合，其常开辅助触点闭合并自锁，M2 启动。

同时，KM2 串联在 KT1 线圈电路中的常闭触点断开，使 KT1 失电释放。

2）停止

（1）M2 停止：按下停止按钮 SB2（复合按钮），其常闭触点断开，接触器 KM2 线圈失电，其主触点断开，M2 停止。

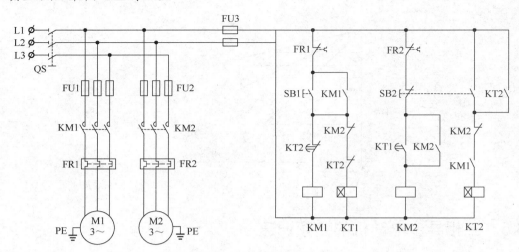

图 5-6-9　两条原料运输传送带的电气控制电路图

（2）M1 停止：复合按钮 SB2 的常开触点闭合；M2 停止后，KM2 常闭辅助触点闭合；M1 正在运行，KM1 常开辅助触点闭合，这样使得时间继电器 KT2 线圈电路接通，KT2 得电吸合。KT2 瞬动常开辅助触点闭合并自锁。当松开 SB2 后，KT2 线圈仍保持得电吸合状态。经过一段时间，KT2 延时时间到，KT2 延时断开的触点断开，接触器 KM1 线圈失电。KM1 主触点断开，M1 停止。

同时，KM1 常开辅助触点断开，KT2 线圈电路失电，KT2 释放。

3．保护

（1）FU1 对 M1 实现短路保护。

（2）FU2 对 M2 实现短路保护。

（3）FR1 对 M1 实现过载保护。

（4）FR2 对 M2 实现过载保护。

（5）FU3 对控制电路实现短路保护。

（6）KM1 对 M1 实现欠压和失压保护。

（7）KM2 对 M2 实现欠压和失压保护。

身边榜样：拼搏与创新，实业焕新生　李虎兵

李虎兵，1973 年出生，四川达卡电气有限公司（简称"达卡公司"）董事长、四川变通电力建设有限公司董事长、四川和美易通（集团）投资有限公司（简称"和美易通公司"）董事长、成都品信联行物业服务有限公司董事长、四川和美思延农业发展有限公司董事长、四川和美致远实业有限公司董事长、成都市工商联常委、成都市双流区政协常委、成都市双流区工商联副主席、西南航空港

经济开发区企业家协会常务副会长。

李虎兵在学校学习时选择的是电气专业，1994 年中专毕业后他进入四川开关厂从事电气自动化相关技术工作，在工作中不断提高专业技术，积累经验。2000 年，在得知达卡公司即将全面停产的消息后，李虎兵毅然承包了这个村办企业。根据这些年在本行业的工作经验，李虎兵清楚地意识到"对于传统企业而言，要生存就必须有订单"。于是，李虎兵开始努力地拓展市场，最终扭亏为盈。

从普通的技术人员到成功的企业家，需要的不仅是埋头苦干，还需要找准市场方向。随着科技与经济的快速发展，传统行业市场日趋饱和，全成都与他所承包的公司同类型的企业有近 500 家，如何才能在这激烈的竞争中脱颖而出，李虎兵心中的答案是"创新"。他认为核心技术是传统企业发展的基础，于是带头组建了专业技术研发团队，成立了技术中心，设立专项研发基金，搭建起专业技术创新平台，通过技术创新，不断提升产品的市场竞争力。"你若盛开，清风自来"，李虎兵和企业员工的努力没有白费，2009 年 6 月，达卡公司的低压成套开关设备获得了"四川名牌产品"称号。公司荣获国家高新技术企业、四川省企业技术中心等多项殊荣，并取得了十余项国家专利，综合实力不断提升。正是因为雄厚的技术实力和良好的品牌形象，达卡公司开始焕发出新的活力，实现了逆转。

"水到中流浪更急，人到半山路更陡"，经过前期的高速发展，达卡公司也遇到了瓶颈。再加上 2010 年实体经济增长困难，各传统行业都面临着转型升级，李虎兵敏锐地意识到要从规模发展向品质提升转变。于是，在 2011 年，他成立了和美易通公司，在坚守实业的基础上，开始积极探索新的业务。要想实现新的经济增长，就必须能够敏锐地捕捉到市场需求。"思想是行动的先导，要改革必先从武装头脑开始。"李虎兵首先从自身开始积极提高知识层次，拓宽知识面，不断自我充电。2015 年他进入电子科技大学学习，获得 EMBA 硕士学位。同时，他还通过与电子科技大学联合开办 MBA 培训班、邀请各类专家学者进企业开展培训、选送集团各层级人员到高校学习，以"请进来、送出去"等多种方式，积极构建学习型现代企业，不断强化人才队伍建设和提升员工能力水平，为企业转型升级奠定了理论基础和团队基础。

因为积极地拓展业务和建设团队，和美易通公司开始在股权与证券投资、智慧农业与康养等业务领域发力，同时，李虎兵也将达卡公司发展成为一家集输配电设备研发设计、生产销售于一体的专业化企业。在以往这些成功经历的基础上，李虎兵的商业之路也越发顺畅，他又创建了四川变通电力建设有限公司，控股富川典当有限公司；并通过和美易通公司实施集团化管理模式，实现对旗下达卡公司、四川变通电力建设有限公司等的高效管理。

在经营管理自身企业的同时，李虎兵积极履行社会责任，为地方经济社会发展贡献积极力量。作为成都市工商联第十二届常委、成都市双流区政协第十一届常委、成都市双流区工商联第十一届副主席、西南航空港经济开发区企业家协会常务副会长，李虎兵认真履职尽责，围绕民营经济、行业发展以及经济社会，积极建言献策，参与各类社会组织活动，并带领企业投身"三大攻坚战"，连续多年参加"万企帮万村"精准扶贫、成都 SOS 儿童村对口帮扶、建设乡村道路等慈善活动，累计捐赠善款、物资价值二百余万元。由他管理的企业多次荣获双流区优秀民营企业、最具社会责任感企业（成都市电力行业协会）、援藏工作先进单位（双流西开区管委会）、环保工作先进单位（双流西开区管委会）、成都市双流区工商联优秀会员单位、成都市双流区工商联光彩事业先进单位。

回看李虎兵这二十多年的奋斗历程，从一个普通的技术人员，到使达卡公司起死回生，再到管理经营多家企业，以及回报社会，李虎兵的故事令我们激动不已，也似乎有着几分必然性。因为他知道，干一行就要爱一行、钻一行，即使是小小的电工，只要耐心学习和积累，紧握"拼搏"与"创新"两把利剑，就终究会厚积薄发，鹰击长空。

习　　题

一、填空题

（1）交流接触器铁芯上短路铜环的作用是_____。

（2）热继电器一般用于_____保护。接触器除通断电路外，还具有_____和_____保护作用。

（3）三相鼠笼式异步电动机 Y-△降压启动时启动电流是直接启动电流的____倍，此方法只能用于定子绕组采用____接法的电动机。

（4）要实现电动机的多地控制，应把所有的启动按钮_____连接，所有的停机按钮_____连接。

（5）速度继电器主要用于控制_____。

（6）机床电气控制系统由许多电气元件按照一定要求连接而成，实现对机床的电气自动控制。为了便于对控制系统进行设计、分析研究、安装调试、使用和维护，需要将电气元件相互连接，用国家规定的_____、_____和图形表示出来。这种图就是电气控制系统图。电气控制系统图包括_____、_____和_____三种。

（7）机床中最常见的降压启动方法有_____、_____和自耦变压器（补偿器）降压启动三种。

（8）机床上常用的电气制动控制电路有两种，即_____和_____。

（9）电动机长动与点动控制区别的关键环节是_____触点是否接入。

（10）当电动机容量较大，启动时产生较大的_____，会引起_____下降，因此必须采用降压启动的方法。

（11）电气控制图一般分为_____和_____两部分。

二、选择题

（1）以下原则不属于电动机控制的一般原则的是（　　）。
　　A．行程控制原则　　　　　　　　　B．电阻控制原则
　　C．电流控制原则　　　　　　　　　D．速度控制原则

（2）甲乙两个接触器，欲实现互锁控制，则应（　　）。
　　A．在甲接触器的线圈电路中串联乙接触器的动断触点

B．在乙接触器的线圈电路中串联甲接触器的动断触点

C．在两接触器的线圈电路中互相串联对方的动断触点

D．在两接触器的线圈电路中互相串联对方的动合触点

（3）断电延时型时间继电器的延时动合触点为（　　）。

A．延时闭合的动合触点　　　　　B．瞬动动合触点

C．瞬时闭合延时断开的动合触点　D．瞬时断开延时闭合的动合触点

（4）同一电器的各个部件在图中可以不画在一起的图是（　　）。

A．电气原理图　　　　　　　　　B．电气布置图

C．电气安装接线图　　　　　　　D．电气系统图

（5）直流电动机要实现正反转，只要改变（　　）即可。

A．极对数　　　　　　　　　　　B．电枢绕组正负极性

C．三相电源中任意两相的相序　　D．频率

三、判断题

（1）延边三角形降压启动综合了星形连接启动电流小、三角形连接启动转矩大的优点。
（　　）

（2）延边三角形降压启动，其启动转矩小于星—三角降压启动，不需要专门的启动设备，但需要专用电动机。（　　）

（3）三相绕线式异步电动机具有高启动转矩、低启动电流的特点。（　　）

（4）能耗制动作用的强弱与通入直流电的大小和电动机转速有关，在同样的转速下，电流越大制动作用越强，一般取直流电流为电动机空载电流的 3～4 倍左右，电流过大将使定子绕组过热。（　　）

（5）双速电动机△-YY 控制接线方式，可使电动机极对数增加一倍。在改接绕组时，为了使电动机的转向不变，应把绕组相序改变。（　　）

（6）三相异步电动机的变极调速和转子串电阻调速都是有级调速；变频调速可以实现无级调速。（　　）

（7）直流电动机直接启动时启动电流很大，可达到额定电流的 10～20 倍。（　　）

（8）直流电动机一般可按最大制动电流不大于 2～2.5 倍额定电流来计算。（　　）

（9）他励或并励直流电动机制动时应同时改变励磁电流大小和方向。（　　）

（10）串励直流电动机制动时电枢电流与励磁电流必须同时反向。（　　）

四、画图题

（1）画出下列继电器的图形符号：

A．延时断开瞬时闭合常闭触点；B．延时断开瞬时闭合常开触点；C．复合按钮；D．热继电器常闭触点。

（2）画出电动机正反转控制电路图，要求有必要的保护环节（包括主电路和控制电路）。

（3）试设计对一台电动机可以进行两地操作的长动和点动控制电路。

（4）某机床主轴和润滑油泵各由一台电动机带动，试设计其控制电路，要求主轴必须在油泵开动后才能转动，主轴能正、反转并可单独停转，有短路、失压和过载保护。

五、分析题

（1）简述题图 1 中电路的工作过程。

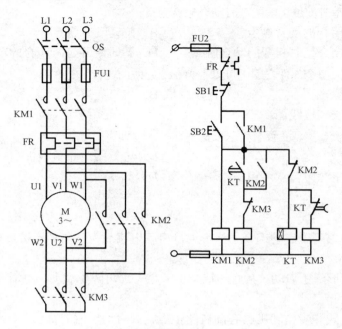

题图 1

（2）题图 2 中电路为三相鼠笼式异步电动机单向旋转能耗制动控制电路，当按下停止按钮 SB1 时，电动机无制动过程，试分析故障原因。

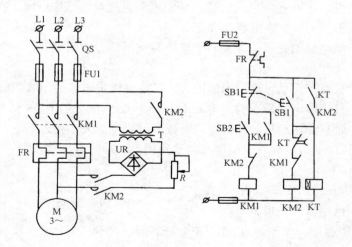

题图 2

项目六　常用生产机械电气控制电路

行业先锋：工人发明家　李书乾

李书乾，出生于 1952 年出生，瓦房店轴承集团有限责任公司（简称"瓦轴集团"）热处理分厂电工、高级技师，荣获 2015 年全国劳动模范、全国技术能手、中国机械工业技能大师、全国轴承行业技术能手等称号，享受国务院政府特殊津贴。

"我老了，看外文书，很多地方还需要靠他们年轻人呢！"李书乾指着身边的徒弟说。转瞬间，李书乾已经在瓦轴集团干了三十七个年头。

回首过往，一切都历历在目，那些奋斗的年月，已经深深烙在李书乾的心中。

"在部队当好兵，在企业当好工人，发挥余热"，这是三十多年前，李书乾在结束 5 年的军旅生涯，复员后最朴实的人生定位。复员后初到瓦轴集团，他对维修电工业务知之甚少。从不服输、立志成才的李书乾，不但用很短的时间完成了高中的全部学业，而且一开始就决心让自己的专业技能达到公司拔尖、行业一流的高度。为了实现这一奋斗目标，他如饥似渴地学习专业理论和苦练岗位技能，"有什么不会，就一定要查清楚"，不懂就问，不会就学。白天，他每学到一点有用的东西都记录下来；晚上，再把学到的知识整理成笔记，为了不影响孩子学习和休息，他就躲在卫生间看书。工作中遇到技术理论难题，就到公司技术中心找专家们请教，直到弄懂为止。在设备改造和引进过程中，他把每一次合作都当作一次提高的机会，合作完成，他的技能水平也会提高一步。同时，他积极参加技师培训班的学习，把技能大赛、技术比武和岗位练兵等活动当作检验和提高技能的平台。功夫不负有心人，经过三十多年不断地学习、消化、吸收，他逐渐成长为热处理电工岗位的技术大师，并组建了自己的团队。

"有轮转驱动的地方就有轴承"，瓦轴集团凭借悠久的历史和高层次人才，堪称国内轴承行业的老大哥，在国际上排名位居前十名。在这里，李书乾和他的团队负责维护轴承加工热处理的各项设备。

90 年代以来，中国铁路运输在时速 80 公里的基础上不断发展，对轴承质量的要求越来越高。瓦轴集团在这一时期承担着铁路提速轴承研发制造的重任，但热处理工序一度是难以攻克的"瓶颈"。李书乾和公司其他技术专家承担起了淬火压床的研制任务。经过反复研究和设计，他们将机床的静态淬火创新为动态旋转淬火，使铁路提速轴承的芯部硬度提高了 25%，产品的变形量减少了 30%，实现了铁路提速轴承热处理质的飞跃，由其自主研发的设备还替代了进口机床，共节省购置资金一千多万元，该项技术成果荣获"全国职工优秀技术成果奖"。他先后改造老设备一百多台（次），完成技术创新二百多项，技术创新成果中有三项荣获国家、部委的奖励，他的创新项目为公司节约费用七千多万元，用事实证明了精密高端轴承不仅能够"由中国制造"，而且还能实现"由中国创造"。

如今，高速穿行于各大城市之中的轻轨、地铁，都有他的一份功劳。李书乾深知，要实现更快更好的"中国速度"和公司的战略目标，需要更多的高技能人才。他把自己三十多年的读书笔记、维修经验编写成了培训教材，培训技术工人达两千多课时，培训鉴定技术工人达一千多人次。"他是一个十分无私的人，只要是他掌握的技能，都会全部教给你。"车间内，年仅 20 岁的小徒弟这样评价李书乾。

这位陪伴新中国重工业发展一路走来的东北老师傅，带领着班组成员扎根在瓦房店这个具有悠久历史的工业城市，坚守精益求精的"匠心"，致力于自主研发，勇挑中国轴承的"大梁"，为"中国速度"保驾护航。

 ## 学习任务与要求

1）培训内容
（1）了解常用生产机械的结构及功能。
（2）学习机床控制电路原理分析方法。
（3）掌握常用机床的电气原理图识读及装调方法。
（4）掌握常见设备的故障诊断和维修方法。
2）目标要求
（1）学员要了解常用生产机械的机械结构以及功能。
（2）学员要能分析常见机床的控制原理。
（3）学员要能装配车床、钻床、铣床等机床的控制电路并进行调试。
（4）学员要能排除简单的机床故障。
3）相关资料
（1）低压电器方面的资料。
（2）经典控制电路方面的资料。
（3）含机床技术指标含义相关介绍的资料。
（4）《电工技能与工艺项目教程（第 3 版）》。
4）预习要求
（1）查阅各类机床的结构及组成。
（2）掌握机床各控制部件之间的联锁关系。
5）重点或难点
（1）机床控制电路与其结构组件之间的联系。
（2）各类机床电气原理图的分析。
（3）电气控制柜元件安装接线配线和调试的规范与步骤。
（4）机床故障的排查方法。
6）学习方法建议
（1）收集相关资料。
（2）掌握机床动作要求。

（3）认真阅读机床的原理图的图例说明。

（4）根据不同电动机的控制电路将原理图进行分块，着重研究互相之间交叉控制的环节，理清各部分联锁关系的实现途径。

模块一　车床电气控制电路

车床是一种应用极为广泛的金属切削机床，能够车削外圆、内圆、端面、螺纹、螺杆以及定型表面等。

普通车床有两个主要的运动部分，一是卡盘或顶尖（带动工件进行旋转运动，也就是车床主轴的运动）；另外一个是溜板（带动刀架进行直线运动，称为进给运动）。车床工作时，绝大部分功率消耗在主轴运动上。下面以 CA6140 型车床为例进行介绍。

6.1.1　车床的结构与运动形式

1. CA6140 型车床型号的意义

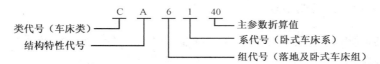

2. CA6140 型车床的结构

CA6140 型车床是我国自行设计制造的普通车床，与 C620-1 型车床比较，具有性能优越、结构先进、操作方便和外形美观等优点。

CA6140 型普通车床的外形图如图 6-1-1 所示。

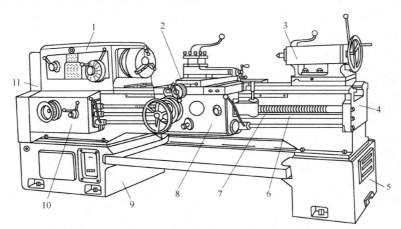

1—主轴箱；2—刀架；3—尾座；4—床身；5—右床腿；6—光杠；7—丝杠；
8—溜板箱；9—左床腿；10—进给箱；11—挂轮变速机构

图 6-1-1　CA6140 型普通车床外形图

3. CA6140 型车床的运动形式和控制要求

CA6140 型车床主要由床身、主轴箱、进给箱、溜板箱、刀架、丝杠、光杠、尾架等部分组成。

车床的切削运动包括工件旋转运动和刀具的直线进给运动。车削速度是指工件与刀具接触点的相对速度。根据工件的材料性质、车刀材料及几何形状、工件直径、加工方式及冷却条件的不同，要求主轴有不同的切削速度。主轴变速由主拖动电动机经 V 带传递到主轴变速箱来实现。CA6140 型车床的主轴正转速度有 24 种（10～1400r/min），反转速度有 12 种（14～1580r/min）。

车床的进给运动是刀架带动刀具的直线运动。溜板箱把丝杠或光杠的转动传递给刀架部分，变换溜板箱外的手柄位置，经刀架部分使车刀纵向或横向进给。

车床的辅助运动为车床上除切削运动以外的其他一切必需的运动，如尾架的纵向移动，工件的夹紧与放松等。

6.1.2　CA6140 型车床控制电路的分析

1. 电力拖动特点及控制要求

（1）主拖动电动机一般选用三相鼠笼式异步电动机，不进行电气调速。

（2）采用齿轮箱进行机械有级调速。为减小震动，主拖动电动机通过几条 V 带将动力传递到主轴箱。

（3）在车削螺纹时，要求主轴可以正反转，由主拖动电动机正反转或采用机械方法来实现。

（4）主拖动电动机的启动、停止采用按钮操作。

（5）刀架移动和主轴转动有固定的比例关系，以满足螺纹加工需要。

（6）车削加工时，由于刀具及工件温度过高，有时需要冷却，因而配有冷却泵电动机，且要求在主拖动电动机启动后，方可决定冷却泵电动机是否启动；而当主拖动电动机停止时，冷却泵电动机应立即停止。

（7）必须有过载、短路、欠压、失压接地保护。

（8）具有安全的局部照明装置。

2. CA6140 型车床电气控制电路分析

CA6140 型车床电路图如图 6-1-2 所示。

（1）主电路分析：主电路共有三台电动机：M1 为主拖动电动机，带动主轴旋转和刀架进给；M2 为冷却泵电动机，用以输送冷却液；M3 为刀架快速移动电动机。

将钥匙开关 SB 向右旋转，再扳动断路器 QF 将三相电源引入。主拖动电动机 M1 由接触器 KM1 控制，热继电器 FR1 用于过载保护，熔断器 FU 用于短路保护，接触器 KM1 具有失压和欠压保护功能。冷却泵电动机 M2 由中间继电器 KA3 控制，热继电器 FR2 作为它的过载保护。刀架快速移动电动机 M3 由中间继电器 KA2 控制，由于是点动控制，故未设过载保护。FU1 作为冷却泵电动机 M2、快速移动电动机 M3、控制变压器 TC 的短路保护。

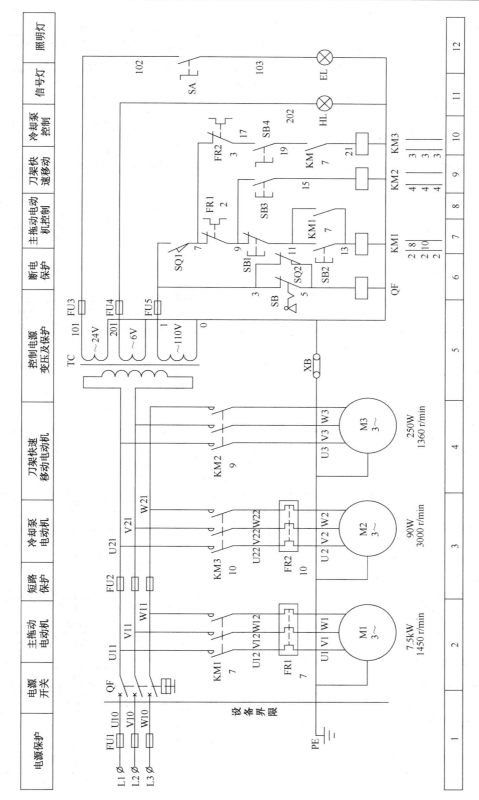

图 6-1-2 CA6140 型卧式车床电路图

（2）控制电路分析：控制电路的电源由控制变压器 TC 二次侧输出 110V 电压提供。在正常工作时，位置开关 SQ1 的常开触点闭合。打开床头皮带罩后，SQ1 断开，切断控制电路电源，以确保人身安全。钥匙开关 SB 和位置开关 SQ2 在正常工作时是断开的，QF 线圈不通电，断路器 QF 能合闸。打开配电盘壁龛门时，SQ2 闭合，QF 线圈通电，断路器 QF 自动断开。

① 主拖动电动机 M1 的控制：

M1 启动：按下 SB2→KM1 线圈通电并自锁（8 区）→KM1 主触点闭合，同时，KM1 常开辅助触点（10 区）闭合→主拖动电动机 M1 启动运行，同时为 KM3 通电做准备。

M1 停止：按下 SB1→KM1 线圈断电→KM1 触点复位断开→M1 断电停转。

主轴的正反转是采用多片摩擦离合器实现的。

② 冷却泵电动机 M2 的控制：

M2 启动：M1 启动后→KM1 常开触点（10 区）闭合→合上旋钮开关 SB4→KM3 线圈通电→KM3 主触点闭合→冷却泵电动机 M2 启动。实现 M1 启动后，M2 才能启动。

M2 停止：M1 停止运行→M2 自行停止。

> 提示：由于 M2、M3 电动机功率较小，故采用中间继电器而非接触器带动。

③ 刀架快速移动电动机 M3 的控制。刀架快速移动电动机 M3 的启动由安装在进给操作手柄顶端的按钮 SB3 控制，它与交流接触 KM2 组成点动控制电路。刀架移动方向（前、后、左、右）的改变由进给操作手柄配合机械装置实现。如需要快速移动，按下 SB3 即可。

（3）照明、信号电路分析　控制变压器 TC 的二次侧分别输出 24V 和 6V 电压，作为车床低压照明灯和信号灯的电源。EL 作为车床的低压照明灯，由开关 SA 控制；HL 为电源信号灯。它们分别由 FU4 和 FU3 作为短路保护。

（4）CA6140 型车床电气元件明细表如表 6-1-1 所示。

表 6-1-1　CA6140 型车床电气元件明细表

代　号	名　称	型号及规格	数　量	用　途	备　注
M1	主拖动电动机	Y123M-4-B3 7.5kW、1450r/min	1	带动主轴	
M2	冷却泵电动机	AOB-25、90W、3000r/min	1	输送冷却液用	
M3	刀架快速移动电动机	AOS5634、250W 1360r/min	1	溜板快速移动用	
FR1	热继电器	JR16-20/3D、15.4A	1	M1 的过载保护	
FR2	热继电器	JR16-20/3D、0.32A	1	M2 的过载保护	
KM1	交流接触器	CJ0-20B、线圈电压 110V	1	控制 M1	
KM3	中间继电器	JZ7-44、线圈电压 110V	1	控制 M2	
KM2	中间继电器	JZ7-44、线圈电压 110V	1	控制 M3	
SB1	按钮	LAY3-01ZS/1	1	停止 M1	
SB2	按钮	LAY3-10/3.11	1	启动 M1	
SB3	按钮	LA9	1	启动 M3	
SB4	旋钮开关	LAY3-10X/2	1	控制 M2	
SQ1、SQ2	位置开关	JWM6-11	2	断电保护	

续表

代　号	名　　称	型号及规格	数　量	用　　途	备　注
HL	信号灯	ZSD-0、6V	1	刻度照明	无灯罩
QF	断路器	AM2-40、20A	1	电源引入	
TC	控制变压器	JBK2-100 380V/110V/24V/6V	1		110V、50VA 24V、45VA
EL	机床照明灯	JC11	1	工作照明	
SB	旋钮开关	LAY3-01Y/2	1	电源开关锁	带钥匙
FU1	熔断器	BZ001、熔体 6A	3		
FU2	熔断器	BZ001、熔体 1A	1	110V 控制电路短路保护	
FU3	熔断器	BZ001、熔体 1A	1	信号灯电路短路保护	
FU4	熔断器	BZ001、熔体 2A	1	照明电路短路保护	

注：旋钮开关 SB4 属于按钮，但不能自动复位。

6.1.3　CA6140 型车床常见电气故障分析与检修

当需要打开配电盘壁龛门进行带电检修时，将 SQ2 开关的传动杆拉出，断路器 QF 仍可合上。关上壁龛门后，SQ2 复原，恢复保护作用。

1. 主拖动电动机 M1 不能启动

主拖动电动机 M1 不能启动，可按下列步骤检修：

（1）如果接触器 KM1 吸合，则故障必然发生在电源电路和主电路上。可按下列步骤检修：

① 合上断路器 QF，用万用表测接触器受电端 U11、V11、W11 点之间的电压，如果电压是 380V，则电源电路正常。当测得 U11 与 W11 之间无电压时，再测量 U11 与 W10 之间有无电压，如果无电压，则 FU1（L3）熔断器或连线断路；否则，故障是断路器 QF（L3）接触不良或连线断路。

修复措施：查明损坏原因，更换相同规格和型号的熔体、断路器及连接导线。

② 断开断路器 QF，用万用表 R×1 电阻挡测量接触器输出端 U21、V21、W21 之间的电阻值，如果阻值较小且相等，说明所测电路正常；否则依次检查 FR1、电动机 M1 以及它们之间的连线。

修复措施：查明损坏原因，修复或更换同规格、同型号的热继电器 FR1、电动机 M1 及其之间的连接导线。

③ 检查接触器 KM1 主触点是否良好，如果接触不良或烧毛，则更换动、静触点或相同规格的接触器。

④ 检查电动机机械部分是否良好，如果电动机内部轴承等损坏，应更换轴承；如果外部机械有问题，可配合机修钳工进行维修。

（2）若接触器 KM1 不吸合，可按下列步骤检修：首先检查 KM2 是否吸合，若吸合说明 KM1 和 KM2 的公共控制电路部分（0-1-3-7-9）正常，故障范围在 KM1 的线圈支路部分（9-11-13-0）；若 KM2 也不吸合，就要检查照明灯和信号灯是否亮，若照明灯和信号灯亮，说明故障范围在控制电路上。若灯 HL、EL 都不亮，说明电源部分有故障，但不能确定控制电路无故障。下面用电压分段测量法检修如图 6-1-3 所示控制电路的故障。根据各段电压值来检查故障的方法如表 6-1-2 所示。

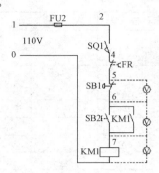

图 6-1-3　电压分段测量法

表 6-1-2　用电压分段测量法检测故障点并排除

故 障 现 象	测量状态	5-6	6-7	7-0	故 障 点	排　　除
按下 SB2 时，KM1 不吸合，按下 SB3 时，KM2 吸合	按下 SB2 不放	110V	0	0	SB1 接触不良或接线脱落	更换按钮 SB1 或将脱落线接好
		0	110V	0	SB2 接触不良或接线脱落	更换按钮 SB2 或将脱落线接好
		0	0	110V	KM1 线圈开路或接线脱落	更换同型号线圈 或将脱落线接好

2. 主拖动电动机 M1 启动后不能自锁

当按下启动按钮 SB2 时，主拖动电动机能启动运转，但松开 SB2 后，M1 也随之停止。造成这种故障的原因是接触器 KM1 的自锁触点接触不良或连接导线松脱。

3. 主拖动电动机 M1 不能停车

造成这种故障的原因可能是接触器 KM1 的主触点熔焊；停止按钮 SB1 击穿或电路中 5、6 两点连接导线短路；接触器铁芯粘牢。可采用下列方法判明是哪种原因造成电动机 M1 不能停车：若断开 QF，接触器 KM1 释放，则说明故障为 SB1 击穿或导线短接；若接触器过一段时间释放，则故障为铁芯粘牢；若断开 QF，接触器 KM1 不释放，则故障为主触点熔焊。根据具体故障采取相应措施修复。

4. 主拖动电动机 M1 在运行中突然停车

造成这种故障的主要原因是由于热继电器 FR1 动作。发生这种故障后，一定要找出热继电器 FR1 动作的原因，排除后才能使其复位。引起热继电器 FR1 动作的原因可能是：三相电源电压不平衡；电源电压较长时间过低；负载过重以及 M1 的连接导线接触不良等。

5. 刀架快速移动电动机 M3 不能启动

首先检查 FU1 熔丝是否熔断；其次检查接触器 KM2 触点的接触是否良好；若无异常或按下 SB3 时，继电器 KM2 不吸合，则故障必定在控制电路中。这时依次检查 FR1 的常闭触点、点动按钮 SB3 及接触器 KM2 的线圈是否有断路现象即可。

模块二 钻床电气控制电路

钻床是一种用途广泛的孔加工机床。它主要用钻头钻削精度要求不太高的孔，另外还可以用来扩孔、铰孔、镗孔以及攻螺纹等。

钻床的结构形式很多，有立式钻床、卧式钻床、台式钻床、深孔钻床及多轴钻床。摇臂钻床是一种立式钻床，它适用于单件或批量生产中带有多孔的大型零件的孔加工。本节以 Z37 型和 Z3050 型摇臂钻床为例进行分析。

6.2.1 Z37 型摇臂钻床电气控制电路

Z37 型摇臂钻床型号意义：

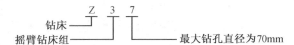

1. 主要结构及运动形式

1）Z37 型摇臂钻床的主要结构

Z37 型摇臂钻床的外形如图 6-2-1 所示。Z37 型摇臂钻床主要由底座、内立柱、外立柱、摇臂、主轴箱、工作台等部分组成。内立柱固定在底座上，在它外面套着空心的外立柱，外立柱可绕着不动的内立柱回转 360°。摇臂一端的套筒部分与外立柱滑动配合，借助丝杠，摇臂可沿着外立柱上下移动，但两者不能相对转动，因此摇臂与外立柱一起相对内立柱回转。主轴箱是一个复合部件，它包括主轴及主轴旋转和进给运动（轴向前进移动）的全部传动变速和操作机构。主轴箱安装于摇臂的水平导轨上，可通过手轮操作使它沿着摇臂上的水平导轨径向移动。当需要钻削加工时，可利用夹紧机构将主轴箱紧固在摇臂导轨上，摇臂紧固在外立柱上，外立柱紧固在内立柱上，以保证加工时主轴不会移动，刀具也不会震动。

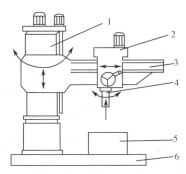

1—内、外立柱；2—主轴箱；3—摇臂；4—主轴；5—工作台；6—底座

图 6-2-1 Z37 摇臂钻床外形图

工件不很大时，可将其压紧在工作台上加工。若工件较大，则可将其直接装在底座上加工。根据工件高度的不同，摇臂借助丝杠可带动主轴箱沿外立柱升降。但在升降之前，摇臂

应自动松开；当达到升降所需位置时，摇臂应自动夹紧在立柱上。摇臂连同外立柱绕内立柱的回转运动依靠人力推动进行，但回转前必须先将外立柱松开。主轴箱沿摇臂上导轨的水平移动也是手动的，移动前也必须先将主轴箱松开。

2）Z37 型摇臂钻床的运动形式

摇臂钻床的主运动是主轴带动钻头的旋转运动；进给运动是钻头的上下运动；辅助运动是指主轴箱沿摇臂水平移动、摇臂沿外立柱上下移动以及摇臂连同外立柱一起相对于内立柱的回转运动。

2. 电力拖动特点及控制要求

（1）由于摇臂钻床的相对运动部件较多，故采用多台电动机拖动，以简化传动装置。主拖动电动机 M2 承担钻削及进给任务。主轴的正反转一般通过正反转摩擦离合器来实现，主轴转速和进刀量用变速机构调节。摇臂的升降和立柱的夹紧与放松由电动机 M3 和 M4 拖动，可正反转运动。M1 为冷却泵电动机。

（2）Z37 型摇臂钻床的各种工作状态都通过十字开关 SA 进行操作，为防止十字开关手柄停在任何工作位置时，因接通电源而产生误动作，控制电路设有零压保护环节。

（3）摇臂的升降有限位保护。

（4）摇臂的夹紧与放松由机械和电气联合控制。外立柱和主轴箱的夹紧与放松由电动机配合液压装置完成。

（5）钻削加工时，需要对刀具及工件进行冷却。由电动机 M1 拖动冷却泵输送冷却液。

（6）该钻床应有过载保护、欠压保护、失压保护、短路保护。

3. 电气控制电路分析

Z37 型摇臂钻床电路图如图 6-2-2 所示。

（1）主电路分析：Z37 型摇臂钻床共有四台三相异步电动机，其中主拖动电动机 M2 由接触器 KM1 控制，热继电器 FR 用于过载保护，主轴的正反转控制由正反转摩擦离合器实现。摇臂升降电动机 M3 由接触器 KM2、KM3 控制，FU2 用于短路保护。立柱松紧电动机 M4 由接触器 KM4 和 KM5 控制，FU3 用于短路保护。冷却泵电动机 M1 由组合开关 QS2 控制，FU1 用于短路保护。摇臂上的电气设备电源通过转换开关 QS1 及汇流环 YG 引入。

（2）控制电路分析：合上电源开关 QS1，由控制变压器 TC 向控制电路提供 110V 电压。Z37 型摇臂钻床控制电路采用十字开关 SA 操作，它有控制集中和操作方便等优点。十字开关由十字手柄和四个微动开关组成。根据工作需要，可将操作手柄分别扳在孔槽内五个不同位置上，即左、右、上、下和中间位置。手柄处在各个工作位置时的工作情况如表 6-2-1 所示。为防止突然停电又恢复供电而造成的危险，电路设有零压保护环节。

表 6-2-1　十字开关 SA 操作说明

手柄位置	接通微动开关的触点	工作情况
中	均不通	控制电路断电
左	SA（2-3）	KA 通电并自锁
右	SA（3-4）	KM1 通电，主轴旋转
上	SA（3-5）	KM2 吸合，摇臂上升
下	SA（3-8）	KM3 吸合，摇臂下降

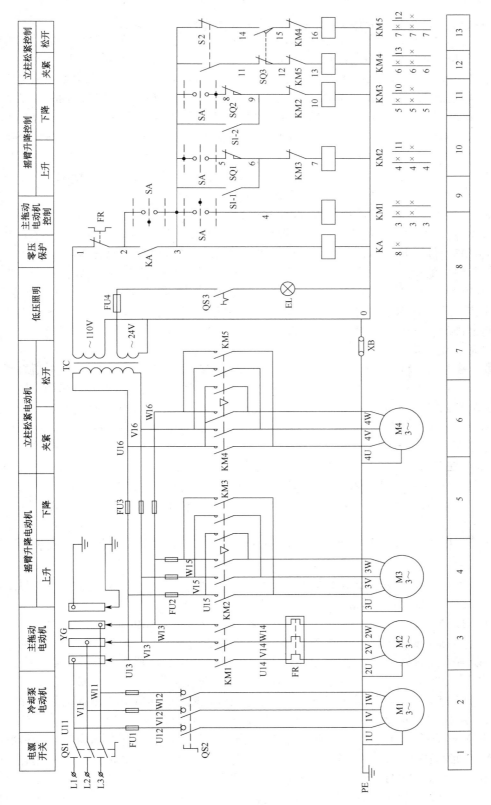

图 6-2-2 Z37 型摇臂钻床电路图

> **提示：** Z37型摇臂钻床由中间继电器 KA 和十字开关 SA 实现零压保护。

① 主拖动电动机 M2 的控制：主拖动电动机 M2 的旋转通过接触器 KM1 和十字开关 SA 控制。首先将十字开关 SA 扳到左边位置，SA 的触点（2-3）闭合，中间继电器 KA 通电吸合并自锁，为其他控制电路接通做好准备。再将十字开关 SA 扳到右边位置，这时 SA 的触点（2-3）分断后，SA 的触点（3-4）闭合，接触器 KM1 线圈通电吸合，主拖动电动机 M2 通电旋转。主轴的正反转则由摩擦离合器手柄控制。将十字开关扳回中间位置，接触器 KM1 线圈断电释放，主拖动电动机 M2 停转。

启动 M2：将 SA 扳到启动位置→KA 得电→形成自锁→SA 扳到右边→KM1 得电→M2 得电启动。

停止 M2：将 SA 扳到中间位置→KM1 失电→M2 停转。

② 摇臂升降的控制：摇臂的放松、升降及夹紧的半自动工作是通过十字开关 SA、接触器 KM2 和 KM3、位置开关 SQ1 和 SQ2 及鼓形组合开关 S1 控制电动机 M3 来实现的。

当工件与钻头的相对高度不合适时，可将摇臂升高或降低来调整。要使摇臂上升，将十字开关 SA 的手柄从中间位置扳到上边位置，SA 的触点（3-5）接通，接触器 KM2 通电吸合，电动机 M3 启动正转。由于摇臂在升降前被夹紧在立柱上，所以 M3 刚启动时，摇臂不会上升，而是通过传动装置先把摇臂松开，这时鼓形组合开关 S1 的常开触点（3-9）闭合，为摇臂上升后的夹紧做好准备，随后摇臂才开始上升。当上升到所需位置时，将十字开关 SA 扳到中间位置，接触器 KM2 线圈断电释放，电动机 M3 停转。由于摇臂松开时，鼓形组合开关 S1 常开触点（3-9）已闭合，所以当接触器 KM2 线圈断电释放，其联锁触点（9-10）恢复闭合后，接触器 KM3 通电吸合，电动机 M3 启动反转，带动机械夹紧机构将摇臂夹紧，夹紧后鼓形开关 S1 的常开触点（3-9）断开，接触器 KM3 线圈断电释放，电动机 M3 停转，摇臂夹紧。

要使摇臂下降，可将十字开关 SA 扳到下边位置，于是十字开关 SA 的触点（3-8）闭合，接触器 KM3 线圈通电吸合，其余动作情况与上升相似，不再细述。由以上分析可知摇臂的升降是由机械、电气联合控制实现的，能够自动完成摇臂松开→摇臂上升（或下降）→摇臂夹紧的过程。

摇臂上升：将 SA 扳到上边位置→KM2 得电→M3 正转→摇臂放松→S1 常开触点（3-9）闭合→摇臂上升。

摇臂下降：将 SA 扳到下边位置→S1 常开触点（3-8）闭合→KM3 得电→M3 反转→摇臂下降。

为使摇臂上升或下降不致超出允许的极限位置，在摇臂上升和下降的控制电路中分别串联位置开关 SQ1 和 SQ2 作为限位保护。

③ 立柱的夹紧与松开的控制：钻床正常工作时，外立柱夹紧在内立柱上。要使摇臂和外立柱绕内立柱转动，应首先扳动手柄放松外立柱。立柱的松开与夹紧是靠电动机 M4 的正反转拖动液压装置来完成的。电动机 M4 的正反转由组合开关 S2、位置开关 SQ3、接触器 KM4 和 KM5 来实现。位置开关 SQ3 是由主轴箱与摇臂夹紧的机械手柄操作的。拨动手柄使 SQ3 的常开触点（14-15）闭合，接触器 KM5 线圈通电吸合，电动机 M4 拖动液压装置工作，使立柱夹紧装置放松。当夹紧装置完全放松时，组合开关 S2 的常闭触点（3-14）断开，使接触器 KM5 线圈断电释放，电动机 M4 停转，同时 S2 的常开触点（3-11）闭合，为夹紧做好准备。当摇臂转动到所需位置时，只要扳动手柄使位置开关 SQ3 复位，其常开触点（14-15）断开，而常闭触点（11-12）闭合，使接触器 KM4 线圈通电吸合，电动机 M4 带动液压装置反向运转，就可以完成立柱的夹紧动作。当完全夹紧后，组合开关 S2 复位，其常开触点（3-11）

分断，常闭触点（3-14）闭合，使接触器 KM4 的线圈断电，电动机 M4 停转。

> **提示：** Z37 型摇臂钻床的主轴箱在摇臂上的松开与夹紧和立柱的松开与夹紧是由同一台电动机 M4 拖动液压机构完成的。

（3）照明电路分析：照明电路的电源也由变压器 TC 将 380V 的交流电压降为 24V 安全电压来提供。照明灯 EL 由开关 QS3 控制，熔断器 FU4 用于短路保护。

Z37 型摇臂钻床电气元件明细表如表 6-2-2 所示。

表 6-2-2　Z37 型摇臂钻床电气元件明细表

代　号	元件名称	型　号	规　格	数　量
M1	冷却泵电动机	JCB-22-2	0.125kW、2790r/min	1
M2	主拖动电动机	Y132M-4	7.5 kW、1440r/min	1
M3	摇臂升降电动机	Y100L2-4	3 kW、1440r/min	1
M4	立柱松紧电动机	Y802-4	0.75 kW、1390r/min	1
KM1	交流接触器	CJ0-20	20A、线圈电压 110V	1
KM2～KM5	交流接触器	CJ0-10	10A、线圈电压 110V	4
FU1、FU4	熔断器	RL1-15/2	15A、熔体 2A	4
FU2	熔断器	RL1-15/15	15A、熔体 15A	3
FU3	熔断器	RL1-15/5	15A、熔体 5A	3
QS1	组合开关	HZ2-25/3	25A	1
QS2	组合开关	HZ2-10/3	10A	1
SA	十字开关	定制		1
KA	中间继电器	JZ7-44	线圈电压 110V	1
FR	热继电器	JR16-20/3D	整定电流 14.1A	1
SQ1、SQ2	位置开关	LX5-11		2
SQ3	位置开关	LX5-11		1
S1	鼓形组合开关	HZ4-22		1
S2	组合开关	HZ4-21		1
TC	变压器	BK-150	150VA、380V/110V、24V	1
EL	照明灯	KZ 型带开关、灯架、灯泡	24V、40W	
YG	汇流环			

4. Z37 型摇臂钻床常见电气故障分析与检修

（1）主拖动电动机 M2 不能启动：首先检查电源开关 QS1、汇流环 YG 是否正常。其次，检查十字开关 SA 的触点、接触器 KM1 和中间继电器 KA 的触点接触是否良好。若中间继电器 KA 的自锁触点接触不良，则将十字开关 SA 扳到左边位置时，中间继电器 KA 吸合，然后再扳到右边位置时，KA 线圈将断电释放；若十字开关 SA 的触点（3-4）接触不良，当将十字开关 SA 手柄扳到左边位置时，中间继电器 KA 吸合，然后再扳到右边位置时，继电器 KA 仍吸合，但接触器 KM1 不动作；若十字开关 SA 触点接触良好，而接触器 KM1 的主触点接触不良时，当扳动十字开关手柄后，接触器 KM1 线圈通电吸合，但主拖动电动机 M2 仍然不能启动。此外，连接各电气元件的导线开路或脱落，也会使主拖动电动机 M2 不能启动。

（2）主拖动电动机 M2 不能停止：当把十字开关 SA 的手柄扳到中间位置时，主拖动电动机 M2 仍不能停止运转，其故障原因是接触器 KM1 主触点熔焊或十字开关 SA 的右边位置开关失控。出现这种情况，应立即切断电源开关 QS1，电动机才能停转。若触点熔焊，应更换同规格的触点或接触器，必须先查明触点熔焊的原因并排除故障后才可进行；若十字开关 SA 的触点（3-4）失控，应重新调整或更换开关，同时查明失控原因。

（3）摇臂升降、松紧电路的故障：Z37 型摇臂钻床的升降和松紧装置由电气和机械机构相互配合，实现放松→上升（下降）→夹紧的半自动工作顺序控制。在维修时不但要检查电气部分，还必须检查机械部分是否正常。常见电气方面的故障有下列几种：

① 摇臂上升或下降后不能完全夹紧：故障原因是鼓形组合开关 S1 未按要求闭合。正常情况下，当摇臂上升到所需位置，将十字开关 SA 扳到中间位置时，S1（3-9）应早已接通，使接触器 KM3 线圈通电吸合，摇臂会自动夹紧。若因触点位置偏移，使 S1（3-9）未按要求闭合，接触器 KM3 不动作，电动机 M3 也就不能启动反转进行夹紧，故摇臂仍处于放松状态。若摇臂上升完毕没有进行夹紧，而下降完毕进行夹紧，则说明 S1 的触点（3-9）有故障；反之则是 S1 的触点（3-6）有故障。另外鼓形组合开关 S1 的动触点和静触点弯曲、磨损、接触不良等，也会使摇臂不能夹紧。

② 摇臂升降后不能按需要停止：原因是鼓形组合开关 S1 的常开触点（3-6）或（3-9）闭合的顺序颠倒。例如，将十字开关 SA 扳到下边位置时，接触器 KM3 线圈通电吸合，电动机 M3 反转，通过传动装置将摇臂放松，摇臂下降；此时鼓形组合开关 S1（3-6）应该闭合，为摇臂下降后的重新夹紧做好准备。但如果鼓形组合开关调整不当，使鼓形开关 S1 的常开触点（3-9）闭合，那么十字开关 SA 扳到中间位置时，将不能切断接触器 KM3 的线圈电路，下降运行不能停止，甚至到了极限位置也不能使 KM3 断电释放，由此可能引起很危险的机械事故。若出现这种情况，应立即切断电源总开关 QS1，使摇臂停止运动。

（4）主轴箱和立柱的松紧故障：由于主轴箱和立柱的夹紧与放松是通过电动机 M4 配合液压装置来完成的，所以若电动机 M4 不能启动或不能停止时，应检查接触器 KM4 和 KM5、位置开关 SQ3 和组合开关 S2 的接线是否可靠，有无接触不良或脱落等现象，触点接触是否良好，有无移位或熔焊现象，同时还要配合机械、液压系统协调处理。

> **提示：** 检修中应注意三相电源相序与电动机转动方向的关系，否则会发生上升和下降方向颠倒，电动机启停失控、位置开关不起作用等故障，严重时造成机械事故。

6.2.2　Z3050 型摇臂钻床控制电路

1. 主要结构及运动形式

1）摇臂钻床型号的含义

2）摇臂钻床的结构组成

Z3050 型摇臂钻床的构造如图 6-2-3 所示，它主要由底座、内立柱、外立柱、摇臂、主轴箱、工作台等组成。内立柱固定在底座上，在它外面套着外立柱，而且外立柱上的摇臂可连同外立柱一起沿内立柱回转 360°。摇臂一端的套筒部分与外立柱滑动配合，借助丝杆，摇臂可沿着外立柱上下移动，主轴箱可沿着摇臂上的水平导轨进行径向移动。

3）摇臂钻床的运动形式

主运动——主轴带动钻头的旋转运动。

进给运动——主轴的垂直移动。

辅助运动——摇臂沿外立柱垂直运动，主轴箱沿摇臂径向移动，摇臂与外立柱一起相对于内立柱的回转运动。

4）两套液压控制系统

（1）操纵机构液压系统：安装在主轴箱内，用以实现主轴正反转、停车制动、空挡、预选及变速。

（2）夹紧机构液压系统：安装在摇臂背后的电器盒下部，用以夹紧/松开主轴箱、摇臂及内外立柱。

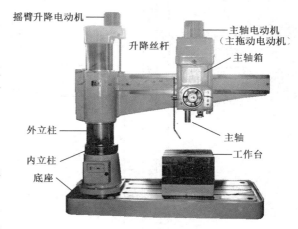

图 6-2-3　Z3050 型摇臂钻床的构造

5）拖动特点和控制要求

（1）由于摇臂钻床的运动部件较多，为简化传动装置，使用多电动机拖动，主拖动电动机承担钻削及进给任务，摇臂升降、夹紧/放松和冷却泵各用一台电动机拖动。

（2）摇臂升降由单独的电动机拖动，要求能实现正反转。

（3）摇臂的夹紧与放松以及立柱的夹紧与放松由一台异步电动机配合液压装置来完成，要求这台电动机能正反转。摇臂的回转与主轴箱的径向移动在中小型摇臂钻床上都采用手动控制。

（4）钻削加工时，为对刀具及工件进行冷却，须由一台冷却泵电动机拖动冷却泵输送冷却液。

2. 电气控制电路分析

Z3050 型摇臂钻床的电气控制电路图如图 6-2-4 所示。

1）主电路分析

Z3050 型摇臂钻床共有四台电动机，除冷却泵电动机采用断路器直接启动外，其余三台异步电动机均采用接触器控制启动。

M1 是主拖动电动机，由交流接触器 KM1 控制，只要求单方向旋转，主轴的正反转由机械手柄操作。M1 装于主轴箱顶部，拖动主轴及进给传动系统运转。热继电器 FR1 作为电动机 M1 的过载及断相保护，短路保护由断路器 QF1 中的电磁脱扣装置来完成。

M2 是摇臂升降电动机，装于立柱顶部，用接触器 KM2 和 KM3 控制其正反转。由于电动机 M2 是间断性工作的，所以不设过载保护。

M3 是液压泵电动机，用接触器 KM4 和 KM5 控制其正反转，由热继电器 FR2 作为过载及断相保护。该电动机的主要作用是拖动油泵供给液压装置压力油，以实现摇臂、立柱以及主轴箱的松开和夹紧。

摇臂升降电动机 M2 和液压油泵电动机 M3 共用断路器 QF3 中的电磁脱扣器作为短路保护。

M4 是冷却泵电动机，功率很小，由断路器 QF2 直接控制其启停，并实现短路、过载及断相保护。

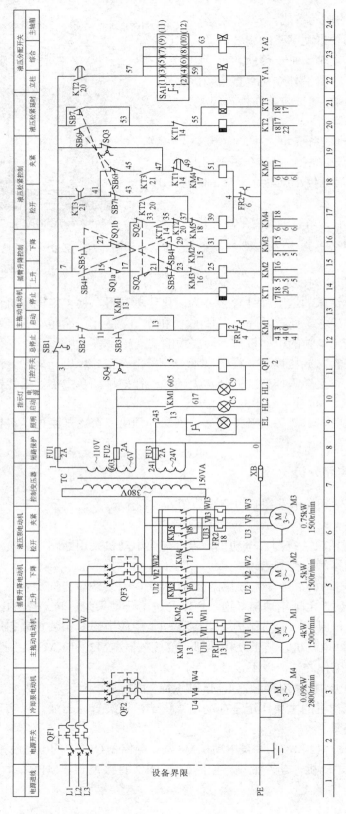

图 6-2-4　Z3050 型摇臂钻床电气控制电路图

电源配电盘在立柱前下部。冷却泵电动机 M4 装于靠近立柱的底座上，其余电气设备置于主轴箱或摇臂上。

> **提示：** 由于 Z3050 型摇臂钻床内、外立柱间未装设汇流环，故在使用时，请勿沿一个方向连续转动摇臂，以免发生事故。

2）控制电路分析

控制电路由控制变压器 TC 降压后供给 110V 电压，熔断器 FU1 作为短路保护。

（1）启动前的准备工作。

为保证操作安全，本钻床具有"开门断电"功能，由 SQ4 实现。启动前应将立柱下部及摇臂后部的电门盖关好，方能接通电源。合上 QF3（5 区）及总电源开关 QF1（2 区），则电源指示灯 HL1（10 区）显亮，表示钻床的电路已进入带电状态。

（2）主拖动电动机 M1 的控制。

按下启动按钮 SB3（12 区），接触器 KM1 吸合并自锁，使主拖动电动机 M1 启动运行，同时指示灯 HL2（9 区）亮。按下停止按钮 SB2（12 区），接触器 KM1 释放，使主拖动电动机 M1 停止旋转，同时指示灯 HL2 熄灭。

（3）摇臂升降控制。

按下上升按钮 SB4（15 区）（或下降按钮 SB5），则时间继电器 KT1（14 区）通电吸合，其瞬时闭合的常开触点（17 区）闭合，接触器 KM4 线圈（17 区）通电，液压泵电动机 M3 启动，正向旋转，供给压力油。压力油经分配阀体进入摇臂的"松开油腔"，推动活塞移动，活塞推动菱形块，将摇臂松开。同时活塞杆通过弹簧片压下位置开关 SQ2，使其常闭触点（17 区）断开，常开触点（15 区）闭合。前者切断了接触器 KM4 的线圈电路，KM4 主触点（6 区）断开，液压泵电动机 M3 停止工作。后者使交流接触器 KM2（或 KM3）的线圈（15 区或 16 区）通电，KM2（或 KM3）的主触点（5 区）接通 M2 的电源，摇臂升降电动机 M2 启动旋转，带动摇臂上升（或下降）。如果此时摇臂尚未松开，则位置开关 SQ2 的常开触点则不能闭合，接触器 KM2（或 KM3）的线圈无电，摇臂就不能上升（或下降）。

当摇臂上升（或下降）到所需位置时，松开按钮 SB4（或 SB5），则接触器 KM2（或 KM3）和时间继电器 KT1 同时断电释放，M2 停止工作，随之摇臂停止上升（或下降）。

由于时间继电器 KT1 断电释放，经 1～3s 时间的延时后，其延时闭合的常闭触点（18 区）闭合，使接触器 KM5（18 区）吸合，液压泵电动机 M3 反向旋转，随之泵内压力油经分配阀进入摇臂的"夹紧油腔"使摇臂夹紧。在摇臂夹紧后，活塞杆推动弹簧片压下位置开关 SQ3，其常闭触点（19 区）断开，同时，由活塞杆通过弹簧片松开位置开关 SQ2，其常开触点断开，常闭触点闭合。KM5 断电释放，M3 最终停止工作，完成了摇臂的松开→上升（或下降）→夹紧的整套动作。

组合开关 SQ1a（15 区）和 SQ1b（16 区）作为摇臂升降的超程限位保护。当摇臂上升到极限位置时，压下 SQ1，使其断开，接触器 KM2 断电释放，M2 停止运行，摇臂停止上升；当摇臂下降到极限位置时，压下 SQ1b 使其断开，接触器 KM3 断电释放，M2 停止运行，摇臂停止下降。

摇臂的自动夹紧由位置开关 SQ3 控制。如果液压夹紧系统出现故障，不能自动夹紧摇臂，或者由于 SQ3 调整不当，在摇臂夹紧后不能使 SQ3 的常闭触点断开，都会使液压泵电动机

M3 因长期过载运行而损坏。为此电路中设有热继电器 FR2，其整定值应根据电动机 M3 的额定电流进行整定。

> **提示：** 摇臂升降电动机 M2 的正反转接触器 KM2 和 KM3 不允许同时通电动作，以防止电源相间短路。为避免因操作失误、主触点熔焊等原因而造成短路事故，在摇臂上升和下降的控制电路中采用了接触器联锁和复合按钮联锁，以确保电路安全工作。

（4）立柱和主轴箱的夹紧与放松控制。

立柱和主轴箱的夹紧（或放松）既可以同时进行，也可以单独进行，由转换开关 SA1（22-24 区）和复合按钮 SB6（或 SB7）（20 或 21 区）进行控制。SA1 有三个位置，扳到中间位置时，立柱和主轴箱的夹紧（或放松）同时进行；扳到左边位置时，立柱夹紧（或放松）；扳到右边位置时，主轴箱夹紧（或放松）。复合按钮 SB6 是松开控制按钮，SB7 是夹紧控制按钮。

① 立柱和主轴箱同时松开、夹紧：将转换开关 SA1 拨到中间位置，然后按下松开按钮 SB6，时间继电器 KT2、KT3 线圈（20、21 区）同时通电。KT2 的延时断开的常开触点（22 区）瞬时闭合，电磁铁 YA1、YA2 通电吸合。而 KT3 延时闭合的常开触点（17 区）经 1～3s 延时后闭合，使接触器 KM4 通电吸合，液压泵电动机 M3 正转，供出的压力油进入立柱和主轴箱的松开油腔，使立柱和主轴箱同时松开。

松开 SB6，时间继电器 KT2 和 KT3 的线圈断电释放，KT3 延时闭合的常开触点（17 区）瞬时分断，接触器 KM4 断电释放，液压泵电动机 M3 停转。KT2 延时分断的常开触点（22 区）经 1～3s 后分断，电磁铁 YA1、YA2 线圈断电释放，立柱和主轴箱同时松开的操作结束。

立柱和主轴箱同时夹紧的工作原理与松开相似，只要按下 SB7，使接触器 KM5 通电吸合，液压泵电动机 M3 反转即可。

② 立柱和主轴箱单独松开、夹紧：如果希望单独控制主轴箱，可将转换开关 SA1 扳到右侧位置。按下松开按钮 SB6（或夹紧按钮 SB7），时间继电器 KT2 和 KT3 的线圈同时通电，这时只有电磁铁 YA2 单独通电吸合，从而实现主轴箱的单独松开（或夹紧）。

松开复合按钮 SB6（或 SB7），时间继电器 KT2 和 KT3 的线圈断电释放，KT3 的通电延时闭合的常开触点瞬时断开，接触器 KM4（或 KM5）的线圈断电释放，液压泵电动机 M3 停转。经 1～3s 的延时后，KT2 延时分断的常开触点（22 区）分断，电磁铁 YA2 的线圈断电释放，主轴箱松开（或夹紧）的操作结束。

同理，把转换开关 SA1 扳到左侧，则使立柱单独松开或夹紧。

> **提示：** 立柱和主轴箱的松开与夹紧是短时间的调整工作，应采用点动控制。

（5）冷却泵电动机 M4 的控制。

扳动断路器 QF2，就可以接通或切断电源，操纵冷却泵电动机 M4 的启停。

3）照明、指示电路分析

照明、指示电路也由控制变压器 TC 降压后提供 24 V、6 V 的电压，由熔断器 FU3、FU2 作为短路保护，EL 是照明灯，HL1 是电源指示灯，HL2 是主轴指示灯。

Z3050 型摇臂钻床的电气元件明细表如表 6-2-3 所示。

表 6-2-3　Z3050 型摇臂钻床电气元件明细表

代 号	名 称	型 号	规 格	数 量	用 途
M1	主拖动电动机	Y112M-4	4kW、1440r/min	1	驱动主轴及进给
M2	摇臂升降电动机	Y90L-4	1.5kW、1440r/min	1	驱动摇臂升降
M3	液压泵电动机	Y802-4	0.75kW、1390r/min	1	驱动液压系统
M4	冷却泵电动机	AOB-25	90W、2800r/min	1	驱动冷却泵
KM1	交流接触器	CJ0-20B	线圈电压 110V	1	控制主拖动电动机
KM2～KM5	交流接触器	CJ0-10B	线圈电压 110V	4	控制 M2、M3 正反转
FU1～FU3	熔断器	BZ-001A	2A	3	控制、指示、照明电路的短路保护
KT1、KT2	时间继电器	JJSK2-4	线圈电压 110V	2	
KT3	时间继电器	JJSK2-2	线圈电压 110V	1	
FR1	热继电器	JR0-20/3D	6.8～11A	1	M1 过载保护
FR2	热继电器	JR0-20/3D	1.5～2.4A	1	M3 过载保护
QF1	低压断路器	DZ5-20/330FSH	10A	1	总电源开关
QF2	低压断路器	DZ5-20/330H	0.3～0.45A	1	M4 控制开关
QF3	低压断路器	DZ5-20/330H	6.5A	1	M2、M3 电源开关
YA1、YA2	交流电磁铁	MFJ1-3	线圈电压 110V	2	液压分配
TC	控制变压器		380/110-24-6V	1	控制、指示、照明电路供电
SB1	按钮	LAY3-11ZS/1	红色	1	总停止开关
SB2	按钮	LAY3-11		1	主拖动电动机停止
SB3	按钮	LAY3-11D	绿色	1	主拖动电动机启动
SB4	按钮	LAY3-11		1	摇臂上升
SB5	按钮	LAY3-11		1	摇臂下降
SB6	按钮	LAY3-11		1	放松控制
SB7	按钮	LAY3-11		1	夹紧控制
SQ1	组合开关	HX4-22		1	摇臂升降限位
SQ2、SQ3	位置开关	LX5-11		2	摇臂松、紧限位
SQ4	门控开关	JWM6-11		1	门控
SA1	万能转换开关	LW6-2/8071		1	液压分配开关
HL1	信号灯	XD1	6V、白色	1	电源指示
HL2	指示灯	XD1	6V	1	主轴指示
EL	钻床工作灯	JC-25	40W、24V	1	钻床照明

3. Z3050 型摇臂钻床常见电气故障及维修

摇臂钻床电气控制的特殊环节是摇臂升降、立柱和主轴箱的夹紧与松开。

1）摇臂不能升降

由摇臂升降过程可知，摇臂升降电动机 M2 旋转，带动摇臂升降，其条件是使摇臂从立柱上完全松开后，活塞杆压合位置开关 SQ2。所以发生故障时，应首先检查位置开关 SQ2 是否动作，如果 SQ2 不动作，常见故障是 SQ2 的安装位置移动或已损坏。这样，摇臂虽已放松，但活塞杆压不上 SQ2，摇臂就不能升降。有时，液压系统发生故障，使摇臂放松不够，也会压不上 SQ2，使摇臂不能运动。由此可见，SQ2 的位置非常重要，排除故障时应结合机械、液压系统，调整好后紧固。

另外，电动机 M3 电源相序接反时，按上升按钮 SB4（或下降按钮 SB5），M3 反转，使摇臂夹紧，压不上 SQ2，摇臂也就不能升降。所以，在钻床大修或安装后，一定要检查电源相序。

2）摇臂升降后，摇臂夹不紧

由摇臂夹紧的动作过程可知，夹紧动作的结束是由位置开关 SQ3 来完成的，如果 SQ3 动作过早，将使 M3 尚未充分夹紧就停转。常见的故障原因是 SQ3 安装位置不合适，或固定螺丝松动造成 SQ3 移位，使 SQ3 在摇臂夹紧动作未完成时就被压上，切断了 KM5 回路，M3 停转。

排除故障时，首先判断是液压系统的故障（如活塞杆阀芯卡死或油路堵塞造成的夹紧力不够），还是电气系统故障，对电气方面的故障，应重新调整 SQ3 的动作距离，固定好螺钉即可。

3）立柱、主轴箱不能夹紧或松开

立柱、主轴箱不能夹紧或松开的可能原因是油路堵塞、接触器 KM4 或 KM5 不能吸合。出现故障时，应检查按钮 SB6、SB7 接线情况是否良好。若接触器 KM4 或 KM5 能吸合，M3 能运转，可排除电气方面的故障，则应请液压与机械系统修理人员检修油路，以确定是否是油路故障。

4）摇臂上升或下降限位保护开关失灵

组合开关 SQ1 的失灵分两种情况：一是组合开关 SQ1 损坏，SQ1 常闭触点不能闭合或线路接触不良使电路断开，由此使摇臂不能上升或下降；二是组合开关 SQ1 不能动作，触点熔焊，使电路始终处于接通状态，当摇臂上升或下降到极限位置后，摇臂升降电动机 M2 发生堵转，这时应立即松开 SB4 或 SB5。根据上述情况进行分析，找出故障原因，更换或修理失灵的组合开关 SQ1 即可。

5）按下 SB7，立柱、主轴箱能夹紧，但释放后就松开

由于立柱、主轴箱的夹紧和松开机构都采用机械菱形块结构，所以这种故障多为机械原因造成（可能是菱形块和承压块的方向装错，或者距离不适当。如果菱形块立不起来，是因为夹紧力调得太大或夹紧液压系统压力不够所致），可找机械维修工检修。

> 提示：Z3050 型摇臂钻床的工作过程是由电气、机械以及液压系统紧密配合实现的。因此，在维修中不仅要注意电气部分能否正常工作，也要注意它与机械和液压部分的协调关系。

模块三　磨床电气控制电路

磨床是用砂轮的周边或端面对工件的表面进行机械加工的一种精密机床。磨床的种类很多，根据用途不同可分为平面磨床、内圆磨床、外圆磨床、无芯磨床以及一些专用机床，如螺纹磨床、球面磨床、齿轮磨床、导轨磨床等。

本节以 M7130 型平面磨床和 M1432A 型万能外圆磨床为例分析磨床电气控制电路的构成、原理及其维修。

6.3.1　M7130 型平面磨床电气控制线路

平面磨床用砂轮磨削加工各种零件的平面。M7130 型平面磨床是平面磨床中使用较为普遍的一种，该磨床操作方便，磨削精度和光洁度都比较高，适用于磨削精密零件和各种工具，并可进行镜面磨削。

M7130 型平面磨床型号意义：

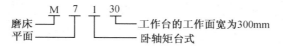

磨床
平面
M 7 1 30
工作台的工作面宽为300mm
卧轴矩台式

1．主要结构及运动形式

1）主要结构

M7130 型平面磨床采用卧轴矩形工作台式结构，如图 6-3-1 所示，主要由床身、工作台、电磁吸盘、砂轮架（又称磨头）、滑座和立柱等部分组成。

2）运动形式

M7130 型平面磨床主运动是砂轮的快速旋转，辅助运动是工作台的纵向往复运动以及砂轮架的横向和垂直进给运动。工作台每完成一次纵向往复运动，砂轮架横向进给一次，从而能连续地加工整个平面。当整个平面

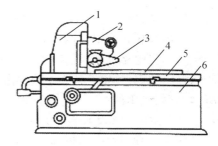

1—立柱；2—滑座；3—砂轮架；
4—电磁吸盘；5—工作台；6—床身

图 6-3-1　M7130 型平面磨床外形图

磨完一遍后，砂轮架在垂直于工件表面的方向移动一次，称为吃刀运动。通过吃刀运动，可将工件尺寸磨到所需的尺寸。

2．电力拖动的特点及控制要求

（1）砂轮的旋转运动：砂轮电动机 M1 装在砂轮箱内，带动砂轮旋转，对工件进行磨削加工。由于砂轮的旋转一般不需要调速，所以用一台三相异步电动机拖动即可。为了使磨床体积小、结构简单和提高其加工精度，采用了装入式电动机，将砂轮直接装在电动机轴上。

（2）工作台的往复运动：装在床身水平纵向导轨上的矩形工作台的往复运动，是通过液压传动完成的，因液压传动换向平稳，易于实现无级调速。液压泵电动机 M3 拖动液压泵，工作台在液压作用下纵向往复运动。当装在工作台前侧的换向挡铁碰撞床身上的液压换向开关时，工作台自动改变运动方向。

（3）砂轮架的横向进给：砂轮架的上部有燕尾形导轨，可沿着滑座上的水平导轨横向（前后）移动。在磨削的过程中，工作台换向时，砂轮架就横向进给。在修正砂轮或调整砂轮的前后位置时，可连续横向移动。砂轮架的横向进给运动可由液压传动实现，也可用手轮来操作。

（4）砂轮架的升降运动：滑座可沿着立柱的导轨垂直上下移动，以调整砂轮架的上下位置，或使砂轮磨入工件，以控制磨削平面时工件的尺寸。这一垂直进给运动通过操作手轮控制机械传动装置实现。

（5）切削液的供给：冷却泵电动机 M2 拖动冷却泵旋转，供给砂轮和工件冷却液，同时冷却液带走磨下的铁屑。要求砂轮电动机 M1 与冷却泵电动机 M2 形成顺序控制。

（6）电磁吸盘的控制：根据加工工件的尺寸大小和结构形状，可以把工件用螺钉和压板直接固定在工作台上，也可以在工作台上装电磁吸盘，将工件吸附在电磁吸盘上。为此，要有充磁和退磁控制环节。为保证安全，电磁吸盘与 M1、M2、M3 三台电动机之间有电气联锁装置，即电磁吸盘吸合后，电动机才能启动。

> **提示：** 电磁吸盘不工作或发生故障时，三台电动机均不能启动。

3. 电气控制电路分析

M7130 型平面磨床的电气控制电路如图 6-3-2 所示。该电路分为主电路、控制电路、电磁吸盘电路和照明电路四部分。

（1）主电路分析：QS1 为电源开关。主电路中有三台电动机，M1 为砂轮电动机，M2 为冷却泵电动机，M3 为液压泵电动机，它们共用一组熔断器 FU1 作为短路保护。砂轮电动机 M1 用接触器 KM1 控制，用热继电器 FR1 进行过载保护；由于冷却泵箱和床身是分装的，所以冷却泵电动机 M2 通过接插器 X1 和砂轮电动机 M1 的电源线相连，并和 M1 在主电路实现顺序控制。冷却泵电动机的容量较小，没有单独设置过载保护；液压泵电动机 M3 由接触器 KM2 控制，由热继电器 FR2 作为过载保护。

（2）控制电路分析：控制电路采用交流 380V 电压供电，由熔断器 FU2 为短路保护。

在电动机的控制电路中，串联着转换开关 QS2 的常开触点（6 区）和欠电流继电器 KA 的常开触点（8 区），因此，三台电动机启动的必要条件是使 QS2 或 KA 的常开触点闭合。欠电流继电器 KA 的线圈串联在电磁吸盘 YH 的工作回路中，所以当电磁吸盘通电工作时，欠电流继电器 KA 线圈通电吸合，接通砂轮电动机 M1 和液压泵电动机 M3 的控制电路，这样就保证了在加工工件被 YH 吸住的情况下，砂轮和工作台才能进行磨削加工，保证了安全。

> **提示：** QS2 用于在不使用电磁吸盘时"接通"；KA 用于在使用电磁吸盘时"接通"。在使用电磁吸盘时，QS2 一定要处于断开状态，否则起不到与三台电动机联锁的作用。

砂轮电动机 M1 和液压泵电动机 M3 都采用了接触器自锁正转控制电路，SB1、SB3 分别是它们的启动按钮，SB2、SB4 分别是它们的停止按钮。

冷却泵电动机 M2 的工作过程简述如下：

M2 启动：按下启动按钮 SB1→KM1 线圈得电→KM1 主触点闭合→砂轮电动机 M1 启动→冷却泵电动机 M2 启动。

M2 停止：按下停止按钮 SB2→KM1 线圈失电→KM1 主触点断开→M1 断电→M2 断电停止。

液压泵电动机 M3 的工作过程简述如下：

M3 启动：按下 SB3→KM2 线圈得电→KM2 主触点闭合→M3 启动。

M3 停止：按下 SB4→KM2 线圈失电→KM2 主触点断开→M3 停止。

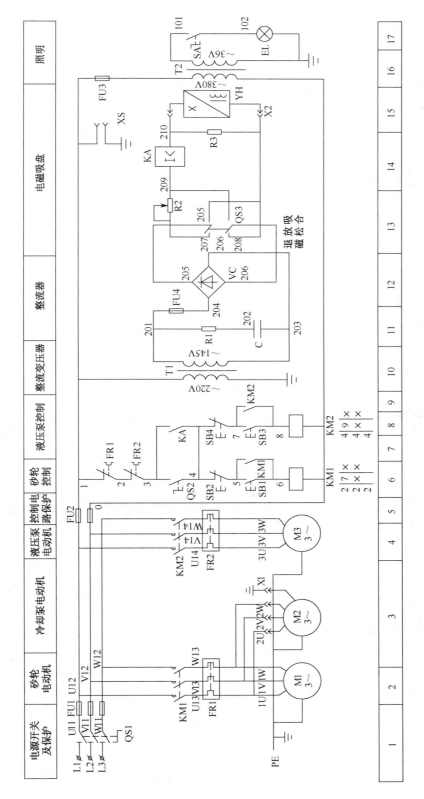

图 6-3-2 M7130 型平面磨床电气控制电路

（3）电磁吸盘电路分析：电磁吸盘是用来固定加工工件的一种夹具。它与机械夹具比较，具有夹紧迅速，操作快速简便，不损伤工件，一次能吸牢多个小工件，以及磨削中发热工件可自由伸缩、不会变形等优点。

> **提示**：电磁吸盘只能吸住铁磁材料的工件，不能吸牢非磁性材料（如铜、铝等）的工件。

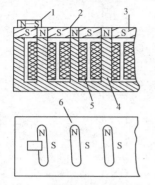

1—工件；2—非磁性材料；3—工作台；
4—芯体；5—线圈；6—盖板

图 6-3-3　电磁吸盘的结构

① 电磁吸盘的结构：如图 6-3-3 所示，它的外壳由钢制箱体和盖板组成。在箱体内部均匀排列的多个凸起的芯体上绕有线圈，盖板则用非磁性材料（如铅锡合金）隔离成若干钢条。当线圈通入直流电后，凸起的芯体和隔离的钢条均被磁化形成磁极。当工件放在电磁吸盘上时，也将被磁化而产生与磁盘相异的磁极并被牢牢吸住。

② 电磁吸盘电路：电磁吸盘电路包括整流电路、控制电路和保护电路三部分。

电磁吸盘整流电路：整流变压器 T1 将 220V 的交流电压降为 145V，然后经桥式整流器 VC 后输出 110V 直流电压。

电磁吸盘控制电路：QS2 是电磁吸盘 YH 的转换控制开关（又叫退磁开关），有"吸合""放松"和"退磁"三个位置。当 QS3 扳至"吸合"位置时，触点（205-206 和 208-209）闭合。110V 直流电压接入电磁吸盘 YH，工件被牢牢吸住。此时，欠电流继电器 KA 线圈通电吸合，KA 的常开触点闭合，接通砂轮和液压泵电动机的控制电路。待工件加工完毕，先把 QS3 扳到"放松"位置，切断电磁吸盘 YH 的直流电源。此时由于工件具有剩磁而不能取下，因此，必须进行退磁。将 QS3 扳到"退磁"位置，这时，触点（205-207 和 206-208）闭合，电磁吸盘 YH 通入较小的（因串联了退磁电阻 R2）反向电流进行退磁。退磁结束，将 QS2 扳回到"放松"位置，即可将工件取下。

> **提示**：如果有些工件不易退磁时，可将附件退磁器的插头插入插座 XS，使工件在交变磁场的作用下进行退磁。

若将工件夹在工作台上，而不需要电磁吸盘时，则应将电磁吸盘 YH 的 X2 插头从插座上拔下，同时将转换开关 QS3 扳到"退磁"位置，这时，接在控制电路中 QS2 的常开触点（3-4）闭合，接通电动机的控制电路。

电磁吸盘的保护电路：电磁吸盘的保护电路由放电电阻 R3 和欠电流继电器 KA 组成。电阻 R3 是电磁吸盘的放电电阻。因为电磁吸盘的电感很大，当电磁吸盘从"吸合"状态转变为"放松"状态的瞬间，线圈两端将产生很大的自感电动势，易使线圈或其他电器由于过电压而损坏。电阻 R3 的作用是在电磁吸盘断电瞬间给线圈提供放电通路，吸收线圈释放的磁场能量。欠电流继电器 KA 用以防止电磁吸盘断电时工件脱出发生事故。

电阻 R1 与电容器 C 的作用是防止电磁吸盘电路交流侧的过电压。熔断器 FU4 为电磁吸盘提供短路保护。

（4）照明电路分析：照明变压器 T2 将 380V 的交流电压降为 36V 的安全电压供给照

明电路。EL 为照明灯，一端接地，另一端由开关 SA 控制。熔断器 FU3 作为照明电路的短路保护。

M7130 型平面磨床电气元件明细表如表 6-3-1 所示。

表 6-3-1　M7130 型平面磨床电气元件明细表

代　号	名　称	型　号	规　格	数量	用　途
M1	砂轮电动机	W451-4	4.5kW、220/380V、1440r/min	1	驱动砂轮
M2	冷却泵电动机	JCB-22	125W、220/380V、2790r/min	1	驱动冷却泵
M3	液压泵电动机	JO42--4	2.8kW、220/380V、1450r/min	1	驱动液压泵
QS1	电源开关	HZ1-25/3		1	引入电源
QS2	转换开关	HZ1-10P/3		1	控制电磁吸盘
SA	照明灯开关			1	控制照明灯
FU1	熔断器	RL1-60/30	60A、熔体 30A	3	电源保护
FU2	熔断器	RL1-15	15A、熔体 5A	2	控制电路短路保护
FU3	熔断器	BLX-1	1A	1	照明电路短路保护
FU4	熔断器	RL1-15	15A、熔体 2A	1	保护电磁吸盘
KM1	接触器	CJ0-10	线圈电压 380V	1	控制 M1
KM2	接触器	CJ0-10	线圈电压 380V	1	控制 M3
FR1	热继电器	JR10-10	整定电流 9.5A	1	M1 过载保护
FR2	热继电器	JR10-10	整定电流 6.1A	1	M3 过载保护
T1	整流变压器	BK-400	400VA、220/145V	1	降压
T2	照明变压器	BK-50	50VA、380/36V	1	降压
VC	硅整流器	GZH	1A、200V	1	输出直流电压
YH	电磁吸盘		1.2A、110A	1	工件夹具
KA	欠电流继电器	JT3-11L	1.5A	1	保护用
SB1	按钮	LA2	绿色	1	启动 M1
SB2	按钮	LA2	红色	1	停止 M1
SB3	按钮	LA2	绿色	1	启动 M3
SB4	按钮	LA2	红色	1	停止 M3
R1	电阻器	GF	6W、125Ω	1	放电保护电阻
R2	电阻器	GF	50W、1000Ω	1	去磁电阻
R3	电阻器	GF	50W、500Ω	1	放电保护电阻
C	电容器		600V、5μF	1	保护用电容
EL	照明灯	JD3	24V、40W	1	工作照明
X1	接插器	CY0-36		1	M2 用
X2	接插器	CY0-36		1	电磁吸盘用
XS	插座		250V、5A	1	退磁器用
附件	退磁器	TC1TH/H		1	工件退磁用

4. 电气控制电路常见故障分析与检修

（1）三台电动机都不能启动：造成电动机都不能启动的原因是欠电流继电器 KA 的常开触点或转换开关 QS2 的触点（3-4）接触不良、接线松脱或有油垢，使电动机的控制电路处于断电状态。检修故障时，应将转换开关 QS2 扳至"吸合"位置，检查欠电流继电器 KA 的常开触点（3-4）的接通情况，不通则修理或更换元件，应可排除故障。否则，将转换开关 QS2 扳到"退磁"位置，拔掉电磁吸盘插头，检查 QS2 的触点（3-4）的通断情况，不通则修理或更换转换开关。

若 KA 和 QS2 的触点（3-4）无故障，电动机仍不能启动，可检查热继电器 FR1、FR2 的常闭触点是否动作或接触不良。

（2）砂轮电动机的热继电器 FR1 经常脱扣：砂轮电动机 M1 为装入式电动机，它的前轴承是铜瓦，易磨损。磨损后易发生堵转现象，使电流增大，导致热继电器脱扣。若是这种情况，应修理或更换轴瓦。另外，如果砂轮进刀量太大，电动机超负荷运行，会造成电动机堵转，使电流急剧上升，热继电器脱扣。因此，工作中应选择合适的进刀量，防止电动机超载运行。除以上原因之外，更换后的热继电器规格选得太小或整定电流没有重新调整，也可使电动机还未达到额定负载时，热继电器也可脱扣。

> **提示：** 热继电器必须按其被保护电动机的额定电流进行选择和调整。

（3）冷却泵电动机烧坏：造成这种故障的原因有以下几种：一是冷却液进入电动机内部，造成匝间或绕组间短路，使电流增大；二是反复修理冷却泵电动机后，使电动机端盖轴间隙增大，造成转子在定子内不同心，工作时电流增大，电动机长时间过载运行；三是冷却泵被杂物塞住引起电动机堵转，电流急剧上升。由于该磨床的砂轮电动机与冷却泵电动机共用一个热继电器 FR1，而且两者容量相差太大，当发生以上故障时，电流增大不足以使热继电器 FR1 脱扣，从而造成冷却泵电动机烧坏。若给冷却泵电动机加装热继电器，就可以避免发生这种故障。

（4）电磁吸盘无吸力：出现这种故障时，首先可用万用表测三相电源电压是否正常。若电源电压正常，再检查熔断器 FU1、FU2、FU4 有无熔断现象。常见的故障是熔断器 FU4 熔断，造成电磁吸盘电路断开，使吸盘无吸力。FU4 熔断是由于整流器 VC 短路，使整流变压器 T1 二次侧绕组流过很大的短路电流造成的。如经检查确定整流器输出空载电压正常，而接上吸盘后，输出电压下降不大，欠电流继电器 KA 不动作，吸盘无吸力，那么可依次检查电磁吸盘 YH 的线圈、接插器 X2、欠电流继电器 KA 的线圈有无断路或接触不良的现象。检修故障时，可使用万用表测量各点电压，查出故障元件，进行修理或更换，即可排除故障。

（5）电磁吸盘吸力不足：引起这种故障的原因是电磁吸盘损坏或整流器输出电压不正常。M7130 型平面磨床电磁吸盘的电源电压由整流器 VC 供给。空载时，整流器直流输出电压应为 130～140V，带负载时不应低于 110V。若整流器空载输出电压正常，带负载时电压远低于 110V，则表明电磁吸盘线圈已短路，短路点多发生在线圈各绕组间的引线接头处。这是由于吸盘密封不好，冷却液流入，引起绝缘损坏，造成线圈短路。若短路严重，过大的电流会使整流元件和整流变压器烧坏。出现这种故障，必须更换电磁吸盘线圈，并且要处理好线圈绝缘，安装时要完全密封好。

若电磁吸盘电源电压不正常，多是因为整流元件短路或断路造成的。应检查整流器 VC 的交流侧电压及直流侧电压。若交流侧电压正常，直流输出电压不正常，则表明整流器发生元件短路或断路故障。如某一桥臂的整流二极管发生断路，将使整流输出电压降低到额定电压的一半；若两个相邻的二极管都断路，则输出电压为零。整流器元件损坏的原因可能是元件过热或过电压造成的。由于整流二极管热容量很小，在整流器过载时，元件温度急剧上升，可能烧坏二极管；当放电电阻 R3 损坏或接线断路时，由于电磁吸盘线圈电感很大，在断开瞬间产生过电压可能将整流元件击穿。排除此类故障时，可用万用表测量整流器的输出及输入电压，判断出故障部位，查出故障元件，进行更换或修理即可。

（6）电磁吸盘退磁不好使工件取下困难：电磁吸盘退磁不好的故障原因，一是退磁电路断路，根本没有退磁，应检查转换开关 QS3 接触是否良好，退磁电阻 R2 是否损坏；二是退磁电压过高，应调整电阻 R2，使退磁电压调至 5～10V。

> **提示：** 对于不同材质的工件，所需的退磁时间不同，注意掌握好退磁时间。

6.3.2 M1432A 型万能外圆磨床电气控制电路

M1432A 型万能外圆磨床是目前比较典型的一种普通精度级外圆磨床，可以用来加工外圆柱面及外圆锥面，利用磨床上配备的内圆磨具还可以磨削内圆柱面和内圆锥面，也能磨削阶梯轴的轴肩和端平面。

> **提示：** M1432A 型万能外圆磨床的用途较多，但自动化程度较低，故不适用于大批量生产，常用于单件、小批量生产。

M1432A 型万能外圆磨床型号意义：

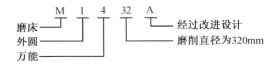

1. 主要结构及运动形式

1）主要结构

M1432A 型万能外圆磨床的结构如图 6-3-4 所示，它主要由床身、头架、工作台、内圆磨具、砂轮架、尾架、控制箱等部件组成。在床身上安装着工作台和砂轮架，并通过工作台支撑着头架及尾架等部件，床身内部作为液压油的储油池。头架用于安装及夹持工件，并带动工件旋转。砂轮架用于支持并带动砂轮轴。砂轮架可沿床身上的滚动导轨前后移动，实现工作进给及快速进退。内圆磨具用于支撑磨内孔的砂轮轴，由单独的电动机经皮带传动。尾架用于支持工件，它和头架的前顶尖一起把工件沿轴线顶牢。工作台由上工作台和下工作台两部分组成，上工作台可相对于下工作台偏转一定角度，用于磨削锥度较小的长圆锥面。

2）运动形式

M1432A 型万能外圆磨床的主运动是砂轮架（或内圆磨具）主轴带动砂轮高速旋转；头架主轴带动工件旋转；工作台纵向（轴向）往复运动和砂轮架横向（径向）进给运动。辅助运动是砂轮架的快速进退运动和尾架套筒的快速退回运动。

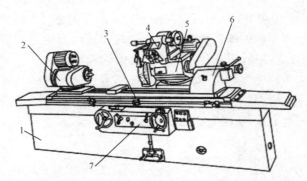

1—床身；2—头架；3—工作台；4—内圆磨具；5—砂轮架；6—尾架；7—控制箱

图 6-3-4　M1432A 型万能外圆磨床的结构

2. 电力拖动的特点及控制要求

M1432A 型万能外圆磨床共用 5 台电动机拖动：油泵电动机 M1、头架电动机 M2、内圆砂轮电动机 M3、外圆砂轮电动机 M4 和冷却泵电动机 M5。

（1）砂轮的旋转运动：砂轮只需要单方向旋转，内圆砂轮主轴由内圆砂轮电动机 M3 经传动带直接驱动，外圆砂轮主轴由外圆砂轮电动机 M4 经三角带直接传动，两台电动机之间应有联锁。

（2）头架带动工件的旋转运动：根据工件直径的大小和粗磨或精磨要求的不同，头架的转速需要调整。头架带动工件的旋转运动通过安装在头架上的头架电动机（双速）M2 经塔轮式传动带传动，再经两组 V 形带传动，带动头架的拨盘或卡盘旋转，从而获得 6 级不同的转速。

（3）工作台的纵向往复运动：工作台的纵向往复运动采用了液压传动，以实现运动及换向的平稳和无级调速。另外，砂轮架周期自动进给和快速进退、尾架套筒快速退回及导轨润滑等也采用液压传动实现。液压泵由油泵电动机 M1 拖动。

> **提示：** M1432A 型万能外圆磨床中，只有油泵电动机 M1 启动后，其他电动机才能启动。

（4）当内圆磨头插入工件内腔时，砂轮架不允许快速移动，以免造成事故。

（5）冷却液的供给：冷却泵电动机 M5 拖动冷却泵旋转供给砂轮和工件冷却液。

3. 电气控制电路分析

M1432A 型万能外圆磨床的电路如图 6-3-5 所示。该电路分为主电路、控制电路和照明指示电路三部分。

（1）主电路分析：主电路共有五台电动机，其中，M1 是油泵电动机，由接触器 KM1 控制；M2 是头架电动机，由接触器 KM2、KM3 实现低速和高速控制；M3 是内圆砂轮电动机，由接触器 KM4 控制；M4 是外圆砂轮电动机，由接触器 KM5 控制；M5 是冷却泵电动机，由接触器 KM6 和接插器 X 控制。熔断器 FU1 作为电路总的短路保护，熔断器 FU2 作为 M1 和 M2 的短路保护，熔断器 FU3 作为 M3 和 M5 的短路保护。5 台电动机均用热继电器作为过载保护。

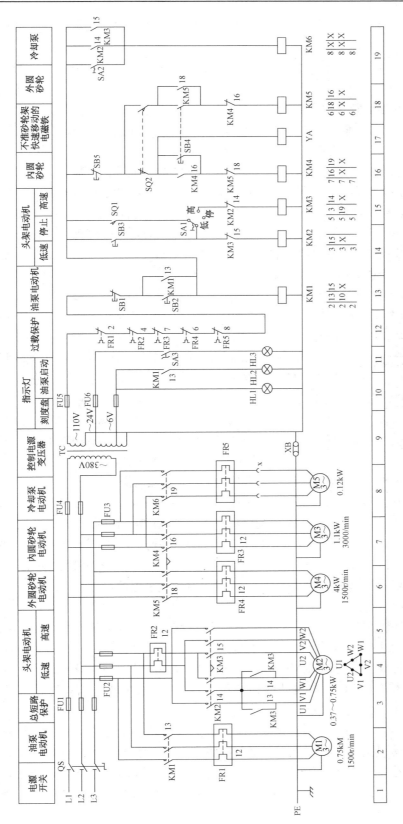

图 6-3-5　M1432A 型万能外圆磨床电路图

（2）控制电路分析：控制变压器 TC 将 380V 的交流电压降为 110V 供给控制电路，由熔断器 FU6 作为短路保护。

① 油泵电动机 M1 的控制：按下启动按钮 SB2，接触器 KM1 线圈通电，KM1 的常开触点闭合，油泵电动机 M1 启动运转，指示灯 HL2 亮。按下停止按钮 SB1，接触器 KM1 线圈断电，KM1 的常开触点断开，油泵电动机 M1 停转，灯 HL2 熄灭。

由于其他电动机与油泵电动机 M1 在控制电路实现了顺序控制，所以保证了只有当油泵电动机 M1 启动后，其他电动机才能启动的控制要求。

② 头架电动机 M2 的控制：SA1 是头架电动机 M2 的转速选择开关，分"低""停""高"三挡位置。如将 SA1 扳到"低"挡位置，按下油泵电动机 M1 的启动按钮 SB2，油泵电动机 M1 启动，通过液压传动使砂轮架快速前进，当接近工件时，位置开关 SQ1 压合，接触器 KM2 线圈通电，其触点动作，头架电动机 M2 接成△形低速启动运转。同理，若将转速选择开关 SA1 扳到"高"挡位置，砂轮架快速前进压合位置开关 SQ1 后，使接触器 KM3 线圈通电，KM3 触点动作，头架电动机 M2 又接成 YY 形高速启动运转。

SB3 是点动控制按钮，用于油泵电动机 M1 启动工作后，对工件进行校正和调试。

磨削完毕，砂轮架退回原位，位置开关 SQ1 复位断开，头架电动机 M2 自动停转。

③ 内、外圆砂轮电动机 M3 和 M4 的控制：由于内、外圆砂轮电动机不能同时启动，故用位置开关 SQ2 对它们实行互锁控制。当进行外圆磨削时，把砂轮架上的内圆磨具往上翻，它的后侧压住位置开关 SQ2，这时，SQ2 的常闭触点断开，切断内圆砂轮的控制电路。SQ2 的常开触点闭合，按下启动按钮 SB4，接触器 KM5 线圈通电，KM5 的主触点和自锁触点闭合，外圆砂轮电动机 M4 启动运转，KM5 联锁触点分断对 KM4 互锁。内圆磨具如图 6-3-6 所示。当进行内圆磨削时，将内圆磨具翻下，先前被内圆磨具压下的位置开关 SQ2 复位，按下启动按钮 SB4，接触器 KM4 通电动作，使内圆砂轮电动机 M3 启动运转。内圆砂轮磨削时，砂轮架不允许快速退回，因为此时内圆磨头在工件的内孔，砂轮架若快速移动，易造成磨头损坏及工件报废的严重事故，为此，内圆磨削与砂轮架的快速退回进行了互锁。当内圆磨具翻下时，位置开关 SQ2 复位，电磁铁 YA 线圈通电动作，衔铁被吸下，砂轮架快速进退的操纵手柄锁住液压回路，使砂轮架不能快速退回。

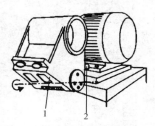

1—内圆磨具；2—位置开关

图 6-3-6 内圆磨具

④ 冷却泵电动机 M5 的控制：冷却泵电动机 M5 可与头架电动机 M2 同时运转，也可以单独启动和停止。当控制头架电动机 M2 的接触器 KM2 或 KM3 通电动作时，KM2 或 KM3 的常开辅助触点闭合，使接触器 KM6 通电动作，冷却泵电动机 M5 随之自动启动。

修整砂轮时，不需要启动头架电动机 M2，但要启动冷却泵电动机 M5，这时可用开关 SA2 来控制冷却泵电动机 M5。

X 是接通冷却泵电动机的电源接插器，插头的插入和拔出必须在电源断开时进行。

（3）照明及指示电路分析：控制变压器 TC 将 380V 的交流电压降为 24V 的安全电压供给照明电路，6V 的电压供给指示电路。照明灯 EL 由开关 SA3 控制，由熔断器 FU4 作为短路保护。HL1 为刻度照明灯，HL2 为油泵指示灯，指示电路由熔断器 FU5 作为短路保护。

M1432A 型万能外圆磨床电气元件明细表如表 6-3-2 所示。

表 6-3-2　M1432A 型万能外圆磨床电气元件明细表

代　号	名　称	型　号	规　格	数量	用　途
M1	油泵电动机	Y802-4/B5	0.75kW、380V、4 极	1	驱动油泵
M2	头架电动机	YUD90LA-8/4	0.55/1.1kW、380V、8/4 极	1	驱动头架旋转
M3	内圆砂轮电动机	Y302-2	1.1kW、380V、2 极	1	驱动内圆砂轮
M4	外圆砂轮电动机	Y112M-4	4kW、380V、4 极	1	驱动外圆砂轮
M5	冷却泵电动机	DB-25	0.12kW、380V、2 极	1	驱动冷却泵
KM1	交流接触器	CJ0-10	500V、10A、线圈电压 110V	1	控制油泵电动机 M1
KM2、KM3	交流接触器	CJ0-10	500V、10A、线圈电压 110V	2	控制头架电动机 M2
KM4	交流接触器	CJ0-10	500V、10A、线圈电压 110V	1	控制外圆砂轮电动机 M4
KM5	交流接触器	CJ0-10	500V、10A、线圈电压 110V	1	控制内圆砂轮电动机 M3
KM6	交流接触器	CJ0-10	500V、10A、线圈电压 110V	1	控制冷却泵电动机 M5
FR1	热继电器	JR16B-20/3	1.5～2.4/2A	1	M1 过载保护
FR2	热继电器	JR16B-20/3	2.2～3.5/2.67A	1	M2 低速过载保护
FR3	热继电器	JR16B-20/3	2.2～3.5/2.83A	1	M2 高速过载保护
FR4	热继电器	JR16B-20/3	6.8～11/8.72A	1	M4 过载保护
FR5	热继电器	JR16B-20/3	2.2～3.5/2.5A	1	M3 过载保护
FR6	热继电器	JR16B-20/3	0.32～0.5/0.45A	1	M5 过载保护
FU1	熔断器	RL1-60	座 55×78、35A	3	电源短路保护
FU2、FU3	熔断器	RL1-15	座 38×62、10A	6	M1、M2、M3、M5 短路保护
FU4、FU5	熔断器	BCF	座 19×19、2A	2	控制变压器保护
FU6、FU7	熔断器	BCF	座 19×19、2A	2	照明、指示电路短路保护
FU8	熔断器	BCF	座 19×19、3A	1	控制电路短路保护
QS	电源开关	HX10-25/3	25A	1	引入电源
SA1	选择转速开关	LAY3-22X/3（黑）	单极 3 位、110V、6A	1	选择工件转速
SA2	冷却泵开关	LAY3-11X/2（黑）	单极 2 位、110V、6A	1	单独启、停冷却泵
SA3	照明开关	LAY3-11X/2（黑）	单极 2 位、110V、6A	1	控制照明
SB1	停止按钮	LAY3-11M/1	110V、6A	1	总停止
SB2	启动按钮	LAY3-11D（绿）	110V、6A	1	启动 M1
SB3	点动按钮	LAY3-11（黑）	110V、6A	1	点动 M2
SB4	启动按钮	LAY3-22（绿）	110V、6A	1	M3、M4 启动
SB5	停止按钮	LAY3-22（红）	110V、6A	1	M3、M4 停止
SQ1	位置开关	JW2A-11H/LTH	380V、3A	1	砂轮架快速联锁
SQ2	位置开关	LX5-11Q/1	380V、3A	1	内、外圆砂轮联锁
YA	电磁铁	MQW-0.7	110V	1	不准砂轮架快退
TC	控制变压器	BKC-150	380/（110、24、6）V	1	给控制、照明和指示电路提供电源
X	接插器	C4-6/4	500V、6A	1	冷却泵电源
EL	照明灯	JC6-1	24V、40W	1	工作照明
HL1	指示灯	DS22-2/T	0.15A、6～8V、灯珠透明	1	刻度照明灯
HL2	指示灯	DS22-2/T	0.15A、6～8V、灯珠透明	1	油泵指示灯

4. 电路常见故障分析与检修

（1）5 台电动机都不能启动：遇到这种故障应首先检查熔断器 FU1、FU6、FU7 及 FU8 的熔体是否熔断，若正常，再分别检查 5 台电动机所属的热继电器中是否有因过载而动作脱扣的，因为只要其中有一台电动机过载，相应的热继电器脱扣就会使整个控制电路的电源被切断。若是这种情况，应查明这台电动机过载的原因并予以排除，待热继电器复位或修复更换后即可恢复正常。除上述情况之外，再检查 KM1 的线圈是否脱落或断路，启动按钮 SB2 和停止按钮 SB1 的接线是否脱落或接触不良等，因这些故障都会造成接触器 KM1 不能吸合，油泵电动机 M1 不能启动，其余 4 台电动机也因此不能启动。

（2）头架电动机的一挡能启动，另一挡不能启动：这种故障的主要原因是转速选择开关 SA1 接触不良或开关已失效造成的，修复或更换开关 SA1 即可排除故障。否则，应检查接触器 KM3 或 KM2 的线圈、触点有无接触不良或断路现象。

（3）电动机 M1 和 M2 或 M3 和 M5 不能启动：故障的主要原因是熔断器 FU2 或 FU3 的熔体熔断。如果熔断器 FU2 的熔体熔断，将造成电动机 M1 和 M2 不能启动；如果 FU3 熔断，则电动机 M3 和 M5 不能启动。同时还应检查相应接触器的主触点接触是否良好。

模块四　X6132A 型铣床电气控制电路

在金属切削机床中，铣床是除车床外使用最多的金属切削设备。铣床的种类很多，按照结构和加工性能，可以分为卧铣、立铣、龙门铣、仿形铣和各种专用铣床。铣床可以用于加工零件的平面、斜面、沟槽及各种成形面。配上分度头还可以加工直齿或螺旋面，装上圆形工作台可以加工凸轮和圆弧槽。

万能铣床是一种通用的多用途机床，它可以用圆柱铣刀、角度铣刀、成形铣刀及端面铣刀等多种刀具对各种零件进行平面、斜面、螺旋面及成形表面的加工，还可以加装万能铣头、分度头和圆形工作台等机床附件来扩大加工范围。

6.4.1　卧式铣床的主要结构与运动

1. X6132A 型铣床的外形

卧式铣床用于加工尺寸较小的工件，特别适用于单件小批量生产，用途很广。下面以 X6132A 型铣床为例进行介绍，其外形图如图 6-4-1 所示。

X6132A 型铣床结构示意图如图 6-4-2 所示，其主要组成部件有：底座、工作台、支架、主轴变速箱等。

图 6-4-1　X6132A 型铣床外形图

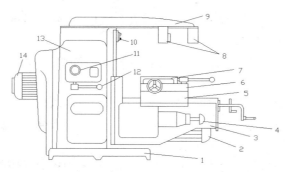

1—底座；2—进给电动机；3—升降台；4—进给变速手柄及变速盘；5—溜板；6—转动部分；7—工作台；
8—支架；9—悬梁；10—主轴；11—主轴变速盘；12—主轴变速手柄；13—主轴变速箱；14—主拖动电动机

图 6-4-2　X6132A 型铣床结构示意图

2. X6132A 型铣床的运动

1）主运动

X6132A 型铣床的主运动是安装在主轴上铣刀的旋转运动，通过铣刀的旋转运动，对工件实现切削加工。铣削所用的切削刀具为各种形式的铣刀，铣削加工一般分顺铣和逆铣，分别使用刃口方向不同的顺铣刀和逆铣刀。

2）辅助运动

辅助运动主要有进给运动和冷却泵旋转运动。进给运动又分为矩形工作台进给运动和圆形工作台的进给运动。

矩形工作台进给包括：垂直（上下）、纵向（左右）、横向（前后）六个方向的进给。上下进给运动通过进给箱沿床身导轨上下运动实现，左右进给和前后进给通过工作台上的溜板实现。纵向（左右）由一个手柄控制，垂直（上下）和横向（前后）由另一个手柄控制。进给运动都有工进、快进两种速度。

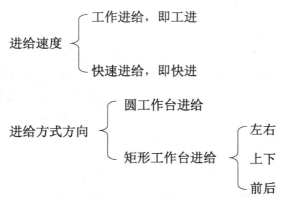

6.4.2　X6132A 型铣床的控制要求

X6132A 型铣床的控制要求具体有以下几点：

（1）主拖动电动机可正反转运行，以实现顺铣、逆铣。

（2）主轴具有停车制动和换刀制动，由制动电磁离合器实现。

（3）主轴变速箱在变速时可变速冲动，即短时点动，以利于变速时的齿轮啮合。

（4）进给电动机可正反转运行。

（5）主拖动电动机与进给电动机具有联锁功能，以防在主轴没有运转时，工作台进给损坏刀具或工件。

（6）圆形工作台进给与矩形工作台进给具有互锁功能，以防损坏刀具或工件。

（7）矩形工作台各进给方向具有互锁功能，以防损坏工作台进给机构。

（8）工作台进给变速箱在变速时同样可变速冲动。

（9）主轴制动、工作台的工进和快进由相应的电磁机构接通对应的机械传动链实现。

（10）整个设备应具有完善的电气保护。

（11）主拖动电动机与冷却泵电动机具有联锁功能。

6.4.3　X6132A 型铣床电气控制电路分析

X6132A 型铣床的控制电路图如图 6-4-3 所示。控制电路包括主拖动电动机启动控制、主拖动电动机制动控制、主轴变速冲动控制、矩形工作台进给控制、圆形工作台进给控制、进给变速冲动控制、工作台快进控制等部分。

1．主拖动电动机 M1 的启动控制

合上电源开关，电流经变压器 TC2、整流桥 VD 到 201、203，直接接通电磁离合器 YC1，接通工作台工进传动链，准备工进。

将换刀开关 SA4 扳到运行接通挡（7-9 接通，201-207 断开），按下主轴启动按钮 SB5，110 电源经 3、5、7、9、13、15、17、11，使接触器 KM1 通电并自锁，接通主拖动电动机 M1 电源，通过转换开关（倒顺开关）SA2 控制 M1 正转或反转，实现顺铣或逆铣。有下述工作过程：

$$按下 SB5 \rightarrow KM1 通电 \rightarrow 控制 SA2 \rightarrow M1 启动$$

2．主拖动电动机 M1 的制动控制

当主拖动电动机 M1 运行时，按下制动按钮 SB1 或 SB2，9-13-15 断开，接触器 KM1 失电，主拖动电动机 M1 电源断开，同时 KM1 的常闭触点复位，制动按钮 SB1 或 SB2 的常开触点接通，经 201、207、209 接通制动用的电磁离合器 YC3，实现制动。同时 SB1 或 SB2 的另一对常开触点经 201、205 接通 YC2，加强制动效果。松开 SB1 或 SB2，YC2 或 YC3 失电，制动过程结束。工作过程如下：

$$按下 SB1（SB2） \rightarrow \begin{cases} KM1 失电 \rightarrow M1 失电 \\ \rightarrow YC3 得电 \\ \rightarrow YC2 得电 \end{cases}$$

实现制动。

$$松开 SB1（SB2） \rightarrow YC3 失电（YC2 失电）$$

制动结束。

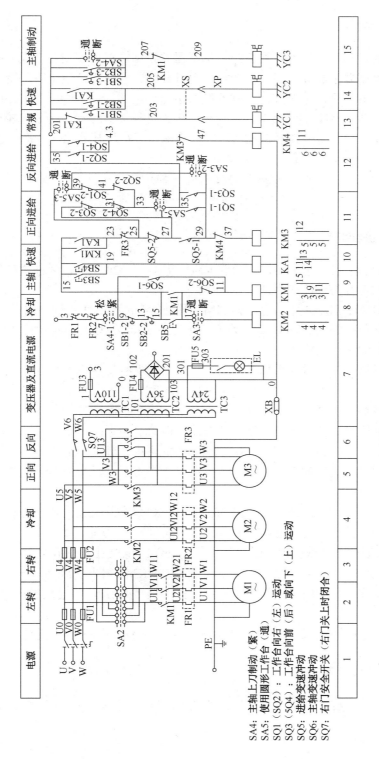

图 6-4-3　X6132A 型铣床控制电路图

SA4：主轴上刀制动（紧）
SA5：使用圆形工作台（通）
SQ1（SQ2）：工作台向右（左）运动
SQ3（SQ4）：工作台向前（后）或向下（上）运动
SQ5：进给变速冲动
SQ6：主轴变速冲动
SQ7：右门安全开关（右门关上时闭合）

在主轴换刀时，为防止意外，同样要使 YC3 得电，此时，将 SA4 扳到换刀挡位，7-9 断开、201-207-209 接通，使 YC3 得电，实现制动。

3. 主轴变速冲动控制

变速冲动的操作过程是：操作者将变速手柄下压并拉出，然后转动变速盘选择合适的速度，再将变速手柄推回并抬起并推回。在变速冲动过程中，变速手柄拉出时，变速用的扇形齿轮转动，点短暂压下行程开关 SQ6，其常开触点接通，经 3、5、7、9、11 使接触器 KM1 短时得电，主拖动电动机 M1 短时转动，从而使主轴传动链短时转动，便于齿轮分开，通过变速盘选择合适的速度后，将变速手柄推回，同样点动按下行程开关 SQ6，使主拖动电动机 M1 短时转动，便于齿轮啮合。其控制过程如下：

按下 SQ6→KM1 得电→M1 转动

松开 SQ6→KM1 失电→M1 停转

4. 矩形工作台进给控制

当主拖动电动机 M1 启动正常后，接触器 KM1 得电，15-23 接通，才能进行工作台的进给操作，这就是主轴运行与进给的联锁。

当主拖动电动机 M1 启动正常、接触器 KM1 得电后，再将工作台进给选择开关 SA5 扳到矩形工作台进给挡位，即选择开关 SA5 处于两通（25-39、33-35）一断（39-29）状态，就可以进行矩形工作台的进给操作了。

将矩形工作台进给的左右进给手柄扳到右，一方面，手柄将会压下行程开关 SQ1，另一方面，接通向右进给的机械传动链。压下行程开关 SQ1 时，经 15、23、25、27、31、33、35、37 使接触器 KM3 得电，进给电动机 M3 正转，加之电磁离合器 YC1 已经得电，已接通工作台工进传动链，实现矩形工作台向右工进，其电控过程简示如下：

按下 SQ1→KM3 得电→M3 得电正转

同理，将矩形工作台进给的左右进给手柄扳到左，将压下行程开关 SQ2，电控过程简示如下：

按下 SQ2→（15-23-25-27-31-33-35-43-47）KM4 得电→M3 得电反转

将矩形工作台进给的上下前后进给手柄扳到下（或前），一方面，手柄将会压下行程开关 SQ3，另一方面，接通向下（或向前）进给的机械传动链。电控过程简示如下：

按下 SQ3→（15-23-25-39-41-33-35-29-37）KM3 得电→M3 正转

同理，将矩形工作台进给的上下前后进给手柄扳到上（或后），将会压下行程开关 SQ4，电控过程简示如下：

按下 SQ4→（15-23-25-39-41-33-35-43-47）KM4 得电→M3 反转

5. 圆形工作台进给控制

与矩形工作台进给一样，圆形工作台也需要主拖动电动机 M1 的接触器得电正常后，才能进行进给操作。

在圆形工作台进给时，须将矩形工作台进给手柄扳到中位，否则，不能进行圆形工作台进给。这就是圆形工作台进给与矩形工作台进给的互锁。

将工作台选择开关 SA5 搬到两断（25-39、33-35）一通（39-29）状态，电气控制电路直接启动圆形工作台的进给。电控过程简示如下：

按下 SA1→（15-23-25-27-31-33-41-39-29-37）KM3 得电→M3 得电正转

> **提示：** KM3 得电所经路径 27-31-33-41-39，即 SQ1～SQ4 的常闭触点。

6. 进给变速冲动

进给变速冲动的控制与主轴变速冲动控制相似，但此时点动按下的行程开关是 SQ5。

注：使用圆形工作台时无进给变速冲动。

7. 工作台快进

为了调整对刀，有时需要使工作台快速移动，即工作台快进。

将矩形工作台进给手柄扳到对应的进给方向，或将工作台进给选择开关 SA5 扳到圆形工作台进给位，按下工作台快进点动按钮 SB3 或 SB4，有下述工作过程：

按下 SB3（SB4）→（3-5-7-9-13-15-19）KA1 得电 { →YC1 失电（断开工进传动链） / →YC2 得电（接通快进传动链）

松开 SB3 或 SB4，有下述工作过程：

松开 SB3（SB4）→KA1 失电 { →YC1 得电（断开快进传动链） / →YC2 失电（接通工进传动链）

8. 冷却泵电动机的启停控制

当主拖动电动机接触器 KM1 得电自锁后，合上组合开关 SA3，即可启动冷却泵电动机，断开组合开关 SA3，冷却泵电动机停止运行。

9. 电路中的保护措施

（1）主拖动电动机的保护，即过载保护、短路保护、接地保护。

（2）控制电路的保护，即短路保护。

（3）进给电动机的保护，即过载保护、短路保护、接地保护。

（4）主轴与进给的联锁。

（5）矩形工作台各进给方向上的进给互锁保护。

（6）矩形工作台进给与圆形工作台进给的互锁保护。

（7）照明电路的短路保护。

（8）冷却泵电动机的保护，即过载保护、短路保护、接地保护。

（9）主轴与冷却泵电动机的联锁。

10. 电磁离合器的结构与工作原理

电磁离合器的结构如图 6-4-4 所示，主要由线圈、铁芯、衔铁及摩擦片等组成，一般采用直流 24V 作为供电电源。

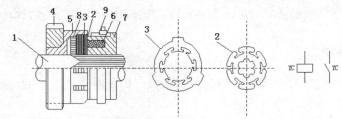

1—主动轴；2—主动摩擦片；3—从动摩擦片；4—从动齿轮；5—套筒；6—线圈；7—铁芯；8—衔铁；9—滑环

图 6-4-4　电磁离合器的结构

电磁离合器是一种自动化执行元件，它利用电磁力的作用来传递或终止机械传动中的扭矩。

主动轴 1 的花键轴端装有主动摩擦片 2，它可以沿轴向自由移动，因采用花键连接，主动摩擦片将随主动轴一起转动。从动摩擦片 3 与主动摩擦片交替装叠，其外缘凸起部分卡在与从动齿轮 4 固定在一起的套筒 5 内，因而从动摩擦片可以随从动齿轮转动，在主动轴转动时它可以不转。当线圈 6 通电后，摩擦片被吸向铁芯 7，衔铁 8 也被吸住，紧紧压住各摩擦片。依靠主动、从动摩擦片之间的摩擦力，使从动齿轮随主动轴转动。线圈断电时，装在主动、从动摩擦片之间的圈状弹簧使衔铁的摩擦片复原，电磁离合器即失去传递力矩的作用。线圈一端通过电刷和滑环 9 输入直流电，另一端可接地。

6.4.4　电路常见故障分析

1. 主轴不能启动运行

主轴不能启动运行，可能原因有：
（1）倒顺开关没有合上或者损坏。
（2）接触器线圈开路，或其机械卡死不能闭合。
（3）启动按钮开路。

2. 工作台不能向右进给

工作台不能向右进给，可能原因有：
（1）向右进给压下的行程开关 SQ1 不能动作，或其触点开路。
（2）向右进给的机械传动链损坏。
（3）工作台进给选择开关选错位置。

模块五　起重机电气控制电路

起重机是一种用来吊起或放下重物并使重物在短距离内水平移动的起重设备。起重机按结构分有桥式、塔式、门式、旋转式和缆索式等。

不同结构的起重机分别应用在不同的场所，如建筑工地使用塔式起重机；码头、港口使用电动葫芦起重机（简称电动葫芦）；生产车间使用桥式起重机；车站货场使用门式起重机等。本节以 CD 型钢丝绳电动葫芦和 20/5t（重量级）桥式起重机（电动双梁吊车）为例，分析起重机的电气控制电路。

6.5.1　电动葫芦电气控制电路

电动葫芦简称电葫芦，是一种小型起重设备，由电动机、传动机构和卷筒（或链轮）组成，分为钢丝绳电动葫芦和环链电动葫芦两种。根据电动机和卷筒等几种主要部件布置的不同，电动葫芦可分为 TV 型、CD 型、DH 型、MD 型。按用途可分为通用电动葫芦和专用电动葫芦两种。本节以 CD 型钢丝绳电动葫芦为例进行讲解。

多数电动葫芦由人使用按钮在地面跟随操纵，也可在司机室内操纵或采用有线（无线）远距离方式控制。

1.　主要结构及运动形式

1）主要结构

CD 型钢丝绳电动葫芦的外形及结构如图 6-5-1 所示。

这是一种锥型转子电动机单速电动葫芦，其特点是：重量轻、体积小、结构紧凑、品种规格多、运行平稳、操作简单、使用方便，它可以在同一平面上的直的、弯曲的、循环的架空轨道上使用，也可以在以工字钢为轨道的电动单梁、手动单梁上使用。CD型钢丝绳电动葫芦广泛应用于工厂、货栈、码头、电站等场合，是很理想的起重设备。CD 型钢丝绳电动葫芦的提升速度是8m/min；提升重量在 0.5t 到 10t 之间；起升高度为 6～30m。钢丝绳的长度可以根据客户要求定做。

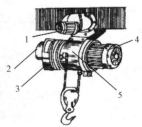

1—移动电动机；2—电磁制动器；3—减速箱；
4—提升电动机；5—卷筒

图 6-5-1　电动葫芦的外形及结构

2）主要运动形式

先启动提升电动机，把重物提升到适当的高度，再启动移动电动机把重物运到指定的位置，由于行走速度比较慢，因此运行小车一般不设制动机构。运行小车在行走时，为防止重物下降，在提升机构上设置了一个电磁制动器，依靠弹簧的压力把内、外盘压紧，原理与摩擦离合器相似，松开时利用电磁铁通电以后吸住外盘而使内、外盘松开。电磁制动器的电路与提升电动机的电路并联，因此只要提升电动机一启动，电磁制动器就松开，使重物升降自如；当提升电动机断电时，则电磁制动器也断电，电磁吸力消失，在弹簧的压力作用下，内、外盘紧紧压在一起，起到制动的作用。

电动葫芦在起吊物品时，为防止超出上升极限位置而造成事故，一般在卷筒的下部装设上升限位器。当上升至极限位置时，压板与限位开关接触，关闭电源，停止上升。

> **提示：** 上升限位器是为防止吊钩上升超过极限位置而设置的，因此不能经常使用。

2. 电气控制电路分析

电动葫芦的电气控制电路较为简单，请读者自己分析，相关电路图如图 6-5-2 所示。

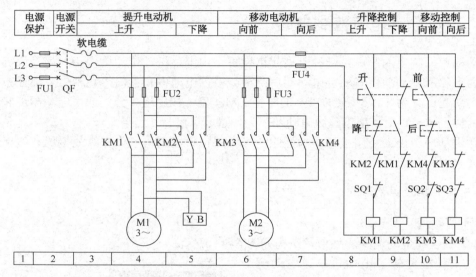

图 6-5-2　电动葫芦的电气控制电路图

3. 电动葫芦的使用注意事项

（1）新安装或经拆检后安装的电动葫芦，首先应进行空车试运转数次。但未安装完毕前，切忌通电试转。

（2）正常使用前应进行负重为额定载荷的 125%，提升至离地面约 100mm，保持 10min 的静负荷试验，检查设备工作是否正常。

（3）动负荷试验是以额定载荷重量进行反复升降与左右移动试验，试验后检查其机械传动部分、电气部分和连接部分是否正常可靠。

（4）绝对禁止在不允许的环境下，以及超过额定载荷和每小时额定合闸次数（120 次）情况下使用。

（5）安装调试和维护时，必须严格检查上升限位器是否灵活可靠，当吊钩升至上极限位置时，吊钩外壳到卷筒外壳之距离必须大于 50mm（提升重量为 10t、16t、20t 时，此距离必须大于 120mm）。当吊钩降至下极限位置时，应保证卷筒上钢丝绳的有效安全圈数在 2 圈以上。

（6）不允许同时按下两个使电动葫芦向相反方向运动的按钮。

（7）工作完毕后必须把电源的总闸拉开，切断电源。

（8）电动葫芦应由专人操纵，操纵者应充分掌握安全操作规程，严禁歪拉斜吊。

（9）在使用中必须由专门人员定期对电动葫芦进行检查，发现故障应及时采取措施，并仔细加以记录。

（10）调整电动葫芦制动下滑量时，应保证额定载荷下，制动下滑量 $S \leqslant V/100$（V 为额定载荷下 1min 内稳定提升的距离）。

（11）钢丝绳的检验和报废标准：钢丝绳的检验和报废标准按 CB/T5972—2006《起重机械用钢丝绳检验和报废实用规范》执行。

（12）电动葫芦使用中必须保持足够的润滑，并保持润滑油的干净，不应含有杂质和污垢。

（13）钢丝绳上油时应该使用硬毛刷或木质小片，严禁在工作中直接用手给钢丝绳上油。

（14）在使用过程中，如果发现故障，应立即切断主电源。

（15）使用中应特别注意易损件情况。

（16）10～20t 电动葫芦在长时间连续运转后，可能出现自动断电现象，这是由于电动机的过热保护功能在起作用，此时可以将电动葫芦吊钩下降，过一段时间，待电动机冷却下来后即可继续工作。

> **提示：** 电动葫芦不工作时，不允许把重物悬于空中，防止机械产生永久变形。

6.5.2　20/5t 桥式起重机电气控制电路

常见的桥式起重机有 5t、10t 单钩及 15/3t、20/5t 双钩等几种。桥式起重机又称行车或天车。由于桥式起重机应用较广泛，本部分以 20/5t（重量级）桥式起重机（电动双梁吊车）为例，分析桥式起重机的电气控制电路。

1. 20/5t 桥式起重机的主要结构、运动形式

（1）主要结构：20/5t 桥式起重机（以下简称"桥式起重机"）的结构示意图如图 6-5-3 所示其桥架机构主要由大车和小车组成，主钩（20t）和副钩（5t）组成提升机构。

（2）运动形式：大车的轨道敷设在车间两侧的立柱上，大车上有小车轨道，供小车横向移动；主钩和副钩都装在小车上，主钩用来提升重物，副钩除可提升轻物外，在其额定负载范围内也可协同主钩完成工件吊运，但不允许主、副钩同时提升两个物件。此起重机可以在大车能够到达的整个车间范围内进行起重运输。

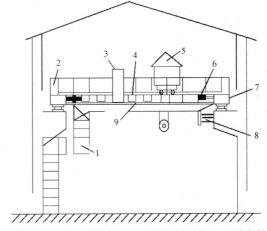

1—驾驶室；2—辅助滑线器；3—交流磁力控制屏；4—电阻箱；5—小车；6—大车拖动电动机；7—端梁；8—主滑线；9—主梁

图 6-5-3　20/5t 桥式起重机结构示意图

> **提示：** 每个吊钩在单独工作时，起吊重量均不得超过额定起重量；当主、副钩同时工作时，物件重量不允许超过主钩起重量。

2. 桥式起重机的供电特点

桥式起重机的电源电压为380V，由公共的交流电源供给，由于桥式起重机在工作时是经常移动的，并且，大车与小车之间、大车与厂房之间都存在着相对运动，因此，要采用可移动的方式供电，一种方式是采用软电缆供电，软电缆可随大车、小车的移动而伸展和叠卷，多用于小型桥式起重机（一般10t以下）；另一种常用的方法是采用滑触线和集电刷供电。三根主滑触线沿着平行于大车轨道的方向敷设在车间厂房的一侧。三相交流电源经由三根主滑触线与滑动的集电刷，引进起重机驾驶室内的保护控制柜上，再从保护控制柜引出两相电源至凸轮控制器，另一相称为电源的公用相，它直接从保护控制柜接到各电动机的定子接线端。

另外，为了便于供电设备及各电气设备之间的连接，在桥架的另一侧装设了21根辅助滑触线。它们的用途分别是：用于主钩部分10根，其中3根（13、14区）连接主钩电动机M5的定子绕组（5U、5V、5W）接线端；3根（13、14区）连接转子绕组与转子附加电阻5R；2根（15，16区）连接主钩电磁抱闸制动器YB5、YB6与交流磁力控制屏；2根（21区）连接主钩上升位置开关SQ5与交流磁力控制屏、主令控制器。用于副钩部分6根，其中3根（3区）连接副钩电动机M1的转子绕组与转子附加电阻1R；2根（3区）连接定子绕组（1U、1W）接线端与凸轮控制器AC1；另1根（8区）将副钩上升位置开关SQ6接在交流保护柜上。用于小车部分5根，其中3根（4区）连接小车电动机M2的转子绕组与转子附加电阻2R；2根（4区）连接M2定子绕组（2U、2W）接线端与凸轮控制器AC2。相关标号具体位置如图6-5-4所示。

滑触线通常采用角钢、圆钢、V形钢或工字钢等刚性导体制成。

3. 桥式起重机对电力拖动的要求

（1）由于桥式起重机工作环境比较恶劣，不但在多灰尘、高温、高湿度条件下工作，而且经常在重载情况下进行频繁启动、制动、反转、变速等操作，要承受较大过载和机械冲击。因此，要求电动机具有较高的机械强度和较大的过载能力，同时还要求电动机的启动转矩大、启动电流小，故多选用三相绕线式异步电动机拖动。

（2）由于起重机的负载为恒转矩负载，所以采用恒转矩调速。当改变转子外接电阻时，电动机便可获得不同转速。但转子串联电阻后，其机械特性变软，一般重载时，转速可降低到额定转速的50%～60%。

（3）要有合理的升降速度，空载、轻载要求速度快，以减少辅助工时；重载时要求速度慢。

（4）提升开始或重物下降到预定位置附近时，都需要低速，所以在30%额定速度内应分成几挡，以便灵活操作。

（5）提升的第一级作为预备级，用于消除传动间隙和张紧钢丝绳，以避免过大的机械冲击，所以启动转矩不能过大，一般限制在额定转矩的一半以下。

（6）桥式起重机的负载转矩为位能性反抗转矩，因而电动机可运转在电动状态、再生发电状态和倒拉反接制动状态。为了保证人身与设备的安全，停车必须采用安全可靠的制动方式。

（7）应具有必要的零位、短路、过载和终端保护。

4. 桥式起重机电气设备及控制、保护装置

桥式起重机的电路图如图 6-5-4 所示。

（1）电气设备：桥式起重机的大车桥架跨度一般较大，两侧装设两个主动轮，分别由两台同规格电动机 M3 和 M4 拖动，使大车可沿轨道的两个方向同速运动。

小车由一台电动机 M2 拖动，沿固定在大车桥架上的小车轨道的两个方向运动，主钩升降由一台电动机 M5 拖动，副钩升降由一台电动机 M1 拖动。

（2）电气控制：电源总开关为 QS1；凸轮控制器 AC1、AC2、AC3 分别控制副钩电动机 M1、小车电动机 M2、大车电动机 M3、M4；主令控制器 AC4 配合交流磁力控制屏完成对主钩电动机 M5 的控制。

（3）保护装置：整个桥式起重机的保护环节由交流保护控制柜（简称保护柜）和交流磁力控制屏来实现。各控制电路均用熔断器 FU1、FU2 作为短路保护；总电源及各台电动机分别采用过流继电器 KA0、KA1、KA2、KA3、KA4、KA5 实现过载和过流保护；为了保障维修人员的安全，在驾驶室舱门上装有安全开关 SQ7；在横梁两侧栏杆门上分别装有安全开关 SQ8、SQ9；为了在发生紧急情况时操作人员能立即切断电源，防止事故扩大，在保护柜上还装有一只单刀单掷紧急开关 QS4。上述各开关在电路中均使用常开触点，与副钩、小车、大车的过流继电器及总过流继电器的常闭触点串联，这样，当驾驶室舱门或横梁栏杆门开启时，主接触器 KM 线圈不能通电运行，或在运行中也会断电释放，使桥式起重机的全部电动机都不能启动运转，保证了人身安全。

电源总开关 QS1、熔断器 FU1 与 FU2、主接触器 KM、紧急开关 QS4 以及过流继电器 KA0～KA5 都安装在保护柜上。保护柜、凸轮控制器及主令控制器均安装在驾驶室内，以便司机操作。

桥式起重机各移动部分均采用位置开关作为行程限位保护。位置开关 SQ1、SQ2 是小车横向限位保护；位置开关 SQ3、SQ4 是大车纵向限位保护；位置开关 SQ5、SQ6 分别作为主钩和副钩提升的限位保护。当移动部件的行程超过极限位置时，利用移动部件上的挡铁压开位置开关，使电动机断电并制动，保证了设备的安全运行。

桥式起重机上的移动电动机和提升电动机均采用电磁抱闸制动器制动，它们分别是：副钩制动用 YB1；小车制动用 YB2；大车制动用 YB3 和 YB4；主钩制动用 YB5 和 YB6，其中 YB1～YB4 为两相电磁铁，YB5 和 YB6 为三相电磁铁。当电动机通电时，电磁抱闸制动器的线圈通电，使闸瓦与闸轮分开，电动机可以自由旋转；当电动机断电时，电磁抱闸制动器断电，闸瓦抱住闸轮使电动机被制动停转。

桥式起重机轨道及金属桥架应当进行可靠的接地保护。

5. 桥式起重机电气控制电路分析

桥式起重机的电气控制电路图如图 6-5-4 所示。

1）主接触器 KM 的控制

（1）准备阶段：桥式起重机投入运行前，应将所有凸轮控制器手柄置于零位（如表 6-5-1、表 6-5-2、表 6-5-3 所示，后同），零位联锁触点 AC1-7、AC2-7、AC3-7（均在 9 区）处于闭合状态。合上紧急开关 QS4（10 区），关好舱门和横梁栏杆门，使位置开关 SQ7、SQ8、SQ9 的常开触点（10 区）也处于闭合状态。

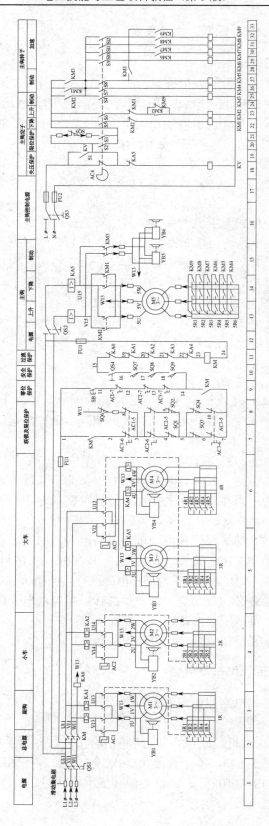

图 6-5-4　桥式起重机电路图和分合表

表 6-5-1 凸轮控制器 AC1 触点表

	向下					0	向上				
	5	4	3	2	1	0	1	2	3	4	5
V13-1W							×	×	×	×	×
V13-1U	×	×	×	×	×						
U13-1U							×	×	×	×	×
U13-1W	×	×	×	×	×						
1R5	×	×	×	×				×	×	×	×
1R4	×	×	×						×	×	×
1R3	×	×								×	×
1R2	×										×
1R1	×										×
AC1-5						×	×	×	×	×	×
AC1-6	×	×	×	×	×	×					
AC1-7						×					

×—表示触点闭合；0—表示手柄置于零位时闭合

表 6-5-2 凸轮控制器 AC2 触点表

	向左					0	向右				
	5	4	3	2	1	0	1	2	3	4	5
V14-2W							×	×	×	×	×
V14-2U	×	×	×	×	×						
U14-2U							×	×	×	×	×
U14-2W	×	×	×	×	×						
2R5	×	×	×	×				×	×	×	×
2R4	×	×	×						×	×	×
2R3	×	×								×	×
2R2	×										×
2R1	×										×
AC2-5						×	×	×	×	×	×
AC2-6	×	×	×	×	×	×					
AC2-7						×					

×—表示触点闭合；0—表示手柄置于零位时闭合

表 6-5-3 凸轮控制器 AC3 触点表

	向后					0	向前				
	5	4	3	2	1	0	1	2	3	4	5
V12-3W,4U							×	×	×	×	×
V12-3U,4W	×	×	×	×	×						
U12-3U,4W							×	×	×	×	×
U12-3W,4U	×	×	×	×	×						
3R5	×	×	×	×				×	×	×	×
3R4	×	×	×						×	×	×
3R3	×	×								×	×
3R2	×										×
3R1	×										×
4R5	×	×	×	×				×	×	×	×
4R4	×	×	×						×	×	×
4R3	×	×								×	×
4R2	×										×
4R1	×										×
AC3-5						×	×	×	×	×	×
AC3-6	×	×	×	×	×	×					
AC3-7						×					

×—表示触点闭合；0—表示手柄置于零位时闭合

（2）启动运行：合上电源开关 QS1，按下保护柜上的启动按钮 SB（9 区），主接触器 KM 线圈（11 区）吸合，KM 主触点（2 区）闭合，使两相电源（U12、V12）引入各凸轮控制器，另一相电源（W13）直接引入各电动机定子接线端。此时由于各凸轮控制器手柄均在零位，故电动机不会运转。同时，主接触器 KM 两副常开辅助触点（7 区与 9 区）闭合自锁。当松开启动按钮 SB 后，经 1→2→3→4→5→6→7→14→18→17→16→15→19→20→21→22→23→24 至 FU1 形成通路，主接触器 KM 线圈通电。

2）凸轮控制器的控制

桥式起重机的大车、小车和副钩的电动机功率都较小，一般采用凸轮控制器控制。

由于大车由两台电动机 M3 和 M4 同时拖动，所以大车凸轮控制器 AC3 比 AC1 和 AC2 多用了 5 对常开触点，用于切除电动机 M4 的转子电阻 4R1～4R5。大车、小车和副钩的控制过程基本相同。下面以副钩为例，说明控制过程。

副钩凸轮控制器 AC1 共有 11 个位置，中间位置是零位，上下两边各有 5 个位置，用来控制电动机 M1 在不同转速下的正反转，即用来控制副钩的升降。AC1 共用了 12 对触点，其中 4 对常开主触点控制 M1 定子绕组的电源，并换接电源相序以实现 M1 的正反转控制；5 对常开辅助触点控制 M1 转子电阻 1R 的切换；3 对常闭辅助触点作为联锁触点，其中 AC1-5 和 AC1-6 为 M1 正反转联锁触点，AC1-7 为零位联锁触点。

在主接触器 KM 线圈通电吸合，总电源接通的情况下，将凸轮控制器 AC1 的手柄置于上方的位置"1"时，AC1 的主触点 V13-1W 和 U13-1U 闭合，触点 AC1-5（8 区）闭合，AC1-6（7 区）和 AC1-7（9 区）断开，电动机 M1 接通三相电源并正转（此时电磁抱闸制动器 YB1 通电，闸瓦与闸轮已分开），由于 5 对常开辅助触点（2 区）均断开，故 M1 转子串联全部附加电阻 1R，M1 以最低转速带动副钩上升。转动 AC1 手柄，使其依次处于上方的位置"2"～"5"时，5 对常开辅助触点依次闭合，短接电阻 1R5～1R1，电动机 M1 的转速逐渐升高，直到达到预定转速。

当凸轮控制器 AC1 的手柄移至下方挡位时，由于触点 V13-1U 和 U13-1W 闭合，接入电动机 M1 的电源相序改变，M1 反转，带动副钩下降。

若断电或将手柄置于零位，电动机 M1 断电，同时电磁抱闸制动器 YB1 也断电，M1 被迅速制动停转。副钩带有重负载时，考虑到负载的重力作用，在下降负载时，应先把手柄逐级扳到"下降"的最后一挡，然后根据速度要求逐级退回升速，以免引起快速下降而造成事故。

3）主令控制器的控制

主钩电动机是桥式起重机功率最大的一台电动机，一般采用主令控制器配合交流磁力控制屏进行控制，即用主令控制器控制接触器，再由接触器控制电动机。为提高主钩电动机运行的稳定性，在切除转子附加电阻时，采取三相平衡切除的方式，使三相转子电流平衡。

主钩运行有升降两个方向，主钩上升与凸轮控制器的工作过程基本相似，区别在于它是通过接触器来控制的。

主钩下降时与凸轮控制器控制的动作过程有较明显的差异。主钩下降有 6 挡位置："J""1""2"挡为制动下降位置，防止在吊有重物时下降速度过快，电动机处于倒拉反接制动运行状态；"3""4""5"挡为强力下降位置，主要用于轻载时快速强力下降。主令控制器在下降位置时，6 个挡的工作情况如下：

合上电源开关 QS1（1 区）、QS2（12 区）、QS3（16 区），接通主电路和控制电路电源，主令控制器 AC4 手柄置于零位，触点 S1（18 区）处于闭合状态，电压继电器 KV 线圈（18 区）通电吸合，其常开触点（19 区）闭合自锁，为主钩电动机 M5 启动控制做好准备。

（1）手柄扳到下降准备挡"J"挡：由主令控制器 AC4 的触点分合表（如表 6-5-5 所示）可知，此时常闭触点 S1（18 区）断开，常开触点 S3（21 区）、S6（23 区）、S7（26 区）、S8（27 区）闭合。触点 S3 闭合，位置开关 SQ5（21 区）串入电路起上升限位保护；触点 S6 闭合，提升接触器 KM2 线圈（23 区）通电，KM2 联锁触点（22 区）分断并对 KM1 进行联锁控制，KM2 主触点（13 区）和自锁触点（23 区）闭合，电动机 M5 定子绕组通入三相正序电压，KM2 常开辅助触点（25 区）闭合，为切除各级转子电阻 5R 的接触器 KM4～KM9 和制动接触器 KM3、接通电源做准备；触点 S7、S8 闭合，接触器 KM4（26 区）和 KM5（27 区）线圈通电吸合，KM4 和 KM5 常开触点（13 区、14 区）闭合，转子切除两级附加电阻 5R6 和 5R5。这时，尽管电动机 M5 已接通电源，但由于主令控制器的常开触点 S4（25 区）未闭合，接触器 KM3（25 区）线圈没有通电，故电磁抱闸制动器 YB5、YB6 线圈也不通电，电动机 M5 仍处于抱闸制动状态，因而即使加正序电压产生正向电磁转矩，电动机 M5 也不能启动旋转。这一挡是下降准备挡，将齿轮等传动部件啮合好，以防下放重物时突然快速运动而使传动机构受到剧烈的冲击。

> **提示**：手柄置于"J"挡时，时间不宜过长，以免烧坏电气设备。

（2）手柄扳到制动下降位置"1"挡：此时主令控制器 AC4 的触点 S3、S4、S6、S7 闭合。触点 S3 和 S6 仍闭合，保证提升限位开关 SQ5 和正向接触器 KM2 线圈通电吸合；触点 S4 和 S7 闭合，使制动接触器 KM3 和接触器 KM4 线圈通电吸合，电磁抱闸制动器 YB5 和 YB6 的抱闸松开，转子切除一级附加电阻 5R6。这时电动机 M5 能自由旋转，可运转于正向电动状态（提升重物）或倒拉反接制动状态（低速下放重物）。当重物产生的倒拉力矩大于电动机产生的正向电磁转矩时，电动机 M5 运转在倒拉反接制动状态，低速下放重物；反之，则重物不但不能下降反而被提升，这时必须把 AC4 的手柄迅速扳到下一挡。

接触器 KM3 通电吸合时，与 KM2 和 KM1 常开触点（25 区、26 区）并联的 KM3 的自锁触点（27 区）闭合自锁，以保证主令控制器 AC4 向制动下降"2"挡和强力下降"3"挡切换时，KM3 线圈仍通电吸合，YB5 和 YB6 处于非制动状态，防止换挡时出现高速制动而产生强烈的机械冲击。

（3）手柄扳到制动下降位置"2"挡：此时主令控制器 AC4 触点 S3、S4、S6 仍闭合，触点 S7 分断，接触器 KM4 线圈断电释放，附加电阻全部接入转子回路，使电动机产生的电磁转矩减小，重负载下降速度比"1"挡时加快。这样，操作者可根据重负载情况及下降速度要求，适当选择"1"挡或"2"挡下降。

（4）手柄扳到强力下降位置"3"挡：主令控制器 AC4 的触点 S2、S4、S5、S7、S8 闭合。触点 S2 闭合，为通电做准备。因为"3"挡为强力下降挡，这时提升位置开关 SQ5（21 区）失去保护作用。控制电路的电源通路改由触点 S2 控制；触点 S5 和 S4 闭合，反向接触器 KM1 和制动接触器 KM3 线圈通电吸合，电动机 M5 定子绕组接入三相负序电压，电磁抱闸制动器 YB5 和 YB6 的抱闸松开，电动机 M5 产生反向电磁转矩；触点 S7 和 S8 闭合，接触器 KM4 和 KM5 线圈通电吸合，转子中切除两级电阻 5R6 和 5R5。这时，电动机 M5 运转在反转电动状态（强力下降），且下降速度与负载重量有关。若负载较轻（空钩或轻载），则电动机 M5 处于反转电动状态；若负载较重，下放重物的速度很高，使电动机转速超过同步转速，则电动机 M5 进入再生发电制动状态。负载越重，下降速度越大，应注意操作安全。

（5）手柄扳到强力下降位置"4"挡：主令控制器 AC4 的触点除 S2、S4、S5、S7、S8 闭合外，又增加了触点 S9 闭合，接触器 KM6（29 区）线圈通电吸合，转子附加电阻 5R4 被切除，电动机 M5 进一步加速转动，轻负载下降速度加快。另外 KM6 常开辅助触点（30 区）闭合，为接触器 KM7 线圈通电做准备。

（6）手柄扳到强力下降位置"5"挡：主令控制器 AC4 的触点除 S2、S4、S5、S7、S8、S9 闭合外，又增加了触点 S10、S11、S12 闭合，接触器 KM7～KM9 线圈依次通电吸合（因在每个接触器的支路中，串联了前一个接触器的常开触点），转子附加电阻 5R3、5R2、5R1 依次逐级切除，以避免过大的冲击电流，同时电动机 M5 旋转速度逐渐增加，待转子电阻全部切除后，电动机以最高转速运行，负载下降速度最快。此时若负载很重，使实际下降速度超过电动机的同步转速，则电动机进入再生发电制动状态，电磁转矩变成制动力矩，保证了负载的下降速度不致太快，且在同一负载下，"5"挡下降速度要比"4"和"3"挡速度低。

由以上分析可见，主令控制器 AC4 手柄置于制动下降位置"J""1""2"挡时，电动机 M5 加正序电压。其中"J"挡为准备挡。当负载较重时，"1"挡和"2"挡电动机都运转在负载倒拉反接制动状态，可使重载低速下降，且"2"挡比"1"挡速度高。若负载较轻时，电动机会运转于正向电动状态，重物不但不能下降，反而会被提升。

当 AC4 手柄置于强力下降位置"3""4""5"挡时，电动机 M5 加三相负序电压。若负载较轻或空钩时，电动机工作在电动状态，强迫下放重物，"5"挡速度最高，"3"挡速度最低；若负载较重，下降速度超过同步转速，电动机将工作在再生发电制动状态，且"3"挡速度最高，"5"挡速度最低。由于"3"和"4"挡的速度较高，很不安全，因而只能选用"5"挡。

桥式起重机在实际运行中，操作人员要根据具体情况选择不同的挡位。如主令控制器手柄在强力下降位置"5"挡时，仅适用于负载较轻的场合。如果需要较低的下降速度或负载较重的情况下，就需要把主令控制器手柄扳回到制动下降位置"1"挡或"2"挡，进行反接制动下降。这时，必然要通过"4"挡和"3"挡。为了避免在转换过程中产生过高的下降速度，在接触器 KM9 电路中采用 KM9 常用辅助常开触点（33 区）自锁。同时，为了不影响提升调速，故在该支路中再串联一个 KM1 常开辅助触点（28 区）。这样可以保证主令控制器手柄由强力下降位置向制动下降位置转换时，接触器 KM9 线圈始终有电，只有手柄扳至制动下降位置后，接触器 KM9 线圈才断电。在主令控制器 AC4 触点分合表（如表 6-5-5 所示）中可以看到，强力下降位置"4"挡、"3"挡上有"0"的符号，表示手柄由"5"挡向零位回转时，触点 S12 接通。如果没有以上联锁装置，在手柄由强力下降位置向制动下降位置转换时，若操作人员不小心，误把手柄停在了"3"挡或"4"挡，那么正在高速下降的负载不但速度得不到控制，反而下降速度增加，很可能造成恶性事故。

另外，串联在接触器 KM2 支路中的 KM2 常开触点（23 区）与 KM9 常闭触点（24 区）并联，主要作用是当接触器 KM1 线圈断电释放后，只有在 KM9 线圈断电释放情况下，接触器 KM2 线圈才允许通电并自锁，这就保证了只有在转子电路中串联一定附加电阻时，才能进行反接制动，以防止反接制动时造成直接启动而产生过大的冲击电流。

欠压继电器 KV 实现主令控制器 AC4 的零位保护。

桥式起重机电气元件明细表如表 6-5-4 所示。

表 6-5-4 桥式起重机电气元件明细表

代 号	名 称	型 号	数量	备 注
M5	主钩电动机	YZR-315M-10、75kW	1	
M1	副钩电动机	YZR-200L-8、15kW	1	
M2	小车电动机	YZR-132MB-6、3.7kW	1	
M3、M4	大车电动机	YZR-160MB-6、7.5kW	2	
AC1	副钩凸轮控制器	KTJ1-50/1	1	控制副钩电动机
AC2	小车凸轮控制器	KTJ1-50/1	1	控制小车电动机
AC3	大车凸轮控制器	KTJ1-50/5	1	控制大车电动机
AC4	主钩主令控制器	LK1-12/90	1	控制主钩电动机
YB1	副钩电磁抱闸制动器	MZD1-300	1	制动副钩
YB2	小车电磁抱闸制动器	MZD1-100	1	制动小车
YB3、BY4	大车电磁抱闸制动器	MZD1-200	2	制动大车
YB5、YB6	主钩电磁抱闸制动器	MZS1-45H	2	制动主钩
1R	副钩电阻器	2K1-41-8/2	1	副钩电动机启动、调速
2R	小车电阻器	2K1-12-6/1	1	小车电动机启动、调速
3R、4R	大车电阻器	4K1-22-6/1	2	大车电动机启动、调速
5R	主钩电阻器	4P5-63-10/9	1	主钩电动机启动、调速
QS1	总电源开关	HD-9-400/3	1	接通总电源
QS2	主钩电源开关	HD11-200/2	1	接通主钩电源
QS3	主钩控制电源开关	DZ5-50	1	接通主钩电动机控制电源
QS4	紧急开关	A-3161	1	发生紧急情况时断开电源
SB	启动按钮	LA19-11	1	启动主接触器
KM	主接触器	CJ2-300/3	1	接通大车、小车、副钩电源
KA0	总过流继电器	JL4-150/1	1	总过流保护
KA1～KA3	过流继电器	JL4-15	3	过流保护
KA4	过流继电器	JL4-40	1	过流保护
KA5	主钩过流继电器	JL4-150	1	过流保护
FU1	控制保护电源熔断器	RL1-15	1	短路保护
KM1、KM2	主钩升降接触器	CJ2-250	2	控制主钩电动机旋转
KM3	主钩制动接触器	CJ2-75/2	1	控制主钩制动电磁铁
KM6～KM9	主钩加速极接触器	CJ2-75/3	4	控制主钩附加电阻
KV	欠压继电器	JT4-10P	1	欠压保护
SQ5	主钩上升位置开关	LK4-31	1	限位保护
SQ6	副钩上升位置开关	LK4-31	1	限位保护
QS1～QS4	大、小车位置开关	LK4-11	4	限位保护
SQ7	舱门安全开关	LX2-11H	1	舱门安全保护
SQ8～SQ9	横梁安全开关	LX2-111	2	横梁栏杆门安全保护
KM4、KM5	主预备级接触器	CJ2-75/3	2	

6. 桥式起重机常见故障及维修

桥式起重机的结构复杂，工作环境比较恶劣，某些主要电气设备和元件密封条件较差，同时工作频繁，故障率较高。为保证人身和设备的安全，必须经常维护保养和检修。其常见故障现象及原因分述如下：

（1）合上电源总开关 QS1 并按下启动按钮 SB 后，主接触器 KM 不吸合：产生这种故障的原因可能有电路无电压；熔断器 FU1 熔断；紧急开关 QS4 或安全开关 SQ7、SQ8、SQ9 未合上；主接触器 KM 线圈断路；各凸轮控制器手柄没在零位，AC1-7、AC2-7、AC3-7 触点分断；过流继电器 KA0～KA4 动作后未复位。

（2）主接触器 KM 吸合后，过流继电器 KA0～KA4 立即动作：产生这种故障的原因可能有凸轮控制器 AC1～AC3 电路接地；电动机 M1～M4 绕组接地；电磁抱闸制动器 YB1～YB4 线圈接地。

（3）当电源接通转动凸轮控制器手柄后，电动机不启动：产生这种故障的原因可能有凸轮控制器主触点接触不良；滑触线与集电环接触不良；电动机定子绕组或转子绕组断路；电磁抱闸制动器线圈断路或闸瓦未放松。

（4）转动凸轮控制器手柄后，电动机启动运转，但不能输出额定功率且转速明显减慢：产生这种故障的原因可能有电路压降太大，供电质量差；闸瓦未全部松开；转子电路中的附加电阻未完全切除；机构卡住。

（5）电磁抱闸制动器线圈过热：产生这种故障的原因可能有线圈的电压与电路电压不符；电磁抱闸制动器工作时，动静铁芯间的间隙过大；电磁抱闸制动器的工作条件与线圈特性不符；牵引力过载。

表 6-5-5　主令控制器 AC4 触点分合表

		下　降							上　升					
		强　力			制　动									
		5	4	3	2	1	J	0	1	2	3	4	5	6
	S1							×						
	S2	×	×	×										
	S3				×	×	×		×	×	×	×	×	×
KM3	S4	×	×	×	×	×	×		×	×	×	×	×	×
KM1	S5	×												
KM2	S6				×	×	×		×	×	×	×	×	×
KM4	S7	×	×	×										
KM5	S8	×	×	×										
KM6	S9											×		
KM7	S10										×	×		
KM8	S11	×											×	×
KM9	S12	×	0	0										

×—表示触点闭合　　0—表示手柄置于零位时闭合

（6）制动电磁铁噪声大：产生这种故障的原因可能有交流电磁铁短路环开路；动、静铁芯端面有油污；铁芯松动；铁芯极面不平及变形；电磁铁过载。

（7）凸轮控制器在工作过程中卡住或转不到位：故障原因可能是凸轮控制器动触点卡在静触点下面或定位机构松动。

（8）主钩既不能上升又不能下降：如欠压继电器线圈不吸合，可能是 KV 线圈断路，过流继电器 KA5 未复位，主令控制器 AC4 零位联锁触点未闭合，熔断器 FU2 熔断；如欠压继电器线圈吸合，则可能是自锁触点未接通，主令控制器的触点 S2、S3、S4、S5 或 S6 接触不良，电磁抱闸制动器线圈开路未松闸。

（9）凸轮控制器在转动过程中产生较大火花：故障原因可能是动、静触点接触不良或控制容量过大。

根据以上桥式起重机的故障现象和产生故障的原因分析，采取相应的修复措施即可。

模块六　电气设备故障诊断和维修方法

6.6.1　电气设备维修的一般要求

电气设备在运行的过程中，由于各种原因难免会产生各种故障，致使生产机械不能正常工作，不但影响生产效率，严重时还会造成事故。因此，电气设备发生故障后，维修电工能否及时、熟练、准确、迅速、安全地查出故障，并加以排除，尽早使其恢复正常运行，显得非常重要。

对电气设备维修的一般要求是：

（1）采取正确的维修步骤和方法。

（2）不得损坏完好的电气元件。

（3）不得随意更换电气元件及更改连接导线的型号、规格。

（4）不得擅自改动电路。

（5）损坏的电气装置应尽量修复使用，但不得降低其固有性能。

（6）应确保电气设备的各种保护性能满足使用要求。

（7）绝缘电阻应合格，通电试车时应确保电气设备能实现设计功能，控制环节的动作程序符合要求。

（8）修理后的电气装置必须满足质量标准要求。

电气装置的检修质量标准是：

（1）外观整洁，无破损和炭化现象。

（2）所有的触点均完整、光洁、接触良好。

（3）压力弹簧和反作用力弹簧具有足够的弹力。

（4）操纵、复位机构都必须灵活可靠。

（5）各种衔铁运动灵活，无卡阻现象。

（6）灭弧罩完整、清洁，安装牢固。

（7）整定数值的大小应符合电路使用要求。

（8）指示装置能正常发出信号。

6.6.2 电气设备的维护和保养

电气设备在运行过程中出现的故障，有些可能是由于操作使用不当、安装不合理或维修不正确等人为因素造成的，称为人为故障。而有些故障则可能是由于电气设备在运行时因过载、震动、电弧烧损、长期动作的自然磨损、周围环境温度和湿度的影响、金属屑和油污等有害介质的侵蚀以及电气元件的自身质量问题或使用寿命等原因而产生的，称为自然故障。

> **提示：** 如果加强对电气设备的日常检查、维护和保养，及时发现非正常现象，并给予及时的修复或更换处理，就可以将故障消灭在萌芽状态，防患于未然，使电气设备少出甚至不出故障，以保证生产机械的正常运行。

电气设备的日常维护保养包括电动机和控制设备的日常维护保养。

1. 电气设备的日常维护保养

（1）电动机应保持表面清洁，进风口、出风口必须保持畅通无阻，不允许水滴、油污或金属屑等任何异物掉入电动机的内部。

（2）应经常检查运行中的电动机负载电流是否正常，用钳形电流表查看三相电流是否平衡，三相电流中的任何一相与其三相平均值相差不允许超过 10%。

（3）对工作在正常环境条件下的电动机，应定期用兆欧表检查其绝缘电阻；对工作在潮湿、多尘及含有腐蚀性气体等环境条件下的电动机，更应该经常检查其绝缘电阻。采用 380V 交流电压的电动机及各种低压电动机，其绝缘电阻至少为 $0.5M\Omega$ 方可使用。高压电动机定子绕组绝缘电阻与额定电压的比值应不小于 $1M\Omega/kV$，转子绝缘电阻至少为 $0.5M\Omega$，方可使用。若发现电动机的绝缘电阻达不到规定要求时，应采取相应措施处理后，使其符合规定要求，方可继续使用。

（4）经常检查电动机的接地装置，使之保持牢固可靠。

（5）经常检查电源电压是否与铭牌相符，三相电源电压是否对称。

（6）经常检查电动机的温升是否正常。三相异步电动机各部位温度的最高允许值如表 6-6-1 所示，表中数据为环境温度为 40℃时，用温度计测量法测得的数据。

表 6-6-1　三相异步电动机的最高允许温度

绝 缘 等 级		A	E	B	F	H
最高允许值（℃）	定子和绕线转子绕组	95	105	110	125	145
	定子铁芯	100	115	120	140	165
	滑环	100	110	120	130	140

注：对于滑动和滚动轴承的最高允许温度分别为 80℃和 95℃。

（7）经常检查电动机的震动、噪声是否正常，有无异常气味、冒烟、启动困难等现象。一旦发现，应立即停车检修。

（8）经常检查电动机轴承是否有过热、润滑脂不足或磨损等现象，轴承的震动和轴向位移不得超过规定值。应定期清洗检查轴承，定期补充或更换轴承润滑脂（一般一年左右）。电动机的常用润滑脂特性如表 6-6-2 所示。

表 6-6-2 各种电动机常用的润滑脂特性

名　　称	钙基润滑脂	钠基润滑脂	钙钠基润滑脂	铝基润滑脂
最高工作温度（℃）	70～85	120～140	115～125	200
最低工作温度（℃）	≥-10	≥-10	≥-10	—
外观	黄色软膏	暗褐色软膏	淡黄色、深棕色软膏	黄褐色软膏
适用电动机	封闭式、低速轻载的电动机	开户式、高速重载的电动机	开户式及封闭式高速重载的电动机	开户式及封闭式高速的电动机

（9）对于三相绕线式异步电动机，应检查电刷与滑环之间的接触压强、磨损及火花情况。当发现有不正常的火花时，须进一步检查电刷或清理滑环表面，并校正电刷接触压强。一般电刷与滑环的接触面的面积不应小于全面积的 75%；电刷接触压强应为 15000～25000Pa；刷握和滑环间应有 2～4mm 间距；电刷与刷握内壁应保持 0.1～0.2mm 游隙；对磨损严重者须更换。

（10）对直流电动机应检查换向器表面是否光滑圆整，有无机械损伤或火花灼伤。若沾有炭粉、油污等杂物，要用干净柔软的白布蘸酒精擦去。换向器在长期运行后，其表面会产生一层均匀的深褐色的氧化膜，这层氧化膜具有保护换向器的功效，切忌用砂布磨去。但当换向器表面出现明显的灼痕或因火花烧损出现凹凸不平的现象时，则需要对其表面用零号砂布进行细心的研磨或用车床重新车光，再将换向器片间的云母下刻 1～1.5mm 深，并将表面的毛刺、杂物清理干净后，方能重新装配使用。

（11）检查机械传动装置是否正常，联轴器、带轮或传动齿轮是否跳动。

（12）检查电动机的引出线是否绝缘良好、连接可靠。

2. 控制设备的日常维护保养

（1）检查电气柜的门、盖、锁及门框周边的耐油密封垫是否状态良好。门、盖是否关闭严密，柜内是否清洁，是否有水滴、油污和金属屑等进入电气柜内。

（2）检查操作台上的所有操作按钮、主令开关的手柄、信号灯及仪表护罩是否保持清洁完好。

（3）检查接触器、继电器等电器的触点系统吸合是否良好，有无噪声、卡阻或迟滞现象，触点接触面有无烧蚀、毛刺或穴坑；电磁线圈是否过热；各种弹簧弹力是否适当；灭弧装置是否完好无损等。

（4）试验位置开关能否起位置保护作用。

（5）检查各电器的操作机构是否灵活可靠，相关整定值是否符合要求。

（6）检查各电路接头与端子板的连接是否牢靠，各部件之间的连接导线、电缆或保护导线的软管是否被冷却液、油污等腐蚀，管接头处是否产生脱落或散头等现象。

（7）检查电气柜及导线通道的散热情况是否良好。

（8）检查各类指示信号装置和照明装置是否完好。

（9）检查电气设备和机械上所有裸露导体是否接到保护接地专用端子上，是否达到了保护电路连续性的要求。

3. 配合生产机械保养进行的维护保养

对设置在电气柜内的电气元件，一般不经常进行开门监护，主要是靠定期的维护保养，来实现电气设备较长时间的安全稳定运行。其维护保养的周期应根据电气设备的结构、使用情况以及环境条件等来确定，一般可配合生产机械的一、二级保养，同时进行电气设备的维护保养工作。

1）配合生产机械一级保养进行电气设备的维护保养

配合生产机械一级保养进行的电气设备维护保养工作（如金属切削机床的一级保养）一般一个季度左右进行一次。机床保养常需 6～12 小时，这时可对机床电气柜内的电气系统进行如下维护保养：

（1）清扫电气柜内的积灰、异物。

（2）修复或更换即将损坏的电气元件。

（3）整理内部接线，使之整齐美观，特别是在应急修理后，应尽量将其恢复到正常状态。

（4）紧固熔断器的可动部分，使之接触良好。

（5）紧固接线端子和电气元件上的压线螺钉，使所有压接线头牢固可靠，以减小接触电阻。

（6）对电动机进行小修和中修检查。

（7）通电试车，使电气元件的动作程序正确可靠。

（8）检查热继电器、时间继电器能否准确无误地正常工作。

2）配合生产机械二级保养进行电气设备的维护保养

配合生产机械二级保养进行电气设备的维护保养工作（如金属切削机床的二级保养）一般一年左右进行一次，保养时间常为 3～6 天，此时可对机床电气柜内的电气系统进行如下维护保养：

（1）着重检查动作频繁且电流较大的接触器、继电器触点。为了承受频繁通断电路所受的机械冲击和电流的烧损，多数接触器和继电器的触点均采用银或银合金制成，其表面会自然形成一层氧化银或硫化银，它并不影响导电性能，这是因为在电弧的作用下它还能还原成银，因此不要随意将其清除掉。即使这类触点表面出现烧毛或凹凸不平的现象，仍不会影响触点的良好接触，不必修整挫平（但铜质触点表面烧毛后则应及时修平）。但触点严重磨损至原厚度的 1/2 及以下时应更换新触点。

（2）检修有明显噪声的接触器和继电器，找出原因并修复后方可继续使用，否则应更换新件。

（3）校验热继电器，看其是否能正常动作。校验结果应符合热继电器的动作特性。

（4）校验时间继电器，看其延时时间是否符合要求，如误差超过允许值，应调整或修理，使之重新达到要求。

> **提示：** 一级保养对机床电器所进行的各项维护保养工作，在二级保养时仍须照例进行。

6.6.3　电气故障诊断及维修方法

尽管对电气设备采取了日常维护保养工作，降低了电气故障的发生率，但绝不可能杜绝电气故障的发生。因此，维修电工不但要掌握电气设备的日常维护保养，同时还要学会正确的检修方法。

如果把有故障的电气设备当成病人，维修电工就好像是医生。我国中医诊断学有一套经典诊法：望、闻、问、切。电气故障诊断结合设备故障的特殊性和诊断电气故障的成功经验，也可归纳出一套"六诊法"，并引申出电气故障检修的"九法"和"五先后"工作方式。

1. 电气故障诊断"六诊法"

"六诊法"，即口问、眼看、耳听、鼻闻、手摸、表测六种诊断方法，简单地讲就是通过"问、看、听、闻、摸、测"来发现电气设备的异常情况，从而找出故障原因和故障所在部位。前"五诊"是凭借人的感官对电气设备故障进行有的放矢的诊断，称为感官诊断，又称直观检查法。由于个人的技术经验差异，诊断结果也有所不同。必要时，可以采用"多人会诊法"求得正确结论。"表测"即应用电气仪表测量某些电气参数的大小，经过与正常数值对比，来确定故障原因和部位。

1）口问

向操作人员询问设备使用情况、设备的"病历"和故障发生的全过程，尽可能详细和真实地了解"病情"，如故障发生前是否过载、频繁启动和停止；故障发生时是否有异常声音和震动，有没有冒烟、冒火花等现象，这往往是快速找出故障原因和部位的关键。

2）眼看

（1）看现场。根据问到的情况，仔细观察各种电气元件的外观变化情况，如检查触点是否烧融、氧化，热继电器是否脱扣，电气回路有无烧伤、烧焦、开路，机械部分有无损坏以及开关、刀闸、按钮、插接线位置是否正确，同时应注意观察信号显示和仪表指示是否正确等。

（2）看图纸和资料。必须认真查阅与产生故障有关的电气原理图和接线图，应先看电气原理图，再看接线图，以"理论"指导"实践"。

看懂、熟悉有关故障设备的电气原理图后，分析已经出现的故障与控制电路中的哪一部分、哪些电气元件有关，可能会出现什么毛病等。接着，再分析决定检查哪些地方。

3）耳听

耳听就是细听电气设备运行中的声响。电气设备在运行中会有一定噪声，但其噪声一般较均匀且有一定规律，噪声强度也较低。带"病"运行的电气设备其噪声通常也会发生变化，用耳细听往往可以区别它和正常设备运行噪声之差异。常见影响电动机噪声的因素有：①温度。电动机有些噪声随着温度的升高而出现或增强，又有些噪声却随着温度的升高而减弱或消失。②负荷。负荷对噪声是有很大影响的，噪声随着负荷的增大而增强，这是噪声的一般规律。③润滑。不论什么噪声，当润滑条件不佳时，噪声一般都会更响。利用听觉判断故障，虽说是一件比较复杂的工作，但只要善于摸索规律，通过它就能判断出产生电气设备故障的原因和部位。

4）鼻闻

鼻闻就是利用人的嗅觉，根据电气设备的气味判断故障。如产生过热、短路、击穿等故障，则有可能闻到烧焦味、烟火味和塑料、橡胶、油漆、润滑油等受热挥发的气味。对于注油设备，内部短路、过热、进水受潮后气味也会发生变化，如出现酸味、臭味等。故障出现后，断开电源，靠近电动机、变压器、继电器、接触器、绝缘导线等处，闻闻是否有焦味，如有焦味，则表明电器绝缘层已被烧坏，主要原因可能是过载、短路或三相电流严重不平衡等。

5）手摸

用手触摸设备的有关部位，根据温度和震动判断故障。

故障发生后，断开电源，用手触摸或轻轻推拉导线及电器的某些部位，以发现异常变化，如电动机、变压器和电磁线圈表面温度是否过高；轻拉导线，看连接是否松动；轻推电器活动机构，看移动是否灵活等。

如设备过载，则其整体温度会上升；如局部短路或机械接触不良，则可能出现局部过热；如机械卡阻或平衡性不好，其震动幅度就会加大。

另外，实际操作中还应注意遵守有关安全规程和掌握设备特点，掌握摸（触）的方法和技巧，该摸的摸，不能摸的不能乱摸。手摸用力要适当，以免危及人身安全和损坏设备。表 6-6-3 列出以电动机外壳为例的手摸感温法估计温度的感觉和具体程度。

表 6-6-3　手摸感温法估计电动机外壳温度

温度（℃）	感　觉	具体感知程度
30	稍冷	比人体温度低，感觉稍冷
40	稍暖和	比人体温度高，感到稍暖和
45	暖和	手背触及时感到很暖和
50	稍热	手背可以长久触及，长时间手背变红
55	热	手背可停留 5～7s
60	较热	手背可停留 3～4s
65	很热	手背可停留 2～3s
70	十分热	用手指可停留约 3s
75	极热	用手指可停留 1.5～2s
80	担心电动机坏	手背不能碰，手指勉强停 1～1.5s
85～90	过热	不能碰，因条件反射瞬间缩回

注意：用手触摸时，应注意自身安全。应先试摸，再触摸，触摸时一般先用手背。

6）表测

表测是维修电工工作中用来准确确定故障点的一种行之有效的检查方法，主要通过对电路进行带电或断电时有关参数（如电压、电阻、电流等）的测量，来判断电气元件的好坏、设备的绝缘情况以及电路的通断情况等。常用的测试工具和仪表有电笔、万用表、钳形电流表、兆欧表等。

> **提示：**
> （1）检查故障点时，一定要保证各种测量工具和仪表完好，使用方法正确。
> （2）在测量时要防止感应电、回路电及其他并联支路的影响，以免产生错误判断。

下面介绍几种常用的测量方法。

1）测量电压法

首先把万用表的转换开关置于交流电压 500V 挡位上，然后按如下方法进行测量。

先用万用表测量如图 6-6-1 所示 0-1 两点间的电压，若为 380V，则说明电源电压正常。然后一人按下启动按钮 SB2，若接触器 KM1 不吸合，则说明电路有故障。这时另一人可用万用表的红、黑两根表棒逐段测量相邻两点 1-2、2-3、3-4、4-5、5-6、6-0 之间的电压，根据其测量结果即可找出故障点，如表 6-6-4 所示。这种测量电压法又叫电压分段测量法。

表 6-6-4　电压分段测量法所测电压值及故障点

故障状态	测试状态	1-2	2-3	3-4	4-5	5-6	6-0	故　障　点
按下 SB2 时，KM1 不吸合	按下 SB2 不放	380V	0	0	0	0	0	FR 常闭触点接触不良，接线未接好
		0	380V	0	0	0	0	SB1 触点接触不良，接线未接好
		0	0	380V	0	0	0	SB2 触点接触不良，接线未接好
		0	0	0	380V	0	0	KM2 常闭触点接触不良，接线未接好
		0	0	0	0	380V	0	SQ 触点接触不良，接线未接好
		0	0	0	0	0	380V	KM1 线圈断路，接线未接好

2）测量电阻法

断开电源后，用万用表欧姆挡测量有关部位电阻值。若所测量电阻值与要求电阻值相差较大，则该部位即有可能就是故障点。

测量前，首先切断电源，然后把万用表的转换开关置于倍率适当的电阻挡（R×1），由一人按下 SB2，另一人逐段测量如图 6-6-2 所示的相邻两点 1-2、2-3、3-4、4-5、5-6、6-0 之间的电阻。如果测得某两点间电阻值很大（∞），即说明该两点间接触不良或导线断路，如表 6-6-5 所示。

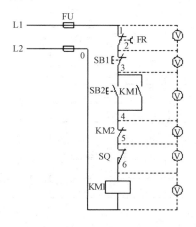

图 6-6-1　测量电压法

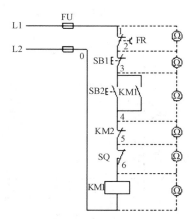

图 6-6-2　测量电阻法

表 6-6-5　用测量电阻法查找故障点

故 障 现 象	测 量 点	电 阻 值	故 障 点
按下 SB2，KM1 不吸合	1-2	∞	FR 常闭触点接触不良或误动作
	2-3	∞	SB1 常闭触点接触不良
	3-4	∞	SB2 常开触点接触不良
	4-5	∞	KM2 常闭触点接触不良
	5-6	∞	SQ 常闭触点接触不良
	6-0	∞	KM1 线圈断线

这种测量电阻法又称为电阻分段测量法。电阻分段测量法的优点是安全，缺点是测量电阻值不准确时，易造成判断错误，为此应注意以下几点：

① 用电阻测量法检查故障时，一定要先切断电源。

② 所测量电路若与其他电路并联，必须将该电路与其他电路断开，否则所测电阻值不准确。

3）测量电流法

用钳形电流表或万用表交流电流挡测量主电路及有关控制电路的工作电流。用钳形电流表检查三相异步电动机各相的电流大小及是否对称，是检查电动机出力状况、运行情况、以及发生异常现象的重要依据。如所测电流值与设计电流值不符（超过 10%），则该相电路是可疑处。

4）测量绝缘电阻法

采用此法的目的是确定绝缘是否损坏及损坏程度。分析出现和可能出现故障的原因并进行判断。具体方法是断开电源，用兆欧表测量电气元件和电路对地以及相间绝缘电阻值。低压电器绝缘层绝缘电阻值规定不得小于 0.5MΩ。绝缘电阻值过小是造成相间与地、相线与相线、相线与零线之间漏电和短路的主要原因，若发现这种情况，应重点检查。

表 6-6-6 列出部分温度条件下低压电动机绝缘阻值的最小允许值，温度越低，电阻值越高。

表 6-6-6　部分温度条件下低压电动机绝缘阻值的最小允许值

温度（℃）	绝缘电阻值（MΩ）	温度（℃）	绝缘电阻值（MΩ）
0	90.5	40	5.66
5	64	45	4
10	45.3	50	2.83
15	32	55	2
20	22.6	60	1.41
25	16	65	1
30	11.3	70	0.71
35	8	75	0.5

2. 电气故障检修九法

电气设备的故障可分为两类，一类是显性故障：即故障部位有明显的外表特征，容易发现，如继电器和接触器线圈过热、冒烟、有焦糊味，触点烧熔、松动、声音异常、震动强烈、移动不灵活等。另一类是隐性故障：没有外表特征，不易发现，如熔丝熔断、导体内部断裂、热继电器整定值调整不当、触点通断不同步等。

要解决问题，应在熟悉故障设备电路原理的基础上，初步进行感官诊断，并结合自身技术水平和经验周密思考，确定科学的、行之有效的检验故障发生原因和部位的方法。常用的电气设备故障检修方法有九种。

1）状态分析法

电气设备的运行过程可以分解成若干阶段，这些阶段也称为状态。状态分析法是通过对设备或装置中各部分的工作状态及其内部元件相互关系进行分析以查找电气故障的方法。

根据电气设备的工作原理、控制原理和控制电路，结合初步诊断所发现的故障现象和特征，弄清故障所属系统，分析故障原因，确定故障范围。分析时，先从主电路入手，再依次分析各个控制电路，然后分析信号电路及其余辅助电路，分析时要善用逻辑推理法。同一种设备或装置，其中的部件可能处于不同的运行状态，查找电气故障时，必须将各种部分运行状态区分清楚。状态划分得越细，对检修电气故障越有利。

2）短接法

断路故障是机床电气设备的常见故障，如导线断路、虚连、虚焊、触点接触不良、熔断器熔断等。对这类故障，短接法是简便可靠的检修方法。检查时，用一根绝缘良好的导线，将所怀疑的断路部位短接，若短接到某处电路接通，则说明该处断路。

（1）局部短接法：检查前，先用万用表测量如图 6-6-3 所示 1-0 两点间的电压，若电压正常，按下启动按钮 SB2，然后另一人用一根绝缘良好的导线，分别短接标号相邻的两点 1-2、2-3、3-4、4-5、5-6（注意不要短接 6-0 两点，否则造成短路），当短接到某两点时，接触器 KM1 吸合，即说明断路故障就在该两点之间，如表 6-6-7 所示。

表 6-6-7　局部短接法查找故障点

故障现象	短接点标号	KM1 动作	故障点
按下 SB2，KM1 不吸合	1-2	KM1 吸合	FR 常闭触点接触不良或误动作
	2-3	KM1 吸合	SB1 常闭触点接触不良
	3-4	KM1 吸合	SB2 常开触点接触不良
	4-5	KM1 吸合	KM2 常闭触点接触不良
	5-6	KM1 吸合	SQ 常闭触点接触不良

（2）长短接法：长短接法是指一次短接两个或多个触点来检查故障的方法。

当 FR 的常闭触点和 SB1 的常闭触点同时接触不良时，若用局部短接法短接图 6-6-4 中的 1-2 两点，按下 SB2，KM1 仍不能吸合，则可能造成判断错误；而用长短接法将 1-6 两点短接，如果 KM1 吸合，则说明 1-6 这段电路上有断路故障；然后再用局部短接法逐段找出故障点。

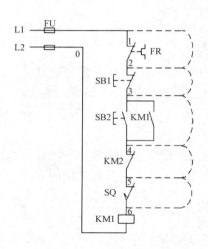

图 6-6-3　局部短接法

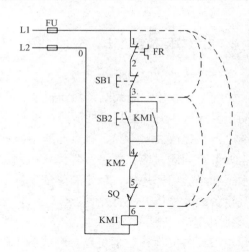

图 6-6-4　长短接法

长短接法的另一个作用是可以把故障点缩小到一个较小的范围。例如，第一次先短接 3-6 两点，KM1 不吸合，再短接 1-3 两点，KM1 吸合，说明故障在 1-3 范围内。可见，如果长短接法和局部短接法能结合使用，可快速找出故障点。

用短接法检查故障时必须注意以下几点：

① 用短接法检测时，是用手拿绝缘导线带电操作的，所以一定要注意安全，避免触电事故。

② 短接法只适用于压降极小的导线及触点之类的断路故障。对于压降较大的电器（如电阻、线圈、绕组等）的断路故障，不能采用短接法，否则会造成短路故障。

③ 对于机械的某些要害部位，必须保证电气设备或机械部件不会出现事故的情况下，才能使用短接法。

提示： 不能将电源短路。

3）开路法

开路法也叫断路法，即甩开与故障疑点连接的后级负载（机械或电气负载），使其空载或临时接上假负载。对于多级连接的电路，可逐级甩开或有选择地甩开后级。甩开负载后可先检查本级，如果电路工作正常，则故障可能出在后级；如电路仍不正常，则故障在开路点之前。此法主要用于检查过载、低压故障，对于电子电路中的工作点漂移、频率特性改变也同样适用。

判断大型设备故障时，为了分清是电气原因还是机械原因时常采用此法，如检修锅炉引风机就可以脱开联轴器，分离盘车，同时检查故障原因。

4）单元分割法

单元分割法又称为切割法。一个复杂的电气装置或电路通常由若干个相对独立的功能单元构成。查找电气故障时，把电气上相连的有关部分进行切割分区，然后根据故障现象，判断故障发生的单元，以逐步缩小可疑范围，从而快速地将故障范围限制于其中一个或几个单元，如查找某电路的具体接地点，或查找故障设备的具体故障点，都可采用切割法。在查找电气设备内部的故障点时，通常根据电气设备的结构特点，在便于分割处分割，如查找馈线的接地点，通常在装有分支开关或便于分割的分支点进行进一步分割；或根据运行经验重点检查薄弱环节。

5）替代法

替代法也叫替换法、类比法，即用正常的电气元件或零部件替换怀疑有故障的电气元件或零部件，以确定故障原因和故障部位，如果替换后，设备恢复正常，则故障部位就在这个替换的部分。对于电气元件如插件、嵌入式继电器等的检修，用替代法简便易行。电子元件如晶体管、晶闸管等用一般检查手段很难判断好坏，替代法同样适用。

提示： 采用替代法时，一定要注意用于替代的电器应与原电器规格、型号一致，导线连接正确、牢固，以免发生新的故障。

6）菜单法

菜单法是根据故障现象和特征，将可能引起这种故障的各种原因罗列出来，然后一个个地查找和验证，直到找出真正的故障原因和故障部位。表 6-6-8 为用菜单法检修日光灯的列表，检修时，可对照故障现象，找到可能的原因，并利用所提供的排除方法进行快速维修。

表 6-6-8 用菜单法检修日光灯的列表

故 障 现 象	产 生 原 因	排 除 方 法
日光灯不能发光	停电或熔丝烧断导致无电源	找出断电原因，检修好故障后恢复送电
	灯管漏气或灯丝断	用万用表检查或观察荧光粉是否变色，如确认灯管坏，可换新灯管
	电源电压过低	不必修理
	新装日光灯接线错误	检查电路，重新接线
	电子镇流器整流桥开路	更换整流桥
日光灯灯光抖动或灯管两端发红	接线错误或灯座灯脚松动	检查电路或修理灯座
	电子镇流器谐振电容器容量不足或开路	更换谐振电容器
	灯管老化，灯丝上的电子发射将尽，放电作用降低	更换灯管
	电源电压过低或电路电压降过大	升高电压或加粗导线
	气温过低	用热毛巾对灯管加热
灯光闪烁或管内有螺旋滚动光带	电子镇流器的大功率晶体管开焊、接触不良或整流桥接触不良	重新焊接
	新灯管暂时现象	使用一段时间，故障会自行消失
	灯管质量差	更换灯管
灯管两端发黑	灯管老化	更换灯管
	电源电压过高	调整电源电压至额定电压
	灯管内水银凝结	灯管工作后即能蒸发或将灯管旋转 180°
灯管亮度降低或色彩转差	灯管老化	更换灯管
	灯管上积垢太多	清除灯管积垢
	气温过低或灯管处于冷风直吹位置	采取遮风措施
	电源电压过低或电路电压降得太大	调整电压或加粗导线
灯管寿命短或发光后立即熄灭	开关次数过多	减少不必要的开关
	新装灯管接线错误将灯管烧坏	改正接线，更换灯管
	电源电压过高	调整电源电压
	受剧烈震动，使灯丝震断	调整安装位置或更换灯管

续表

故 障 现 象	产 生 原 因	排 除 方 法
断电后灯管仍发微光	荧光粉余辉特性	过一会将自行消失
	开关接到了零线上	将开关改接至相线上
灯管不亮，灯丝发红	高频振荡电路不正常	检查高频振荡电路，重点检查谐振电容器

如果没有已总结好的相关资料，则需要自己不断积累和总结经验，以提高效率。电气设备出现的故障五花八门、千奇百怪。检修完任何一台有故障的电气设备都应该把故障现象、产生原因、检修经过、技巧、心得记录在专用笔记本上，通过学习和掌握各种新型电气设备机电理论知识，熟悉其工作原理，积累维修经验，将自己的经验上升为理论。在理论指导下，具体故障具体分析，才能准确、迅速地排除故障。

> 提示：利用菜单法进行故障检修，最重要的是平时的积累。

7）对比法

对比法即把故障设备的有关参数或运行情况和正常设备进行比较。某些设备的有关参数往往不能从技术资料中查到，有些参数在现场也难于判断，如有多台电气设备时，可采用互相对比的办法进行检修，此法在"六诊法"的"表测"中运用较多。

例如，新装和大修后的变压器绝缘电阻值应不低于出厂试验值的70%，测量变压器的绝缘电阻值，可以初步判断变压器的绝缘状态。表6-6-9列出了电力变压器绕组的标准绝缘电阻。

表6-6-9 电力变压器绕组的标准绝缘电阻（MΩ）

温度（℃） 标准绝缘 电阻值（MΩ） 额定电压（kV）	10	20	30	40	50	60	70	80
3～10	450	300	200	130	90	60	40	25
20～35	600	400	270	180	120	80	50	35
60～220	1200	800	540	360	240	160	100	70

8）扰动法

扰动法即对运行中的电气设备人为地加以扰动，观察设备运行工况的变化，捕捉故障发生的现象。电气设备的某些故障并不是永久性的，而是短时间内偶然出现的随机性故障，诊断起来比较困难。为了观察故障发生的瞬间现象，可以人为地对运行中的电气设备加以扰动，如突然升压或降压、增加或减少负荷、外加干扰信号等。

9）再现故障法

再现故障法就是接通电源，按下启动按钮，让故障现象再次出现，以找出故障所在。再现故障时，主要观察有关继电器和接触器是否按控制顺序进行工作，若发现某一个电器的工作状况异常，则说明该电器所在电路或相关电路有故障，再对此电路进行进一步检查，应可发现故障原因和故障点。

> **提示**：采用再现故障法时，必须确认不会发生事故，或在有安全措施的情况下慎重使用。

3. "五先后"工作方法

诊断与维修电气故障的"五先后"工作方法为：先易后难，先活动后静止，先电源后负载，先静态后动态，先机械后电路。

1）先易后难

先易后难也可理解为"先简单后复杂"。根据客观条件，容易实施的手段优先采用，较难实施的手段必要时才采用，即检修故障要先用最简单易行、自己最拿手的方法处理，再用复杂、精确的方法；排除故障时，先排除直观、简单常见的故障，后排除难度较高，没有处理过的疑难故障。

同类电气设备容易产生相同类型的故障，就是"通病"。由于通病比较常见，我们积累的经验较丰富，因此可以快速地将其排除，这样就可以集中精力和时间排除比较少见、难度高、古怪的疑难杂症，简化步骤，缩小范围，有的放矢，提高检修速度。

2）先活动后静止

着手检查时，首先考虑电气设备的活动部分，其次才是静止部分。电气设备的活动部分比静止部分在使用中发生故障概率要高得多，所以诊断时首先要怀疑的对象往往是经常动作的零部件或可动部分，如开关、闸刀、插接件、机械运动部分等。

3）先电源后负载

先电源后负载，即从电路的角度来说，先检查电源部分，后检查负载部分。因为电源侧故障势必会影响到负载，而负载侧故障未必会影响到电源。例如，电源电压过高、过低、波形畸变、三相不对称等都会影响电气设备的正常工作。对于用电设备，通常先检查电源的电压、电流，电路中的开关、触点、熔丝、接头等，故障排除后才根据需要检查负载。

4）先静态后动态

在具体检测操作时，应"先静态测试，后动态测试"。静态指发生故障后，在不通电的情况下，对电气设备进行检测；动态指通电后对电气设备的检测。先静态后动态也就是先不通电测试，后通电测试。对许多发生故障的电气设备进行检修时，不能立即通电，否则会人为扩大故障范围，烧毁更多的元件，造成不应有的损失。

> **提示**：在故障机器通电前，应先进行电阻测量，采取必要的措施后，方能通电检修。

5）先机械后电路

电气设备的制造都以机械原理为基础，特别是机电一体化的先进设备，机械功能和电子电气功能有机结合，是一个整体的两个部分。往往机械部件出现故障，会影响电气系统，许多电气部件的功能就不起作用。因此不要被表面现象迷惑，电气系统出现故障并不一定都是电气部件问题。因此先检修机械系统，再排除电气部分的故障，往往会收到事半功倍的效果。

> **提示**：往往机械部件出现故障，会影响电气系统。

应用上述诊断要诀，应有的放矢，机动灵活。采用"六诊法"要有的放矢，采用"九法"要机动灵活，应用"五先后"工作方式也并非一成不变。只有善于独立思考和不断总结，在实际中充分锻炼，才能成为诊断与维修电气设备故障的行家里手。

工程实例——XA6132 型铣床常见电气故障

XA6132 型铣床操作方便、性能可靠，可用来加工各种平面、沟槽、斜面、凸轮、齿轮、螺旋面及弧形槽等，在机械加工行业使用普遍。下面就 XA6132 型铣床一些常见电气故障、可能的原因和检修步骤概述如下：

1）接触器 KM1 不吸合，主轴不能启动

（1）故障原因：

① 对应电路熔断器熔断。

② 控制电路变压器损坏。

③ 与接触器线圈相连接的元件和电路有故障。

（2）检修步骤：

将万用表拨至电阻挡，并断开电路电源，依次检测控制电路和元件。根据电阻值判断故障，及时更换元件和维修电路。

2）主轴电动机不能迅速制动

（1）故障原因：

① 机械故障。

② 电磁离合器吸力不够，使内外摩擦片不能压紧，制动效果差。

（2）检修步骤：

① 检查机械部分，看制动部件在制动时是否接触良好；若有故障，可调整间隙，保证电磁离合器吸合制动良好。若无故障，进行下一步检查。

② 使用万用表测量变压器输出端相应接线端子电压，看其电压是否正常，正常电压为28V，整流桥输出电压正常应为 24V；若变压器输出电压异常，则变压器有故障，须进行更换。若整流桥输出电压异常，则整流桥有故障，进行第③步检测。

③ 检测整流桥，须拆下整流桥，用万用表检查其各桥臂电阻值，若某只二极管短路，则由全波整流变为半波整流，电压降低，造成吸力不够，须更换同型号、同规格二极管。

3）接触器 KM1 能正常吸合，主轴电动机 M1 不转

（1）故障原因：

① 接触器常开主触点接触不良。

② 热继电器的热元件断路。

③ 电动机本身有故障。

④ 电源接入端断路器损坏。

（2）检修步骤：

① 将万用表调到交流电压挡，测量接触器下端各相间电压。如果正常，可判定接触器良好，可进行第②步判断；如果不正常，再用万用表交流电压挡测量接触器上端各相间电压，若不正常，说明电源供给有问题，进行第④步判断。

② 用万用表交流电压挡测量热继电器下端各相间电压，若不正常，可判断热继电器有故

障，更换热元件或热继电器；若正常，断电检测电动机各相绕组，排除电动机故障。

③ 使用万用表检测断路器，如发现损坏，更换同样型号和规格的断路器。

4）主轴不能启动，但可以冲动

（1）故障原因：

主轴电动机控制电路或电气元件发生故障。

（2）检修步骤：

将电源断开，将万用表拨至电阻挡，依次检测对应控制电路中按钮、继电器等的触点接触情况，找到问题电路和元件，及时维修、更换。

5）按停止按钮后主轴不停转

（1）故障原因：

接触器主触点熔焊，电动机电源不能断开。

（2）检修步骤：

切断电源，检查相应接触器触点情况，更换元件。

6）主轴运转正常，进给电动机不转

（1）故障原因：

① 进给电动机主电路接触器常开主触点接触不良。

② 热继电器的热元件断路。

③ 电动机本身有故障。

④ 进给电动机控制电路或电气元件发生故障。

（2）检修步骤：

① 在操作中首先观察进给电动机电路接触器的动作状况。如果动作正常，那么故障发生在进给电动机的主电路中，进行第②步检查；若动作不正常，进行第⑤步检查。

② 检查接触器主触点是否接触良好。若不正常，修复或者更换元件；若正常，则进行第③步检查。

③ 检查热继电器的热元件是否断路。若不正常，更换元件；若正常，进行第④步检查。

④ 检查进给电动机，若有故障，及时维修或更换电动机。

⑤ 检查进给控制电路各元件触点接触状况，若发现故障，维修或更换元件。

7）冷却泵电动机不转

（1）故障原因：

① 冷却泵电路继电器发生故障。

② 冷却泵主电路热继电器热元件断路。

③ 继电器触点接触不良。

④ 冷却泵电动机本身发生故障。

⑤ 控制电路或元件发生故障。

（2）检修步骤：

① 首先观察冷却泵电动机电路继电器的动作状况。若动作正常，那么，故障发生在电动机的主电路中，进行第②步检查；若动作不正常，进行第⑤步检查。

② 检查继电器主触点是否接触良好。如不正常，修复或者更换元件；若正常，则进行第

③步检查。

③ 检查热继电器的热元件是否断路。若不正常，更换元件；若正常，进行第④步检查。

④ 检查进给电动机，若有故障，及时维修或更换电动机。

⑤ 检查冷却泵控制电路各元件触点接触状况，若发现故障，维修或更换元件。

8）工作台不能快速移动

（1）故障原因：

① 对应的继电器有问题。

② 控制按钮触点损坏或接触不良。

（2）检修步骤：

检查对应继电器，若有故障，及时维修、更换；若正常，则检查控制按钮接触或损坏情况，及时更换、维修。

上面对 XA6132 型铣床的常见电气故障进行了较全面的介绍。我们也可以举一反三，在检修其他设备电气故障时，对设备电气故障做到快速判断、检测和维修，提升设备的使用率。

身边榜样：数控维修能手　沈玉军

沈玉军，2016 年毕业于数控设备应用与维护专业，现就职于成飞集团（简称"成飞"），维修电工高级技师，荣获四川工匠、四川省职工职业技能大赛技术能手、成都市技术能手等荣誉称号。

2016 年 8 月，他跨出大学校园，走进成飞。

2017 年 12 月，他荣获"成都市技术能手"称号。

2018 年 10 月，他被授予四川省五一劳动奖章。

2018 年 11 月，他被授予"四川省职工职业技能大赛技术能手"称号。

2018 年 12 月，他被评为"四川工匠"。

从刚出校园的青涩学生，到万人敬仰的技能工匠，沈玉军仅仅用了两年时间。

两年能干嘛呢？有人说，两年还不够拿一个文凭，两年还不够学一门技艺，两年甚至还不够谈一场恋爱……沈玉军的两年，却已改变了他的一生。他用短短两年的青春描绘了一幅浓墨重彩的人生画卷，这幅画卷是：职责为墙，岗位为家，以梦为马，不负韶华。

2016 年，沈玉军大专毕业后进入成飞，他的梦想在这里生根发芽。"恰同学少年，风华正茂"，沈玉军的到来，为成飞注入了青春力量，公司也在盼望着沈玉军绽放他的"书生意气"。然而，本以为一帆风顺的工作，却给他带来了接二连三的打击。千奇百怪的故障现象、前所未见的问题、错综复杂的电路，让他四处碰壁，一筹莫展。一次次的挫折磨平了他的棱角，他逐渐陷入自我怀疑的情绪中，一度对自己失去了信心，甚至想过放弃这份他所热爱的工作。看着眼前这个曾经自信满满的少年沮丧的样子，沈玉军的师父李志强心生疼惜，开始不断用温暖的话语和润物无声的教导带给他力量。在师父的鼓舞下，沈玉军重新审视自己，找到症结，发奋图强，毅然地自购了大量的专业书籍和元件，开始如饥似渴地摄取新知识。自此，沈玉军宿舍的书架上摆满了专业书籍，柜子里堆满了工具和元件，桌面上留下了一叠叠写满公式的草稿纸。在充满欢声笑语的宿舍里，沈玉军的小天地却仿佛万籁俱寂，独留一人；当灯火通明的宿舍变得黑暗，只有他的桌上还亮着微光，墙上还映着他聚精会神看书，抑或埋头配置电路板的身影。

对于沈玉军来说，他的工作忙碌而又充实，寂寞而又充满激情。他不断推陈出新，不断披荆斩棘，攻克了一个又一个技术难关，不断超越自我，乐此不疲。

短短两年，他负责的数控设备关键驱动部件芯片级维修取得重大进展，在没有任何可供参考的图纸及其他资料的情况下，经过反复测试，记录驱动部件的核心参数，他成功修复数控系统核心驱动部件 14 个，提高外协效率 150%，极大缩短了维修周期。同时沈玉军还研究了大量其他数控设备的驱动部件，各种高精密工业开关电源和仪器等，保证了公司数控设备和其他专用设备核心驱动部件的正常运行。在一个个项目中，沈玉军始终不忘初心，以砥砺奋进的姿态赢得了大家的认可。

这世间所有的一举成名都基于厚积薄发。对于刻苦钻研的沈玉军来说，他的爆发既一鸣惊人又实至名归。

沈玉军自小便喜欢钻研电路设计，常将无法修理的电器一一拆卸，专心地研究分析故障原因，后来，他自费购买了大量元件，不厌其烦地做实验。正是这样的钻研，使沈玉军初露锋芒，取得了成都百万职工技能大赛国防电子系统二类赛维修电工第五名和成都市青羊区百万职业技能大赛维修电工比赛第一名的佳绩，并获得了"成都市技术能手"的称号。从这以后，沈玉军一路"打怪升级"，囊括了一系列举足轻重的荣誉。

这位意气风发的年轻人，眼中有星辰，心中有山海，是名副其实的追梦"行动派"，用自己的青春、激情、智慧和梦想谱写着航空工业的辉煌。

习　　题

一、填空题

（1）CA6140 型车床共有 3 台电动机，分别为_____、_____和_____。

（2）CA6140 型车床当_____停止时，冷却泵应立即停止。

（3）Z37 型摇臂钻床的各种工作状态都通过_____进行切换。

（4）Z3050 型摇臂钻床共有 4 台电动机，除_____采用断路器直接启动外，其余 3 台异步电动机均采用接触器直接启动。

（5）M7130 型平面磨床的电磁吸盘只能吸住_____ 材料的工件。

（6）安装在 X62W 型万能铣床工作台上的工件可以在_____方向调整位置或进给。

（7）X62W 型万能铣床主轴运动和进给运动采用_____来进行速度选择，为保证变速齿轮进入良好啮合状态，两种运动都要求变速时能瞬时冲动。

（8）X62W 型万能铣床主拖动电动机 M1 采用两地控制方式，一组按钮安装在_____上；另一组安装在_____上。

（9）电动葫芦正常使用前应进行_____额定负荷试验，试验时将负载提离地面约100mm，保持_____分钟。

（10）桥式起重机应具有必要的_____、_____、_____和_____保护。

二、选择题

（1）CA6140 型车床主拖动电动机停止时，（　　）应立即停止。
A．刀架快速移动电动机　　　　　　B．油泵电动机
C．冷却泵电动机　　　　　　　　　D．外圆砂轮电动机

（2）CA6140 型车床没有以下哪种保护？（　　）
A．短路保护　　　　　　　　　　　B．光电保护
C．过载保护　　　　　　　　　　　D．欠压保护

（3）Z37 型摇臂钻床由中间继电器 KA 和十字开关 SA 实现（　　）保护。
A．短路　　　　　B．过载　　　　　C．双重　　　　　D．零压

（4）M7130 型平面磨床如果有些工件不易退磁时，可将附件退磁器的插头插入插座 XS，使工件在（　　）的作用下进行退磁。
A．直流磁场　　　　　　　　　　　B．交变磁场
C．混合磁场　　　　　　　　　　　D．单一磁场

（5）M1432A 型万能外圆磨床，只有（　　）启动后，其他电动机才能启动。
A．油泵电动机　　　　　　　　　　B．头架电动机
C．外圆砂轮电动机　　　　　　　　D．冷却泵电动机

（6）X62W 型万能铣床工作台有（　　）个方向的进给运动。
A．2　　　　　B．4　　　　　C．6　　　　　D．8

（7）X62W 型万能铣床主拖动电动机经过弹性联轴器和变速机构的齿轮传动链来实现传动，可使主轴具有（　　）级不同的转速。
A．12　　　　　B．16　　　　　C．18　　　　　D．20

（8）（　　）6 个进给方向的快速移动是通过两个进给操作手柄和快速移动按钮配合实现的。
A．M1432A 型万能外圆磨床　　　　B．Z37 型摇臂钻床
C．电动葫芦　　　　　　　　　　　D．X62W 型万能铣床

（9）电动葫芦不工作时，不允许把重物（　　），防止零件产生永久变形。
A．吊在最高处　　　　　　　　　　B．悬于空中
C．放在地上

（10）电动葫芦每个吊钩在单独工作时，起重量均不得超过额定起重量；当主、副钩同时工作时，物件重量不允许超过（　　）。
A．主钩起重量　　　　　　　　　　B．额定起重量
C．额定起重量的 2 倍　　　　　　　D．主钩起重量的 2 倍

三、判断题

（1）一级保养对机床电器所进行的各项维护保养工作，在二级保养时不用照例进行。
（　　）

（2）电阻分段测量法的优点是安全，缺点是测量电阻值不准确时，易造成判断错误。

（　　）

（3）用测量电压法检查故障时，一定要先切断电源。 （　　）

（4）Z37 型摇臂钻床的主轴箱在摇臂上的松开与夹紧和立柱的松开与夹紧由同一台电动机拖动液压机构完成。 （　　）

（5）Z3050 型摇臂钻床没有使用十字开关进行操作。 （　　）

（6）Z3050 型摇臂钻床的立柱和主轴箱的松开与夹紧采用长动控制。 （　　）

（7）M7130 型平面磨床的电磁吸盘不工作或发生故障时，只有主拖动电动机不能启动。

（　　）

（8）M1432A 型磨床的普适程度较高，故适用于大批量生产。 （　　）

（9）M1432A 型万能外圆磨床的内圆磨头插入工件内腔时，砂轮架可以快速移动。

（　　）

（10）电动葫芦的限位器是为防止吊钩上升超过极限位置而设置的，因此不能经常使用。

（　　）

四、简答题

（1）简述检修电气故障的"五先后"工作方法。

（2）用测量电阻法检查故障时应注意哪些问题？

（3）CA6140 型车床的主轴是如何实现正反转控制的？

（4）参考 Z37 型摇臂钻床的电路图，分析摇臂下降的控制过程。

（5）磨床中，用电磁吸盘固定工件有什么优缺点？

（6）参考 M1432A 型万能外圆磨床电路图，分析头架电动机 M2 的控制过程。

（7）X62W 型万能铣床电气控制电路具有哪些电气联锁措施？

（8）参考桥式起重机的电路图，分析主令控制器手柄置于下降位置"J"挡时，桥式起重机的工作过程。

附录 A 导线颜色的选择

1. 依导线颜色标记电路时

（1）黑色：装置和设备的内部布线。

（2）棕色：直流电路的正极。

（3）红色：

三相电路和 C 相；

半导体三极管的集电极；

半导体二极管、整流二极管或可控硅管的阴极。

（4）黄色：

三相电路的 A 相；

半导体三极管的基极；

可控硅管和双向可控硅管的控制极。

（5）绿色：三相电路的 B 相。

（6）蓝色：

直流电路的负极；

半导体三极管的发射极；

半导体二极管、整流二极管或可控硅管的阳极。

（7）淡蓝色：

三相电路的零线或中性线；

直流电路的接地中线。

（8）白色：

双向可控硅管的主电极；

无指定用色的半导体电路。

（9）黄绿双色（每种色宽约 15～100mm，交替贴接）：用于安全方面的接地线。

（10）红黑双色（并行）：用双芯导线或双根绞线连接的交流电路。

2. 依电路选择导线颜色时

（1）交流三相电路。

A 相：黄色；

B 相：绿色；

C 相：红色。

零线或中性线：淡蓝色。

用于安全方面的接地线：黄绿双色。

（2）用双芯导线或双根绞线连接的交流电路：红黑双色（并行）。

（3）直流电路。

正极：棕色；

负极：蓝色；

接地中线：淡蓝色。

（4）半导体电路的半导体三极管。

集电极：红色；

基极：黄色；

发射极：蓝色。

（5）半导体二极管和整流二极管。

阳极：蓝色；

阴极：红色。

（6）可控硅管：

阳极：蓝色；

控制极：黄色；

阴极：红色。

（7）双向可控硅管：

控制极：黄色；

主电极：白色。

（8）内部布线。

一般推荐：黑色；

半导体电路：白色；

有混淆时：容许选指定用色外的其他颜色（如橙、紫、灰、绿蓝、玫瑰红等）。

（9）具体标色时，在一根导线上，如遇有两种或两种以上的可标色，视该电路的特定情况，依电路中需要表示的某种含义选定颜色。

注：对于某种产品（如船舶电器）的母线，如国际上已有指定的国际标准，且与第（1）和（3）条的规定有差异时，亦允许按该国际标准所规定的色标进行标色。

附录 B 技能评价表样表

样表1 电工基本技能评价表

项目内容	分值	评分标准	成绩	备注
工具使用	10分	选择工具出错，1次扣2分 使用工具出错，1次扣2分 摆放工具出错，1次扣1分		
线头处理	10分	处理线头错误，1次扣2分		
软线连接	30分	剥线不合格扣2分 连接方法错误扣5分 连接后抗拉强度不够扣5分 绝缘恢复不合格扣5分		
硬线连接	30分	剥线不合格扣2分 连接方法错误扣5分 连接后抗拉强度不够扣5分 绝缘恢复不合格扣5分		
线号标识	10分	使用线号错误，1次扣2分		
安全文明生产	10分	违反安全、文明生产扣5～10分		
合　　计				

样表2 照明线路安装评价表

项目内容	分值	评分标准	成绩	备注
安装元器件	30分	不按图安装扣20分 安装不牢固，每处扣5分 安装不整齐、不匀称、不合理，每处扣4分 损坏元器件扣20分		
接线工艺	30分	不按原理图接线扣20分 错、漏、多接线，1处扣5分 按钮引出线多1根扣5分 按钮开关颜色错误扣5分 接点不符合要求，每个点扣2分 损伤导线绝缘或线芯，每处扣4分 导线使用错误，每根扣3分 配线不美观、不整齐、不合理，每处扣2分 漏接地线扣10分		
通电试车	20分	第一次通电试车不成功扣15分 第二次不成功扣30分		
安全文明生产	10分	违反安全、文明生产扣5～10分		
工程进度	10分	按照规定时间，每超过10分钟扣5分		
合　　计				

后　记

以梦为马　不负韶华

耿耿园丁意，拳拳育人心。经过多位老师日以继夜的辛劳，此书的编写终于完成了，大家心里都不由得长舒一口气。掩卷沉吟，思虑万千，作为教师，终身之计，莫如树人。

同学们，你们承载着家庭的希望和梦想，肩负着祖国的未来。我希望这本书的伴随，会为你们的求学和人生路带来一笔财富。愿每一位同学，都能学有所获，既能抬头看天，仰望星空璀璨，更能脚踏实地，事必躬亲地自我锤炼，将工匠精神传承下去；内化于心，将国家、责任、荣誉意识牢记心间；外化于行，将知识、技能、本领锤炼到家，在未来的社会中实现自己的价值。

进学致和，行方思远。从业数十年，我一直在思考什么样的教育才是学生真正需要的教育，能入脑入心的教育。经过一番探索，我发现对学生来说，比学习专业知识更重要的是学会做事，比做事更重要的是学会做人；比填鸭式教学更重要的是开启心智，激发学生的内在动力。一个人思维的深度，决定了其人生的高度。像本书中的行业先锋们：李万坤、林学斌、游弋等"大国工匠"，都是熬灯守夜、水滴石穿地坚守梦想、坚持学习、坚定信念，才在平凡的岗位上铸就了非凡的成就。又如"身边榜样"中的学长们，都是以中专、大专学历为起点，通过自己踏踏实实努力，勤勤恳恳进取，一点一点提升自我，带着梦想去奋斗，敢于有梦、勇于追梦、勤于圆梦，最终都在自己的领域取得非凡的成就。

马云说："成功绝非偶然"。人定胜天，事在人为，当别人舍不得的时候，你舍得；别人忍不得的时候，你忍得；别人记不得的时候，你记得；别人做不得的时候，你做得；别人坚持不了的时候，你坚持下来了。那么成功，就在最黑暗的那一刻之后，曙光乍现。

如今的时代，是 21 世纪的中国特色社会主义新时代，在这个伟大的时代，挑战与机遇共存，创新与发展齐飞，学子们学有所学，学能致用。未来的漫长岁月里，祝福将随着本书永伴你们展翅翱翔，这份跨越时空的守望也将目送着同学们"扬帆起航上征程，前程似锦大海阔"。

同学们，别让你的梦想只是陪你过夜。让我们行动起来，做一个追梦"行动派"。大好年华，唯有青春不可辜负，"青春须早为，岂能长少年"。青春是人一生中最宝贵的黄金年华，愿青春的你们不断增强追梦的能力，用心磨砺圆梦的品格。身体在学习，灵魂在路上，以青春为起点，去未来世界开疆拓土、大展宏图。希望同学们在人生最好的年华里做最好的自己！不惧前路漫漫，未来可期！以梦为马，不负韶华！

我坚信，终有一天，你们会站上自己人生的大舞台，为自己喝彩！

参 考 文 献

[1] 邱利军．新时代电工上岗技能速成：电工操作技能．化学工业出版社，2011.3

[2] 韩雪涛．电工基础技能学用速成．电子工业出版社，2009.3

[3] 人力资源和社会保障教材办公室．职业技能鉴定教材：维修电工（初级、中级、高级）．中国劳动社会保障出版社，2014.6

[4] 王兰君．电工实用技能手册．电子工业出版社，2013.10

[5] 赵国良．维修电工（技师、高级技师）．中国劳动社会保障出版社，2007.10

[6] 左丽霞．实用电工技能训练．中国水利水电出版社，2006.8

[7] 王俊峰．学电工技术入门到成才．电子工业出版社，2010.5

[8] 郑凤翼．怎样识读电气控制电路．人民邮电出版社，2010.6

[9] 邱利军．机械工业出版社．低压电工上岗技能速成，2011.8

[10] 王建．维修电工技能训练．中国劳动社会保障出版，2007.7

[11] 蒋文祥．图解低压电工实用技能．化学工业出版社，2013.2

[12] 黄海平．维修电工实用技能．科学出版社，2011.5